GAOZHIYUANXIAO SHUANGSHIXING
JIAOXUETUANDUI JIANSHE DE TANSUO YU SHIJIAN

高职院校"双师型"
教学团队建设的探索与实践

◎ 蔡金玲/著

U0340152

中央民族大学出版社
China Minzu University Press

图书在版编目（CIP）数据

高职院校"双师型"教学团队建设的探索与实践／蔡金玲著. --北京：
中央民族大学出版社，2024.9. --ISBN 978-7-5660-2416-9

Ⅰ.G715

中国国家版本馆 CIP 数据核字第 2024AK7022 号

高职院校"双师型"教学团队建设的探索与实践

著　　者	蔡金玲
策划编辑	舒　松
责任编辑	舒　松
封面设计	布拉格
出版发行	中央民族大学出版社
	北京市海淀区中关村南大街 27 号　邮编：100081
	电话：(010) 68472815（发行部）　传真：(010) 68932751（发行部）
	(010) 68932218（总编室）　　　(010) 68932447（办公室）
经 销 者	全国各地新华书店
印 刷 厂	北京鑫宇图源印刷科技有限公司
开　　本	787×1092　　1/16　　印张：22.25
字　　数	340 千字
版　　次	2024 年 9 月第 1 版　　2024 年 9 月第 1 次印刷
书　　号	ISBN 978-7-5660-2416-9
定　　价	86.00 元

自 序

　　"双师型"教师是职业教育数十年发展以来在人才培养上一致力求的教师队伍目标，特别是结合职业教育自身的类型定位，对接岗位和服务社会两大功能也只有依靠专业知识和专业技术技能水平均优的教师来实施。我成为一名职业教师有点偶然，当真正了解到这个职业时，才发现自己前期企业工作的经历是如此的宝贵，它帮助我更快地成为一名合格的高职教师。

　　在探索个人成长的同时，我发现"双师型"教师这一定位并不清晰，历年来各地各校都有不同的解读和要求，但总体原则大致相同，即在作为一名人民教师的同时，也需要当好学生的"师傅"，这个"师傅"需要能带着他们通过实际岗位具体项目的操作，将其中的知识内容传递给他们，要知其然更知其所以然。

　　2021年我有幸被抽调到学校的职业本科工作办公室，与6位优秀的同事们一起开始准备学校职本申报的相关工作。在对标对表的同时，"双师型"教师达到50%的这一指标又一次提醒了我们，如何去评价和认定"双师型"教师。在此之前，我校已经开始了两轮"双师型"教师的认定，主要是从教师是否有企业工作经验或是下企业实践等基础条件，加上一定的业绩成果来评价。而随着国家层面的"双师型"教师认定标准的出台，我校也在省教育厅的指导下修订了原有的"双师型"教师认定和管理办法，将专业教学能力、专业建设能力纳入专业能力范畴，将实践技能水平和实践成果转化纳入实践水平范畴，并在此基础上增加了高级、中级和初级三个等级认定。三年来，通过该认定和管理办法，极大地指导了"双师型"

教师的培养方向，让新进教师和青年教师有方向可依，并认定了多批次、不同等级的"双师型"教师。

在"双师型"教师培养的过程中也存在着另一个困扰新进教师和青年教师的问题，即如何谋求高职教师个人的高质量高效发展。这时教师队伍建设中，专业教学团队就正好起到了集体推动的作用。在专业发展的同时，打造一支优秀的专业教师教学团队，团队教师成员随着团队的发展个人也都能从中受益，这种模式更集中体现在国家级职业教育教师教学创新团队的打造过程中。通过示范引领高素质"双师型"教师队伍建设，深化职业院校教师、教材、教法"三教"改革，创新团队在"示范引领、建优扶强、协同创新、促进改革"的总指导方针下飞速成长，他们是"双师型"教师教学团队优秀的代表。基于我校已有的两支创新团队，本书选取其中一支——土木工程检测专业教师教学创新团队为例，进行团队案例的剖析和个人案例的分享，以期帮助更多的高职院校"双师型"教师教学团队高质量发展。

本书交稿前也正好迎来了贵州交通职业大学揭牌，有幸作为参与者和见证者，与大家同心协力使学校发展迈入了历史性的新阶段。在此特别感谢多年来给予我关心和帮助的刘正发、吴薇、雷建海、龙建旭、杨倩等资深教师，是他们一直鼓励着我向更好的自己迈进；感谢在撰写书稿时给予我基础调研工作支持的刘玲、冉东、田韵、杨羽、梁敏、龙新等青年教师，是他们积极向上的工作热情持续感染着整个团队，使我们能向更高的目标共同奋斗；同时也感谢我的家人，在繁忙工作时给予的鼎力支持，为我解决了后顾之忧，能心无旁骛地扎根岗位奉献我的微薄之力。

道阻且长，行则将至。行而不辍，未来可期。职业教育的高质量发展需要我们持之以恒的努力，面向国家需求立德树人，以"为党育人，为国育才"为目标，让人人皆可成才，人人尽展其才！

2024 年 7 月于贵阳

目　录

导　论

一、"双师型"教学团队建设实践背景

（一）"双师型"教师队伍建设相关政策

1. 20世纪90年代："双师型"教师概念的提出

1995年，国家教育委员会首次提出"双师型"教师概念，将其列为申请试点建设示范性职业大学的基本条件之一。1997年，教育部明确了高等职业学校设置的师资条件，要求副高级专业技术职务以上的专任教师人数不低于本校专任教师总数的15%，每个专业至少配备副高级专业技术职务的专任教师2人，中级专业技术职务以上的本专业非教师职称系列的或"双师型"专任教师2人。1998年，国家教育委员会指出要重视教学骨干、专业带头人和"双师型"教师的培养，鼓励教师参加教育教学改革。1999年，中共中央、国务院提出优化教师结构，建设全面推进素质教育的高质量的教师队伍，在职业教育方面，要注意吸收企业优秀工程技术和管理人员到职业学校任教，加快建设兼有教师资格和其他专业技术职务的"双师型"教师队伍。具体内容如下：

1995年12月，国家教育委员会在《关于开展建设示范性职业大学工作的通知》中首次提出"双师型"教师概念，将"有一支专兼结合、结构合理、素质较高的师资队伍。专业课教师和实习指导教师具有一定的专业实践能力，其中有三分之一以上的'双师型'教师"被列为申请试点建设示范性职业大学的基本条件之一。将"师资队伍结构合理，水平较高。专业课教师和实习指导教师基本达到'双师型'要求"列为示范性职业大学

建设的目标要求之一。

1997 年 9 月，教育部在《关于高等职业学校设置问题的几点意见》中明确了高等职业学校的设置应当具备的师资条件：副高级专业技术职务以上的专任教师人数应当不低于本校专任教师总数的 15%；每个专业至少配备副高级专业技术职务的专任教师 2 人，中级专业技术职务以上的本专业非教师职称系列的或"双师型"专任教师 2 人；各门主要专业技能课程至少配备相关专业中级技术职务的专任教师 2 人。

1998 年 2 月，国家教育委员会在《面向二十一世纪深化职业教育教学改革的原则意见》中指出，要重视教学骨干、专业带头人和"双师型"教师的培养。要从企事业单位引进有实践经验的教师或聘请他们做兼职教师。要制定政策，把教师职务的评聘和对教师的奖励与他们参加教学改革的实绩联系起来，调动教师参加教育教学改革的积极性。要提高广大教师对教学改革迫切性的认识，鼓励他们以积极的态度和饱满的热情投身于教学改革中去。同时，部门、行业组织要在培养专业教师方面发挥重要指导作用。

1999 年 6 月，中共中央、国务院在《关于深化教育改革全面推进素质教育的决定》中提出，优化教育结构，建设全面推进素质教育的高质量的教师队伍。把提高教师实施素质教育的能力和水平作为师资培养、培训的重点。在职业教育方面，要注意吸收企业优秀工程技术和管理人员到职业学校任教，加快建设兼有教师资格和其他专业技术职务的"双师型"教师队伍。建立优化教师队伍的有效机制，提高教师队伍的整体素质。全面实施教师资格制度，开展面向社会认定教师资格工作，拓宽教师来源渠道，引入竞争机制，完善教师职务聘任制，提高教育质量和办学效益。

2. 21 世纪前 10 年：强化高职院校教师队伍建设，"双师资格"概念提出

进入 21 世纪，高职高专教育师资队伍建设再次被作为高职院校发展的重中之重，教育部多次提出"双师型"教师队伍建设是关键。通过多种途径培养"双师型"教师，包括提高中青年教师技术应用能力和实践能力，聘请兼职教师，淡化基础课和专业课教师界限，实现教师一专多能。同时，加强高职高专院校教师培训工作，培养具有"双师资格"的新型教

师。教育部还提出高职高专院校师资队伍建设的目标，包括提高专任教师业务水平，建设一支实践能力强、教学水平高的兼职教师队伍，建设一支理论基础扎实、具有较强技术应用能力的"双师型"教师队伍，进一步加强高职高专教师的培训培养工作。此外，教育部还提出从高职高专院校教师职称评定、教师聘任等方面单独制定适合"双师型"教师发展的评聘制度，为"双师型"教师队伍建设提供政策支持。具体内容如下：

2000年1月，教育部在《关于加强高职高专教育人才培养工作的意见》中提出，"双师型"教师队伍建设是提高高职高专教育教学质量的关键，要十分重视师资队伍的建设。从多个角度抓好"双师型"教师的培养，努力提高中、青年教师的技术应用能力和实践能力；积极从企事业单位聘请兼职教师，实行专兼结合，改善学校师资结构，适应专业变化的要求；要淡化基础课教师和专业课教师的界限，逐步实现教师一专多能。尽快组织制订加强高职高专教育师资队伍建设的有关文件，进一步推动和指导各地区、各校教师队伍的建设工作。要加强高职高专院校教师的培训工作，委托若干有条件的省市重点建设一批高职高专师资培训基地。同时，根据高职高专教育特点和有关规定，制订适合高职高专教师工作特点的教师职务评审办法，为中、青年教师营造良好的成长环境。

要通过教学实践、专业实践（包括科技工作）和业务（包括教育科学知识）进修，大力培养并尽快形成一批既有较高学术水平、教学水平，又有较强实际工作能力的"双师型"专职教师作为中坚力量，也可从社会上聘用既有丰富实践工作经验又有较高学术水平的高级技术与管理人员作为兼职教师。有计划地组织教师参加工程设计和社会实践，鼓励从事工程和职业教育的教师取得相应的职业证书或技术等级证书，培养具有"双师资格"的新型教师。

2002年，教育部办公厅《关于加强高等职业（高专）院校师资队伍建设的意见》中提出，高职（高专）院校师资队伍建设的目标是建设一支师德高尚、教育观念新、改革意识强、具有较高教学水平和较强实践能力、专兼结合的教师队伍。具体来说有以下几个方面。第一，提高专任教师业务水平，改善师资队伍学历结构。至2005年，获得研究生学历或硕士以上学位的教师基本达到专任教师总数的35%。第二，建设一支实践能力强、教学水平高的兼职教师队伍。从企业及社会上的专家、高级技术人员和能工巧匠中聘请兼职教师。第三，建设一支理论基础扎实、具有较强技术应用能力的"双师型"教师队伍。一方面要通过支持教师参与产学研结合、专业实践能力培训等措施，提高现有教师队伍的"双师"素质；另一方面要重视从企事业单位引进既有工作实践经验，又有较扎实理论基础的高级技术人员和管理人员。第四，进一步加强高职（高专）教师的培训培养工作。

2004 年 4 月，教育部在《关于以就业为导向深化高等职业教育改革的若干意见》中提出，高等职业教育以培养高技能人才为目标，加强教学建设和教学改革。培养高技能人才必须有"双师型"教师队伍作支撑。推动学校的教师定期到企业学习和培训，增强实践能力。同时，要积极聘请行业、企业和社会中（含离退休人员）有丰富实践经验的专家或专业技术人员作为兼职教师。各地教育行政部门要根据高等职业教育的特点，在职称评定、教师聘任等方面单独制定适合"双师型"教师发展的评聘制度，为"双师型"教师队伍建设提供政策支持。

2006 年 11 月 3 日，教育部、财政部在《关于实施国家示范性高等职业院校建设计划加快高等职业教育改革与发展的意见》中提出，培养和引进高素质"双师型"专业带头人和骨干教师是实施国家示范性高等职业院校建设计划的具体任务之一。制定"双师型"教师培养和专兼结合专业教师队伍建设的支持政策与办法，聘请一批精通企业行业工作程序的技术骨干和能工巧匠兼职，促进高水平"双师"素质与"双师"结构教师队伍建设。从资金管理、政策支持等多方面加强高等职业教育师资队伍建设。

3. 21 世纪第二个 10 年："双师型"教师数量增加，职教 20 条出台

2010 年，《国家中长期教育改革和发展规划纲要 （2010—2020 年）》提出加强"双师型"教师队伍建设，提升职业教育基础能力。2012 年，《国务院关于加强教师队伍建设的意见》强调职业学校教师队伍建设要以"双师型"教师为重点，完善"双师型"教师培养培训体系。2016 年，《教育部 财政部关于实施职业院校教师素质提高计划 （2017—2020 年） 的意见》提出进一步加强职业院校"双师型"教师队伍建设，推动职业教育发展实现新跨越。2019 年， 《国家职业教育改革实施方案》 （又被称为

"职教20条"）要求多措并举打造"双师型"教师队伍，要求到2022年，"双师型"教师占专业课教师总数超过一半。职教20条出台的同年，教育部等四部门印发《深化新时代职业教育"双师型"教师队伍建设改革实施方案》，提出建设高素质"双师型"教师队伍是加快推进职业教育现代化的基础性工作，到2022年，职业院校"双师型"教师占专业课教师的比例超过一半。

2010年5月，国务院常务会议审议并通过的《国家中长期教育改革和发展规划纲要（2010—2020年)》中指出，加强"双师型"教师队伍和实训基地建设，提升职业教育基础能力。建立健全技能型人才到职业学校从教的制度。完善符合职业教育特点的教师资格标准和专业技术职务（职称）评聘办法。调动行业企业的积极性，鼓励企业接收学生实习实训和教师实践。以"双师型"教师为重点，加强职业院校教师队伍建设。加大职业院校教师培养培训力度。依托相关高等学校和大中型企业，共建"双师型"教师培养培训基地。完善教师定期到企业实践制度。完善相关人事制度，聘任（聘用）具有实践经验的专业技术人员和高技能人才担任专兼职教师，提高持有专业技术资格证书和职业资格证书教师比例。探索在职业学校设置正高级教师职务（职称）。

2012年8月，国务院在《关于加强教师队伍建设的意见》中指出，职业学校教师队伍建设要以"双师型"教师为重点，完善"双师型"教师培养培训体系，健全技能型人才到职业学校从教制度。大力提高教师专业化水平。完善教师专业发展标准体系，完善职业学校教师专业标准，作为教师培养、准入、培训、考核等工作的重要依据。提高教师培养质量。探索建立招收职业学校毕业生和企业技术人员专门培养职业教育师资制度，发挥好行业企业在培养"双师型"教师中的作用。完善以企业实践为重点的职业学校教师培训制度。继续实施"职业院校教师素质提高计划"。依托相关高等学校和大中型企业，共建职业学校"双师型"教师培养培训体系。完善相关人事政策，鼓励职业学校和高等学校聘请企业管理人员、专业技术人员和高技能人才等担任专兼职教师。

2016年10月，教育部财政部在《关于实施职业院校教师素质提高计划（2017—2020年）的意见》中提出，进一步加强职业院校"双师型"

教师队伍建设,推动职业教育发展实现新跨越,加快建成一支师德高尚、素质优良、技艺精湛、结构合理、专兼结合的高素质专业化的"双师型"教师队伍。该计划从职业院校教师示范培训、中高职教师素质协同提升、校企人员双向交流合作等方面展开,重点提升教师的理实一体教学能力、专业实践技能、信息技术应用能力等"双师型"素质。

2019年1月,《国家职业教育改革实施方案》(又被称为"职教20条")要求多措并举打造"双师型"教师队伍。具体指出,到2022年,"双师型"教师(同时具备理论教学和实践教学能力的教师)占专业课教师总数超过一半,分专业建设一批国家级职业教育教师教学创新团队。从2019年起,职业院校、应用型本科高校相关专业教师原则上从具有3年以上企业工作经历并具有高职以上学历的人员中公开招聘,特殊高技能人才(含具有高级工以上职业资格人员)可适当放宽学历要求,2020年起基本不再从应届毕业生中招聘。引导一批高水平工科学校举办职业技术师范教育。实施职业院校教师素质提高计划,建立100个"双师型"教师培养培训基地,职业院校、应用型本科高校教师每年至少1个月在企业或实训基地实训,落实教师5年一周期的全员轮训制度。探索组建高水平、结构化教师教学创新团队。

2019年8月,教育部等四部门印发《深化新时代职业教育"双师型"教师队伍建设改革实施方案》。该方案指出建设高素质"双师型"教师队伍是加快推进职业教育现代化的基础性工作。具体提出,到2022年,职业院校"双师型"教师占专业课教师的比例超过一半,建设100家校企合作的"双师型"教师培养培训基地和100个国家级企业实践基地,选派一大批专业带头人和骨干教师出国研修访学,建成360个国家级职业教育教师教学创新团队,教师按照国家职业标准和教学标准开展教学、培训和评价的能力全面提升,教师分工协作进行模块化教学的模式全面实施,有力保障1+X证书制度试点工作,辐射带动各地各校"双师型"教师队伍建设,为全面提高复合型技术技能人才培养质量提供强有力的师资支撑。

4. 2020年至今:多项计划推进,"双师型"教师质量提高

继2019年"双高计划"开始实施后,2020年"职业教育提质培优行动计划"出台,在教育行政主管部门层面加强职业教育政策性的引导,构

建职业教育教师培训体系，先后又出台了多项职业教育相关政策，推动职业教育教师队伍专业素养的提升。

2020年9月，教育部等九部门印发《职业教育提质培优行动计划（2020—2023年）》，指出要提升教师"双师"素质。实施新周期"全国职业院校教师素质提高计划"，校企共建"双师型"教师培养培训基地和教师企业实践基地，落实5年一轮的教师全员培训制度。探索有条件的优质高职学校转型为职业技术师范类院校或开办职业技术师范专业，支持高水平工科院校分专业领域培养职业教育师资，构建"双师型"教师培养体系。改革职业学校专业教师晋升和评价机制，破除"五唯"倾向，将企业生产项目实践经历、业绩成果等纳入评价标准。完善职业学校自主聘任兼职教师的办法，实施现代产业导师特聘计划，设置一定比例的特聘岗位，畅通行业企业高层次技术技能人才从教渠道，推动企业工程技术人员、高技能人才与职业学校教师双向流动。到2023年，专业教师中"双师型"教师占比超过50%，遴选一批国家"万人计划"教学名师、360个国家级教师教学创新团队。

2022年5月，教育部办公厅发布《关于开展职业教育教师队伍能力提升行动的通知》，指出应从完善职教教师标准框架、提高职教教师培养质量、健全职教教师培训体系、创新职教教师培训模式、畅通职教教师校企双向流动等方面开展职业教育教师队伍能力提升行动，不断加强职业教育教师队伍建设。

2022年10月，教育部办公厅发布《关于做好职业教育"双师型"教师认定工作的通知》，该文件指出应当引导和鼓励广大教师走"双师型"发展道路。在职务（职称）晋升、教育培训、评先评优等方面应向"双师型"教师倾斜。要结合学制和专业特点，对"双师型"教师能力素质进行不超过5年一周期的复核。要充分发挥"双师型"教师在综合育人、企业实践、教学改革、社会服务和教师专业发展等方面带头引领作用。

2022年11月，教育部等五部门印发《职业学校办学条件达标工程实施方案》，文件指出要优化职业学校师资队伍建设。各地要按照职业学校师资配备标准，用好盘活事业编制资源，优先支持职业教育。在选人用人上进一步扩大职业学校自主权，在教师招聘、教师待遇、职称评聘等方面，允许学校自主设置岗位，自主确定用人计划，自主确定招考标准、内容和程序。通过"编制周转池""固定岗+流动岗""设置特聘岗位"等方式，吸引优秀人才从事职业教育工作，推动企业工程技术人员、高技能人才与职业学校教师双向流动。

2022年12月，中共中央办公厅国务院办公厅印发《关于深化现代职业教育体系建设改革的意见》，指出要加强"双师型"教师队伍建设。加强师德师风建设，切实提升教师思想政治素质和职业道德水平。依托龙头企业和高水平高等学校建设一批国家级职业教育"双师型"教师培养培训基地，开发职业教育师资培养课程体系，开展定制化、个性化培养培训。实施职业学校教师学历提升行动，开展职业学校教师专业学位研究生定向培养。实施职业学校名师（名匠）名校长培养计划。设置灵活的用人机制，采取固定岗与流动岗相结合的方式，支持职业学校公开招聘行业企业业务骨干、优秀技术和管理人才任教；设立一批产业导师特聘岗，按规定聘请企业工程技术人员、高技能人才、管理人员、能工巧匠等，采取兼职任教、合作研究、参与项目等方式到校工作。

（二）"双师型"教学团队建设相关研究

1. "双师型"教师的外延

历来在"双师型"教师的研究讨论中，"双师型"都被认为是某一个体教师的能力特征，即职业院校的一名具体的专业教师同时具备理论的和实践的双重能力或素质。在讨论"双师型"教师队伍建设时，通常也只是考虑这种"双能力"或"双素质"教师在专业教师中的比例。

实际上，要让所有专业教师真正具备"双师素质"确实是一项艰巨的任务，至今许多学校，包括那些被人们广泛认可办学水平较高的高职院校，尽管在师资队伍建设方面投入了大量的精力和资源，却依然难以将"双师型"教师的比例显著提高。这一现象的产生，其背后涉及的原因颇为复杂。

高职院校必须认识到，理念、政策和制度等方面的因素在一定程度上制约了"双师型"教师队伍的建设。在职业教育领域，对于"双师素质"的理解和界定尚未形成统一的标准，这导致了在实际操作中难以准确把握和衡量教师的"双师"能力。同时，相关政策的制定和执行也未能充分考虑到职业院校的实际情况，使得教师在追求"双师"素质的过程中面临诸多困难。

一个不容忽视的原因是职业院校教师普遍面临着较重的教学负担。由于职业教育的特殊性，专业教师不仅需要承担大量的课堂教学任务，还需要参与学生的实践指导、课程设计以及与企业合作等各项工作。这使得他们很难有充足的时间和精力去参与实践活动，提升自己的实践能力和职业素养。

面对这种现状，高职院校不得不对"双师型"教师队伍建设进行深入的反思。虽然将每位专任教师都培养成为"双师型"教师存在一定的主客观因素的难度，但我们可以尝试从另一个层面来解决问题。那就是将专任教师融入一个"双师型"教师教学团队中，通过团队合作的方式来完成相关教学任务和人才培养目标。

每个专业可以依托一个或多个"双师型"教学团队，由具备丰富实践经验和教学能力的教师担任团队负责人，带领其他专任教师共同开展教学活动。在团队中，不同教师可以根据自己的专长和兴趣分工合作，共同制定教学计划、设计课程内容、组织实践教学等。通过这种方式，可以充分发挥每位教师的优势，提高教学效果和人才培养质量。

为了促进"双师型"教学团队的建设和发展，学校还可以采取一系列措施。例如，加大对团队建设的投入力度，提供必要的经费和设施支持；加强团队成员之间的交流和合作，定期组织培训和研讨活动；建立激励机制，对在团队建设中表现突出的教师进行表彰和奖励等。

通过构建"双师型"教学团队这一载体，可以从另一个层面解决高职院校师资队伍培养的问题。虽然将每位专任教师都培养成为"双师型"教师存在困难，但通过团队合作的方式，我们可以充分利用现有资源，提高教师的整体素质和能力水平，为培养更多高素质技能型人才贡献力量。

2. "双师型"教学团队的提出

（1）"双师型"教学团队

在深入贯彻教育部关于提升高等职业教育质量及推动示范性高职院校建设的文件精神过程中，多次强调构建高水平专兼结合的专业教学团队的必要性。此举旨在凸显教育质量与水平的提升，离不开高水平教师的积极参与，尤其是高水平教师团队的协同努力。其中，"双师型"教师队伍的建设同样占据举足轻重的地位。

事实上，我国教育主管部门已对"双师型"教师队伍建设中的关键问题给予充分关注。在2006年发布的"教育部、财政部关于实施国家示范性高等职业院校建设计划加快高等职业教育改革与发展的意见"中，明确将"促进高水平'双师'素质与'双师'结构教师队伍建设"列为示范性高等职业院校建设的核心任务之一。因此，我们必须从全局视角出发，致力于构建结构合理的"双师"队伍。

为实现这一目标，我们将"双师型"教师梯队划分为初级、中级和高级三个层级，并针对不同层级设定了相应的要求。教师只需达到既定要求，即可晋升至更高层级，并享受相应的待遇。此举旨在激励教师不断提升自身的"双师"素质，同时为青年教师提供专业发展的阶梯式路径。在高职院校"双师型"教师队伍的层次结构中，应以中级"双师"为主体力量，保持一定比例的初级"双师"作为青年教师培养的重要基石，而高级"双师"（或技术大师）则应成为学校专业技术的领军人物。一个专业是否拥有高级"双师"，是衡量该专业是否具备特色及优势的关键指标。

（2）"双师型"教师概念的延展

置于社会的大视野下，教师队伍的建设不仅是教育事业的重要组成部分，更是推动社会进步的关键力量。以"双师型"教师队伍建设为例，我们可以深入探究如何通过引入更多来自企业一线的生产技术人员，来丰富和提升教师队伍的综合素质。

需要明确"双师型"教师队伍建设的核心目标，即培养既具备扎实理论知识，又拥有丰富实践经验的教师。在这样的背景下，较大比例地引进企业一线的生产技术人员显得尤为重要。这些人员长期从事实际工作，对生产流程、技术应用以及市场需求有着深刻的理解和丰富的经验。通过短期聘用他们担任实践教学指导，我们可以将他们的实践经验直接传授给学生，帮助学生更好地将理论知识与实际工作相结合。

引进有实践经验的生产技术人员，还可以与校内专业教师形成互补，共同提升教师队伍的"双师"素质。校内专业教师往往注重理论知识的传授和学术研究，而缺乏实践经验。通过与来自企业一线的生产技术人员的交流与合作，他们可以了解到更多行业内的最新动态和实际需求，从而调整和完善自己的教学内容和方法。

较大比例地聘用企业技术人员和能工巧匠，还可以将最先进和最贴近企业实际的技术带入学校。这些技术人员和能工巧匠在工作中积累了大量的实践经验和创新思路，他们的加入可以为学校带来新鲜的血液和活力。通过与他们的合作与交流，学校可以及时了解行业内的最新技术和发展趋势，使专业教学与行业和企业发展保持紧密联系。

在具体实施过程中，我们还需要注意一些问题。首先，要确保引进的企业一线生产技术人员具备足够的教学能力和素质，能够胜任实践教学指导的任务。其次，要加强校内专业教师与企业技术人员的交流与合作，形成有效的互动机制。最后，要注重对学生实践能力的培养和考核，确保他们能够在实践中真正掌握和应用所学知识。

综上所述，通过较大比例地引进企业一线的生产技术人员，我们可以有效地提高现有专业教师队伍的"双师"素质，使专业教学与行业和企业发展保持紧密联系。这不仅有助于提升教师队伍的综合素质和教学水平，更有助于培养出更多具有实践能力和创新精神的高素质人才，为社会的发展进步贡献力量。

3. 结构型"双师"教师团队建设实施路径

（1）建立相对稳定的企业兼职教师队伍

要彻底转变对高职院校教师队伍构成的传统认识，建立相对稳定的、达到一定比例的兼职实践指导教师队伍，是当前高职院校教育改革的重要一环。这不仅有助于提高职业教育的质量，更能更好地满足社会对人才的需求。

首先，要引进具有"双师"素质的专业技术人员和管理人员。这里的"双师"素质，指的是既具备扎实的专业理论知识，又具备丰富的实践经验，能够对学生进行有效的理论教学和实践指导的教师。这样的教师，不仅能够在课堂上传授专业知识，还能在实训、实习等环节中，指导学生将理论知识应用于实际操作中，提高学生的综合素质和就业竞争力。为了引进这样的教师，高职院校可以积极与企事业单位合作，共同开展"双师"

素质教师的培养和引进工作。通过与企业的深度合作，了解企业的实际需求和技术发展趋势，进而为高职教师提供实践锻炼的机会，帮助他们积累实践经验，提升"双师"素质。

其次，应该聘请一批精通企业行为工作程序的技术骨干和能工巧匠到学校兼职。这些兼职教师具有丰富的行业经验和实际操作能力，能够为学生提供更贴近实际的教学内容和教学方法。同时，他们的加入也能够为高职院校的教学注入新的活力和创新思维，促进教学质量的提升。为了聘请到这样的兼职教师，高职院校可以积极与企业、行业协会等建立联系，寻求合作机会。通过举办招聘会、开展校企合作项目等方式，吸引更多优秀的兼职教师加入高职院校的教学队伍。

以澳大利亚职业院校为例，他们解决"双师"问题就采取了"三三制"的方式。即1/3的教师是专职教师，负责教授理论知识和基本技能；1/3的教师是来自企业的兼职教师，负责教授实践技能和行业知识；还有1/3的教师则是"钟点工"，他们通常是实践一线的工人，具有丰富的实践经验，能够为学生提供更加贴近实际的教学。这种教学方式不仅提高了教学质量，也使学生能够更好地适应市场需求。

因此，在引进兼职实践指导教师队伍的过程中，高职院校应该注重灵活多样的引进方式。除了传统的招聘方式外，还可以采取校企合作、产学研结合等多种方式，吸引更多的优秀人才加入高职院校的教学队伍。同时，高职院校还应该加强对兼职教师的培训和管理，确保他们能够胜任教学工作，提高教学质量。

（2）多途径培养"双师型"教师

培养途径很多，归纳起来有三大类：

一是校本培养，立足学校，利用本校教育资源，结合学校教育教学改革与建设进行培养；二是校外培训，将教师派到国内外培训机构、企业进行学习和训练；三是校企结合，通过产学研合作办学来进行培养。具体培养方式有：

①短期培训与长期培训相结合的培养方式。

短期培训，作为职前培养教育的核心方式，通常采用脱产培训的形式，旨在为即将步入职场的人员提供必要的技能和知识。其培训内容主要聚焦于实践技能的普及与提升，尤其针对缺乏实践经验的专业教师。通过短期的实践技能培训，他们能够获得一线生产的真实体验，更好地融入职场环境，并顺利参与社会职评或职业资格证书的考试。

与此同时，对于来自企业一线的兼职教师，短期培训同样发挥着重要作用。通过高等师范教育的强化培训，这些具备丰富实践经验的教师能够进一步提升自身的教育教学能力，更好地适应高职教学的实际需求，为学生提供更为优质的教学服务。

而长期培训则更多地关注职后培养教育，以在职培训为重点，旨在巩固和提升教师的专业实践技能，同时推动其技能的持续更新与发展。通过长期培训，教师能够不断适应职场的变化，提升个人的综合素质，为教育事业的持续发展贡献力量。

②一体化教学的培养方式。

一体化教学是一种创新的教学模式，它致力于通过课程的综合化，将专业课的理论与实践教学进行有机融合。这种教学模式彻底打破了传统教学中先理论后实践，且两者相互割裂的弊端。在一体化教学中，教师不仅需要具备扎实的理论知识，还需具备丰富的实践经验，以便能够在教学过程中灵活运用。

实施一体化教学，对于专业教师来说，既是一种挑战也是一种机遇。他们需要不断更新自己的知识体系，提升教学能力，以适应这种新型教学模式的要求。同时，通过一体化教学的实践，专业教师能够迅速提升理论教学与实践操作能力，进而培养出更多具备实践能力和创新精神的优秀人才。

因此，一体化教学不仅是教学改革的重要方向，也是培养"双师型"教师的有效途径。通过这种模式，我们可以更好地培养出既懂理论又懂实践的专业人才，为社会的发展和进步贡献更多的力量。

③轮岗制的培养方式。

所谓轮岗制，是指针对中青年专业教师实施的一种定期岗位轮换制度。该制度的核心理念在于通过让教师轮流担任不同岗位的实践教学工作，从而增强他们对本专业相关实践环节的全面理解与掌握。通过轮岗制，教师不仅能够深入了解各个实践岗位的具体工作内容和要求，还能够在实际操作中不断锻炼和提升自己的技术应用能力和专业实践指导能力。

为了确保轮岗制的顺利实施，学校需要精心组织并落实好一对一紧密型的"传帮带"机制。这意味着，每位轮岗教师都需要有一位经验丰富的导师进行指导和帮助，以确保他们能够快速适应新岗位，并在实践中不断提升自己。同时，学校还应将轮岗制纳入教师年度考核的范畴，以激励教师积极参与轮岗，并不断提升自己的专业素养和实践能力。

④承担实践教学基地建设的培养方式。

实践教学基地在高等教育中扮演着举足轻重的角色，它涵盖了各类实验室、专业教室、实训中心以及校办企业等多元化教学平台。这些基地不仅为学生提供了实践学习的机会，更是"双师型"教师进行长期培训、提升专业能力的关键场所。

为了确保实践教学基地与时俱进，紧跟社会生产的发展步伐，基地必须不断进行更新改造，引入先进的设备和技术，使教学内容与行业需求紧密相连。这不仅能够提升学生的学习效果，还能够确保教师的专业素养与行业需求保持同步。

因此，我们鼓励专业教师积极参与实践教学基地的建设工作，通过亲身参与和实践，不断提升自己的"双师"素质。这不仅有助于教师的个人成长，更能够提升整个教学团队的教学质量，为社会培养出更多具备实践能力和创新精神的高素质人才。

⑤教师到企业兼职的培养方式。

很少有学校公开支持或鼓励教师兼职，这主要是出于对教学质量的担忧。学校普遍认为，教师若过度参与兼职活动，可能会分散其在教学上的精力，从而影响到正常的教学秩序和学生的学习效果。

然而，要成为一名真正的"行业专家"，教师仅仅依靠书本知识和教学经验是远远不够的。他们需要具备名副其实的岗位实践经验，以便能够更好地理解行业现状和发展趋势，从而为学生提供更为实用和前沿的教学内容。

在培训经费和时间紧张的情况下，鼓励教师适当兼职不失为一种有效的解决方式。这不仅能够提升教师的实践能力和专业素养，还可以为学校带来更多的教学资源和合作机会。同时，对于企业而言，拥有具备实践经验的教师参与其业务活动，也有助于提升企业的竞争力和创新能力。因此，适当鼓励教师兼职，可以实现学校、企业和教师之间的"三赢"局面。

⑥产学研相结合的培养方式。

产学研结合培养在现代教育中具有重要意义，它不仅有助于提升教育质量，更能为学生未来的职业发展奠定坚实基础。在这一培养模式中，参与校企合作办学、科研与开发等活动是关键环节。学校应该高度重视科研在"双师型"教师培养中的核心作用，鼓励教师结合专业教学改革，积极承担科研项目。

教师可以通过承担与专业相关的技术应用研究项目，尤其是与企业合作的横向技术应用项目，来不断提升自己的学术水平和实践能力。这样，教师不仅能够更深入地了解行业、企业的技术发展现状及趋势，还能接触到真实的生产、管理实践，为专业教学改革提供宝贵的第一手资料。

同时，这些实践经验也将促进教师"双师素质"的全面提高，使他们既具备扎实的理论素养，又拥有丰富的实践经验。实际上，这些措施在很多学校已经得到了广泛运用，但由于过去更多地关注"双师"个体的培养，而未充分发挥这些措施在团队建设中的作用。

因此，为了促进"双师"结构教师团队的形成，学校需要制定出更加切实可行的建设和评价标准。这些标准应该既注重教师的个体发展，又强调团队协作和整体能力的提升。通过优化产学研结合培养机制，我们可以为培养更多高素质、高水平的"双师型"教师团队奠定坚实基础，为教育事业的发展注入新的活力。

（3）优化保障措施

从学校内部来说，建立健全相关管理制度，形成有效的激励机制，从环境、制度、条件、时间、经费等方面优化保障措施，从而保证结构型"双师"教师队伍建设。

①加大软硬件投入，创造有利于结构型"双师"教师队伍建设的环境。

为了完善和加强实践教学基地建设，我们需要投入更多的资源和精力。首先，提供充足的物质条件，确保教师能够充分参与专业实践，从而不断提升其教学水平和实践能力。其次，我们要完善相关的规章制度，建立起有效的激励机制，吸引更多的企业和行业技术专家来校任教，为学校带来新的教学理念和实践经验。同时，我们也要鼓励学校教师积极参与专业实践，为其提供足够的机会、时间和经费，让他们在实践中不断提升自我。此外，我们还应创造良好的学术氛围，开展丰富多彩的教研与科研活动，为教师们提供一个交流思想、分享经验的平台。最后，建立"双师型"教师培训基金，专门用于专业教师的实践能力培训，确保他们能够跟上时代的步伐，不断提高自己的综合素质。

②优化校内资源，提升教师的"双师"素质。

为了提升专业教师的实践教学能力，我们实行轮岗制度，确保每位教师都能深入了解与本专业相关的实践教学岗位，并承担实践教学任务。同时，我们积极鼓励教师参加职业资格证书培训与考试，以丰富他们的职业背景和技能水平。此外，我们还定期组织专业教师进行实践技能和职业岗位培训，通过不断更新知识和技能，提升他们的专业素养和教学质量。这些措施旨在构建一支高素质、专业化的教师队伍，为学生提供更优质的教育服务。

③加强校企合作，推动产学结合。

通过校企合作办学，致力于推动教师深入行业生产第一线，以促进教育与实践的紧密结合。通过制定详尽的计划，选派优秀的教师前往企业参与见习、实习等活动，以便他们更好地了解行业动态和技术发展趋势。同时，鼓励教师积极参与企业的技术和管理工作，通过实际操作和亲身体验，提升教师的专业技能和实践能力。

此外，校企合作办学也为教师提供了参与科技开发的宝贵机会。教师可以与企业共同研发新产品、新技术，不仅有助于推动企业的创新发展，还能够为教师的学术研究和成果产出提供有力支持。通过这样的校企合作办学模式，期望能够培养出一批既具备理论知识又具备实践经验的优秀教师，为行业和社会的发展作出更大的贡献。

④积极开展科研活动，推行科技服务与开发。

科研作为桥梁，我们积极倡导科研与教学的有机结合，通过科研带动教研活动，进而提升教师的实践能力；同时，教研的深入也有助于增强教师的教学能力。为此，我们制定了科研工作规划，并鼓励教师积极参与科研活动，承担科研任务，并投身于科技开发与服务工作。

从政府职能的角度来看，构建结构型"双师"教学队伍并不仅是学校层面的举措，更是国家和政府应尽的职责。政府教育主管部门应将"双师型"教师的培养纳入继续教育体系之中，并制定完善的继续教育规定及管理办法，以确保培养工作的规范化与高效性。

此外，我们还需构建有利于教师参与专业实践的制度框架，包括人事管理制度、职称评聘制度以及教育与行业沟通机制等。从宏观层面出发，我们需协调职业教育与各相关行业的关系，强化彼此间的沟通与协作；同时，在相关行业和企业中建立"双师型"教师的培养基地，以提供更丰富、更贴近实际的教育教学资源。

二、国家级职业教育教师教学创新团队建设要求

（一）国家级职业教育教师教学创新团队建设相关政策

2019 年，国务院发布了《国家职业教育改革实施方案》，在该方案中，首次提出了职业教育的教师教学创新团队这一概念。这一概念的提出，标志着我国职业教育改革迈出了重要的一步。

为了落实教师教学创新团队的建设，同年 5 月，教育部迅速出台了《全国职业院校教师教学创新团队建设方案》（以下简称"建设方案"）。该方案对教师教学创新团队的构建提出了具体的要求和目标，为职业院校教师教学创新团队的建设提供了明确的指导。同年 6 月，教育部再次出台了《教育部教师工作司关于遴选首批国家级职业教育教师教学创新团队的通知》。该通知详细阐述了教师教学创新团队的范围数量、申报条件、工作程序以及其他相关事宜，为教师教学创新团队的建设提供了具体的方法路径。

这一系列文件的发布，不仅为职业院校教师教学创新团队的建设提供了强有力的政策支持，而且为我国职业教育改革指明了方向。在政策的引导下，我国职业教育教师教学创新团队建设将得以深入推进，从而为提高职业教育质量，培养更多高素质技术技能人才作出积极贡献。

为了深入贯彻落实全国教育大会的精神，执行《国家职业教育改革实施方案》，我们必须集中力量建设一批具有中国特色、世界水平、引领改革、支撑发展的高职学校和专业群。这将有助于推动职业教育持续深化改革，强化内涵建设，实现高质量发展。

2019 年 4 月，教育部和财政部联合发布了《关于实施中国特色高水平高职学校和专业建设计划的意见》。该文件对实施中国特色高水平高职学校和专业建设计划（以下简称"双高计划"）提出了具体要求。

在教师队伍建设方面，文件明确提出了以"四有"标准打造数量充足、专兼结合、结构合理的高水平教师队伍。这意味着，我们需要注重教师的数量和质量，建立起一支由专业教师和兼职教师组成的结合体，使教师队伍的结构更加合理。同时，教师需要具备高尚的职业道德和教育教学能力，能够满足学生的学习需求，提高教育教学质量。只有建设一支优秀的教师队伍，才能够实现高职教育和专业建设的双高计划，推动职业教育的发展，培养更多高素质的技术技能人才，满足国家和社会的需求。

（二）国家级职业教育教师教学创新团队建设相关研究

教育部在实施"双高计划"中明确提出了一个宏伟的目标，那就是要打造出一支高水平、结构化的教师教学创新团队。这支团队不仅要具备高超的教学能力，还要能够在教学模式上进行创新，探索出一种教师分工协作的模块化教学模式。这种教学模式将有助于深化教材与教法的改革，从而推动课堂革命，让教学过程更加高效、有趣。

在"双高计划"的建设方案中，教育部进一步明确了如何打造这样的教师教学创新团队。他们希望按照计划、分步骤地建成一批教师教学创新团队，这些团队要覆盖到骨干专业（群），能够在教育教学模式的改革创新方面起到引领的作用，并能推动人才培养质量持续提升。

从这些相关的文件中，我们可以明显地看出，在"双高"建设的背景下，对于教师教学创新团队的建设提出了新的、更高的要求。这些要求不仅体现了教育部对于高职教育改革的决心，也展示了他们对于提升高职教育质量的信心。

1. 教师教学创新团队的组成特征是高水平及分工协作

从更深层次的结构来看，"双高计划"中的"高水平"不仅仅是对教师个人能力的一种要求，更是在"三教改革"的时代背景下，对教师教学理念、信息化技能、教学资源开发利用能力、课堂组织及管理能力、技术创新应用能力等方面的一次全面升级与革新。这一改革旨在使教师团队更加适应现代教学模式的发展，更好地满足学生的心理特点和学习需求。

在"三教改革"的推动下，教师们需要摒弃传统的教学观念，积极拥抱信息化教学手段。通过学习最新的教育技术，不断提升自己的信息化水平，使教学更加生动、形象。同时，教师还应注重开发利用各种教学资源，如多媒体课件、网络教学资源等，以丰富教学内容，提高学生的学习兴趣。

"双高计划"还强调了教师在课堂组织和管理方面的重要性。教师需要根据学生的实际情况，灵活调整教学策略，确保课堂秩序井然、教学效果显著。同时，他们还注重培养学生的创新精神和实践能力，通过引导学生进行项目式学习、合作式学习等方式，提高学生的综合素质。

在进校园的企业人才方面，"双高计划"也做出了积极的调整。与传统的单一型兼职教师不同，如今的企业人才更加多元化、专业化。他们中既有行业企业能工巧匠、技术领军人才，也有具有丰富实践经验的拔尖技术人才。这些人才在教学中发挥着举足轻重的作用，他们不仅带来了前沿的行业知识和技术，还为学校与企业之间的合作搭建了桥梁。

"分工协作"是"双高计划"中的另一个重要方面。传统的"校内教师+兼职教师"模式已经无法满足现代职业教育的需求。因此，"双高计划"提出了"校内教师+行业企业技术技能人才+领军人才+拔尖技术人才"的新模式。这种模式强调了团队中高层次人才的作用，通过校企之间、校际的协作教学和技术交流合作，共同推动职业教育的创新发展。

"双高计划"中的"高水平"和"分工协作"是职业教育改革的重要方向。它们不仅要求教师团队全面提升自身素质和能力，还强调了校企之间、校际的紧密合作。只有这样，才能培养出更多符合社会发展需求的高素质技术技能人才，为我国经济社会发展提供有力的人才支撑。

2. 教师教学创新团队的重要工作是推动课堂革命

在"双高计划"的推动下，教师们需要不断更新教育观念、提升教学能力、创新教学方法，以适应高等职业教育的发展需求。通过制定适应高职教育的课程体系、校企共建课程标准及人才培养方案，利用现代技术手段更新教学内容呈现形式，探索分块化教学模式以及深化"三教"改革等举措，来推动课堂革命，培养更多符合社会发展需求的高素质技术技能人才。

在制定课程体系的过程中，教师们需要充分考虑到行业发展趋势、企业需求以及学生的兴趣爱好等多方面因素。他们应该关注新技术、新工艺和新规范在职业教育领域的应用，并将其融入课程教学内容中，使课程内容更加贴近实际，更具实用性。同时，教师还需要关注职业技能等级标准对学生的要求，将其融入专业课程教学中，以提升学生的职业素养和技能水平。

为了促进教育教学创新，教师可以利用互联网、大数据、VR 等现代技术手段，不断更新教学内容的呈现形式。例如，通过线上平台实现远程教学、在线互动和资源共享等功能，打破传统教学的时空限制；通过大数据分析学生的学习行为和习惯，为个性化教学提供数据支持；通过 VR 技术模拟真实工作场景，为学生提供沉浸式的学习体验。

教师还需要积极探索分块化的教学模式。这种教学模式将课程内容划分为若干个相对独立的教学模块，每个模块都对应着特定的知识点和技能点。通过分块化教学，教师可以更加有针对性地开展教学活动，提高教学效果。同时，这种教学模式还有助于培养学生的自主学习能力和团队协作精神，为其未来的职业发展打下坚实基础。

在推动课堂革命的过程中，深化"三教"改革也是不可或缺的一环。所谓"三教"，即教师、教材和教法。教师们需要不断提升自己的专业素养和教育教学能力，以适应高等职业教育的发展需求；教材应该与时俱进，不断更新内容，反映行业最新动态和技术发展趋势；教法则应注重创新与实践，激发学生的学习兴趣和积极性。

3. 教师教学创新团队的最终目标是提高人才培养质量

教师教学创新团队构建，作为高职院校教育教学的核心力量，其最终目标已不再是单纯地围绕"教学"展开，而是需要将工作的重心转移至"学生"身上。这一转变不仅体现了教育理念的进步，更是对新时代人才培养需求的积极响应。

为了实现这一转变，教师团队需要不断更新教学方法和教学内容，以适应不断变化的社会需求和行业需求。在这个过程中，教师们不仅要注重理论知识的传授，更要关注实践操作能力的培养。通过组织实验、实训、实习等实践教学活动，使学生能够亲自动手、亲身体验，从而更好地掌握技术技能。

教师团队还需要注重学生的全面发展。在教学过程中，不仅要培养学生的专业技能，还要注重培养学生的综合素质和创新能力。通过开展各种形式的课外活动、社会实践和志愿服务等，使学生能够拓宽视野、增长见识，提高综合素质和创新能力。

按照"双高计划"的要求，高职院校还需要深化复合型技术技能人才培养培训模式改革。这意味着，教师团队需要积极探索新的教育教学模式，以适应未来产业的发展趋势和市场需求。通过加强校企合作、产教融合等方式，使学生能够更好地了解行业现状和发展趋势，掌握更多的实用技能和知识。

教师团队还需要注重培养学生的工匠精神。工匠精神是一种追求卓越、精益求精的精神品质，对于技术技能人才来说尤为重要。通过引导学生树立正确的职业观念和价值观，培养他们的职业素养和职业道德，使他们能够在未来的职业生涯中追求卓越、不断创新。

为了实现这些目标，高职院校可以采取"学历证书+若干职业技能等级证书"等方式，着力培养一批产业急需、技艺高超的高素质技术技能人才。这种方式不仅能够提高学生的就业竞争力，还能够为产业的发展提供有力的人才保障。

教师教学创新团队构建的最终目标是实现以"学生"为核心的工作目标，通过不断更新教学方法和教学内容、深化复合型技术技能人才培养培训模式改革、培养学生的工匠精神等方式，培养出一批高素质的技术技能人才，为社会的发展和进步作出积极的贡献。

三、"双师型"教学团队建设的内涵要求

（一）健全机制体制，建立资格认证标准

1. 各高职院校要健全"双师型"教师教学团队建设的机制体制

在国家"双师型"教师标准的指导下，各高职院校肩负着重要的使

命，那就是健全和完善"双师型"教师教学团队的机制体制。这一任务不仅关乎教育教学的质量，更直接关系到培养出的学生能否适应社会的需求和时代的发展。

首先，要创新管理模式，为"双师型"教师教学团队的发展提供有力的制度保障。这包括优化团队的组织结构，明确团队成员的职责和分工，建立起一套科学合理的考核评价体系，以及为团队成员提供必要的培训和发展机会。通过这些措施，可以激发团队成员的积极性和创造力，促进团队的整体发展。

其次，"双师型"教学团队的建设还需要结合"双高计划"和职业本科的背景。在"双高计划"的推动下，高职院校需要不断提升自身的办学水平和教育质量，而"双师型"教师则是实现这一目标的关键力量。因此，在团队建设中，要充分考虑"双高计划"的要求，注重培养教师的实践能力和创新精神，推动教师与企业的紧密合作，实现产学研的深度融合。

最后，职业本科的发展也为"双师型"教学团队的建设提供了新的机遇和挑战。职业本科注重培养学生的职业技能和职业素养，对教师的教学水平和能力提出了更高的要求。因此，"双师型"教学团队应积极探索适应职业本科教育的教学模式和方法，不断提升自身的教学水平和创新能力。

在建立起一套适合院校自身发展特色的"双师型"教师资格认证标准方面，各高职院校应根据自身的办学定位和专业特点，制定出符合实际需求的认证标准。这些标准应涵盖教师的教育教学能力、实践操作能力、创新能力等多个方面，确保"双师型"教师能够胜任教学工作的同时，也能够为学生提供更加贴近实际、更具前瞻性的教育指导。

健全"双师型"教师教学团队的机制体制是高职院校的重要任务之一。通过创新管理模式、结合"双高计划"和职业本科背景、制定符合实际需求的认证标准等措施，可以不断提升"双师型"教师的教学水平和创新能力，为培养高素质的技术技能人才作出更大的贡献。

2. 丰富"双师型"教师的内涵

首先我们需要从教师的教育教学能力、专业实践能力以及教研科研能力这三个核心维度进行深入探讨。同时，结合职业教育的现实需要，以及高职院校自身的定位和发展方向，我们应当科学地、因地制宜地制定出一套符合实际需求的"双师型"教师认证标准。

在教育教学能力方面，我们不仅要关注教师的基本教学技能，如课程设计、教学方法和课堂管理等方面，更要强调教师在实践教学中的创新能力。这包括如何结合行业发展和市场需求，设计具有针对性的实践课程，以及如何运用现代教学技术手段，提高学生的学习效果和兴趣。同时，教师还应具备跨学科的教学能力，以适应职业教育中多领域融合的趋势。

在专业实践能力方面，教师应具备丰富的行业经验和实际操作能力。这要求他们不仅要具备扎实的专业理论知识，还要能够将这些理论知识应用于实际工作中。此外，教师还应具备与企业合作的能力，以便将企业的最新技术和行业动态引入教学中，使学生更好地了解行业发展趋势和就业前景。

在教研科研能力方面，教师应具备一定的研究素养和创新能力。他们应当能够针对职业教育中的实际问题，开展深入的研究，提出有效的解决方案。同时，教师还应积极参与学术交流和合作，不断提高自己的学术水平和影响力。

在制定"双师型"教师认证标准时，我们还应充分考虑高职院校的特点和定位。不同高职院校在专业设置、人才培养目标和办学特色等方面可能存在差异，因此认证标准也应具有针对性和灵活性。我们可以结合高职院校的实际情况，制定出一套既符合职业教育发展规律，又能体现高职院校特色的"双师型"教师认证标准。

丰富"双师型"教师的内涵需要从教育教学能力、专业实践能力以及教研科研能力等多个方面入手，同时结合高职院校的实际情况和发展需求，制定出一套科学、合理的认证标准。这将有助于提升高职院校的教学质量，培养更多符合市场需求的高素质技能型人才。

3. 实现认证流程的规范化、制度化

实行"双师型"教师定期考核制度，促进认证标准的动态管理。同时，还应打破教师资格一劳永逸的无时限现状，"相对稳定的'双师型'教师认证标准衡量体系以及与标准相适应的动态调整与监控过程的有机结合，有利于职业教育适应经济社会发展变化对职教师资提出的新要求"①。

在当今社会，职业教育的重要性日益凸显，而教师队伍的素质与水平则直接关系到职业教育的质量与效果。为了进一步提升职业教育的质量与水平，我们有必要实行"双师型"教师定期考核制度，并促进认证标准的动态管理。这一举措不仅有助于提升教师的专业素养，还能使职业教育更好地适应经济社会发展的变化。

首先，实行"双师型"教师定期考核制度具有重要意义。这种制度要求教师在具备扎实的专业理论知识的同时，还要具备丰富的实践经验和职业技能。通过定期考核，可以全面了解教师的教育教学水平、专业技能掌握情况以及实践创新能力，进而为教师的职业成长提供有针对性的指导和帮助。

其次，促进认证标准的动态管理也是至关重要的。随着经济社会的发展，职业教育的需求也在不断发生变化。因此，我们需要建立一套相对稳定的"双师型"教师认证标准衡量体系，并根据实际情况进行动态调整与监控。这样，可以确保认证标准始终与职业教育的发展需求保持同步，从而推动教师队伍的持续优化和提升。

此外，打破教师资格一劳永逸的无时限现状也是必要的。传统的教师资格认证制度往往存在一些问题，如认证标准过于僵化、缺乏灵活性等。因此，我们需要采取"双师型"教师资格的动态管理制度，使教师能够按照相关规定和要求不断在专业技术技能领域提升自身能力。这不仅可以激发教师的积极性和创造力，还有助于提升职业教育的整体质量和水平。

在实施过程中，我们还需要注重对教师进行培训和指导。通过举办培训班、研讨会等活动，可以帮助教师了解最新的教育理念和技术手段，提升他们的教育教学水平和专业素养。同时，我们还可以邀请行业专家和优秀教师来校指导，分享他们的经验和做法，为教师的职业成长提供借鉴和启示。

总之，实行"双师型"教师定期考核制度并促进认证标准的动态管理，是提升职业教育质量与水平的重要途径。通过这一举措的实施，我们

① 李梦卿，刘博. 我国省级"双师型"教师资格认证标准建设的实证研究［J］. 现代教育管理，2018（5）：86.

可以建设一支高素质、专业化的教师队伍，为职业教育的发展提供有力的支撑和保障。同时，这也将有助于培养更多具备创新精神和实践能力的高素质人才，为社会的发展和进步贡献更多的力量。

4. 实施相应的教师管理配套政策

将资格认证与职称评定、岗位聘任、年度考核、评优评先等相衔接，是当前教育、职业发展中一个至关重要的环节。这种衔接不仅有助于提升教育教学的质量，还能为职业发展提供更为科学、有效的保障机制。

首先，资格认证作为衡量个人在某一领域知识、技能水平的重要标准，其科学性、有效性直接关系到人才评价的准确性和公正性。通过将资格认证与职称评定相结合，可以更加客观地评价个人的专业能力和水平，为职称晋升提供有利的依据。同时，这也能够激励个人不断提升自己的专业素养，推动行业的整体进步。

其次，岗位聘任作为职业发展的重要环节，也需要以资格认证为基础。通过将资格认证与岗位聘任相衔接，可以确保聘任的人员具备相应的专业知识和技能，提高岗位匹配度，提升工作效率。此外，这也有助于建立一种基于能力和绩效的聘任机制，打破传统的论资排辈现象，激发员工的积极性和创造力。

年度考核和评优评先作为评价个人工作表现的重要手段，同样需要与资格认证相衔接。通过将资格认证纳入考核和评优评先的指标体系，可以更加全面地评价个人的工作能力和业绩，使考核结果更加客观、公正。这也有助于形成一种积极向上的工作氛围，激励员工不断提升自己的工作质量和效率。

此外，将资格认证与"双高计划"评定、职业院校教师教学创新团队建设、职业本科申报工作逐一对接，也是推动职业教育发展的重要举措。通过这些对接工作，可以将资格认证作为衡量职业教育质量和水平的重要标准，推动职业院校不断提升教学质量和创新能力。同时，这也能够为职业本科申报工作提供有力的支持，提升职业教育的整体社会认可度。

为了建立有效统一的运行机制，推动多方协同，我们还需要加强各部门之间的沟通与协作，形成工作合力。同时，还需要加强资格认证工作的规范化和标准化建设，确保认证结果的准确性和可靠性。

综上所述，将资格认证与职称评定、岗位聘任、年度考核、评优评先等相衔接，并与相关计划和申报工作逐一对接，是提升教育教学质量、推动职业发展的重要途径。通过加强多方协同和机制建设，我们可以为认证结果提供更为科学、有效的保障，推动教育、职业发展的持续繁荣与进步。

（二）深化产教融合，鼓励企业深度参与"双师型"教学团队建设

"德国的职业教育师资培养始终都贯穿于企业的生产经营活动中，职业院校与企业有着非常密切的联系，企业培训机构和自由经济组织都积极参与职教师资的培养，充分体现出德国'双元制'模式的特色。"① 在职业教育高质量发展的"双高计划"和职业本科申报背景下，我国高职教育"双师型"教学团队建设也需秉持高质量发展的思路来指导专业的发展和建设，高职院校与企业要持续深化产教融合，在对"双师型"教师教学团队有共同需求的基础上实现双师共育，持续深入地开展多形式、多领域、多层级的合作，实现校企双方资源的优化配置和有机整合。

1. 实现校企共建共赢

实现校企共建共赢，关键在于深入探寻双方的共同利益诉求点，并以此为基础，构建出更加紧密且富有成效的合作机制。在这个过程中，培养既具备深厚理论水平又具备精湛实践技能的技术技能人才，无疑是校企双方共同追求的目标。

首先，我们要立足于自身实际，深入分析地方区域经济、行业领域以及社会发展的现状，找出校企合作的可能切入点和发展空间。通过了解区域经济发展的特点、行业领域的发展趋势以及社会对人才的需求变化，我们可以更加精准地把握校企合作的方向和重点。

其次，在政府和行业的引导下，我们要积极构建与完善校企共同体。这包括建立稳定的沟通机制、制定明确的合作规划、共享资源和技术等。通过加强校企之间的交流与协作，我们可以实现资源共享、优势互补，共同推动技术创新和人才培养。

---

① 范文晶. 德国职教师资培养特色启示［J］. 教育与职业, 2013（34）: 108.

在构建校企共同体的过程中，探索"双师型"教师教学团队建设的途径和模式显得尤为重要。所谓"双师型"教师，即既具备扎实的理论素养，又具备丰富的实践经验的教师。这样的教师团队能够为学生提供更加全面、深入的教学指导，帮助他们更好地将理论知识与实践技能相结合。

为了建设"双师型"教师教学团队，我们可以采取多种途径。例如，可以邀请企业中的技术专家和管理人员担任兼职教师或开设讲座，为学生提供实践经验和行业洞察；同时，也可以鼓励学校的专任教师积极参与企业的研发项目和技术服务，提升自己的实践能力和专业素养。

此外，我们还可以通过开展联合培养、共同研发、建立实践基地等方式，加强校企之间的深度合作。这样不仅可以提高人才培养的质量和效果，还可以促进校企双方的互利共赢，实现共同发展。

实现校企共建共赢需要双方共同努力和不断探索。通过深入分析共同利益诉求点、构建校企共同体以及探索"双师型"教师教学团队建设等途径和模式，我们可以推动校企合作向更深层次、更广领域发展，为培养更多优秀的技术技能人才作出积极贡献。

2. 建立完善的校企联动机制

为了更有效地推动人才培养与社会需求之间的对接，建立完善的校企联动机制显得尤为关键。这种机制旨在实现岗位融通，使学校的教育资源与企业实际需求紧密结合，进而实现校企互利共赢的局面。

在构建校企联动机制的过程中，打造校企合作平台是不可或缺的一环。这些平台不仅能够加强学校与企业之间的交流与沟通，还能够为双方提供更为广阔的合作空间。例如，通过协同创新中心的建立，学校和企业可以共同开展技术研发和成果转化，实现优势互补和资源共享。此外，企业工作站的设立则能够为学生提供实习和实训的机会，帮助他们更好地了解企业文化和岗位需求，提升他们的职业素养和实践能力。

除了上述平台外，校外实训基地也是实现校企联动的重要载体。这些基地能够为学生提供真实的职业环境和操作场景，让他们在实践中学习和成长。同时，学校和企业还可以根据实际需求，共同制定实训计划和方案，确保实训内容与岗位需求紧密对接，提高实训效果。

通过加大教育链与产业链的链接力度，校企联动机制能够推动技术技能创新成果的有效转化。学校和企业可以共同开展科研项目和技术攻关，将科研成果转化为实际应用，推动产业升级和发展。这种合作不仅能够提升学校的科研水平和学术影响力，还能够为企业带来更多的创新动力和市场竞争力。

在实施校企联动机制的过程中，还需要注重合作双方的利益平衡和共同发展。学校和企业应该建立长期稳定的合作关系，共同制定人才培养计划和目标，确保人才培养与社会需求的高度契合。同时，双方还应该加强沟通与交流，及时解决合作中出现的问题和困难，推动合作不断深化和发展。

建立完善的校企联动机制是实现岗位融通、校企互利共赢的重要途径。通过打造校企合作平台、加大教育链与产业链的链接力度等措施，可以推动技术技能创新成果的有效转化，提升人才培养质量和社会服务能力。

3. 充分发挥校企共同体形式的优势

在当下技术革新的时代，教育与企业之间的紧密联系显得尤为重要。充分发挥校企共同体形式的优势，已经成为提升教育质量、推动技术创新的重要途径。因此，与企业联合制订教师下企业实践方案，不仅可以促进教师专业技能的提升，还能更好地服务于企业和社会。

首先，我们需要明确教师到企业兼职、挂职的职责与任务。教师作为知识的传播者和实践者，在企业中担任兼职或挂职职务，可以将所学的理论知识与实践相结合，为企业提供技术支持和创新思路。同时，通过深入企业一线，教师还能够了解行业发展的最新动态和企业的实际需求，进而优化教学内容和方法，提高教育的针对性和实用性。

在具体实施中，我们可以参考一些成功的案例。例如，某高校与一家知名企业合作，共同制订了教师下企业实践方案。方案中明确规定了教师在企业中的工作时间、工作内容以及与企业员工的互动方式等细节。通过这种方式，教师不仅能够深入了解企业的运营模式和业务流程，还能与企业的研发人员和技术专家进行深入的交流和合作，共同开展研发项目和技术创新。

其次，鼓励专业教师与兼职教师积极开展合作研发、参与技术技能创新也是非常重要的。专业教师具有丰富的学术背景和理论知识，而兼职教师则具备丰富的实践经验和行业资源。两者相互合作，可以形成优势互补，共同推动技术创新和产业升级。同时，这种合作模式还可以促进教师之间的交流和合作，提高整个教师团队的凝聚力和创新能力。

在扩写过程中，我们还可以加入一些统计数据和实证研究来支持上述观点。例如，据统计数据显示，参与企业实践的教师在教学方法、教学内容以及学生评价等方面均取得了显著的提升。同时，一些实证研究也表明，校企合作能够提高学生的就业竞争力和创新能力，对于培养高素质人才具有重要意义。

综上所述，充分发挥校企共同体形式的优势，与企业联合制订教师下企业实践方案，明确教师到企业兼职、挂职的职责与任务，并鼓励专业教师与兼职教师积极开展合作研发、参与技术技能创新，对于提升教育质量、推动技术创新以及培养高素质人才都具有重要的现实意义和深远影响。

（三）优化团队结构，多措并举遴选团队带头人

《创新团队建设方案》提出，团队结构应科学合理，团队专业结构和年龄结构应合理。"双师型"教师教学团队需要能力突出的团队带头人。美国学者戴维·麦克利兰（David C. McClelland）认为："胜任力模型（competency model）指承担某一特定的任务角色所必须具备的胜任特征的总和，是针对具体职位表现和要求组合起来的一组胜任特征。"[①] 胜任特性能够影响个人工作的主要部分，它与工作绩效相关，能够用可靠标准加以测量并通过培训和开发得以改善。在"双师型"教师教学团队建设中，团队带头人的选拔与培育也应依照"双师型"教师这一角色胜任特性的要求来开展。

1. 明确团队带头人的准入标准和选拔程序

在团队建设中，团队带头人的选拔无疑是一个至关重要的环节。一个优秀的团队带头人不仅能够有效推动团队发展，还能在关键时刻为团队指

---

① 祁艳朝，于飞. 高校教师胜任力模型的思考［J］. 黑龙江高教研究，2013（9）：43.

明方向，提供有力的领导支持。因此，我们必须明确团队带头人的准入标准，并制定一套严格的选拔程序，确保选拔出的团队带头人具备足够的实力和能力，能够胜任这一重要职务。

首先，我们要明确团队带头人的准入标准。这些标准可以包括教育背景、工作经验、专业技能等方面的要求。例如，在高职院校中，专业带头人通常需要具备较高的学历背景和丰富的教学经验，同时还需要具备扎实的专业知识和较强的组织协调能力。此外，团队带头人还应具备良好的领导才能和团队合作精神，能够带领团队朝着共同的目标努力前进。

其次，我们需要制定一套严格的选拔程序。这一程序可以包括资格审核、面试答辩、综合考核等多个环节。在资格审核阶段，我们可以根据《创新团队建设方案》、高职院校专业带头人选定办法等文件规定，对候选人的硬性条件进行逐一审查，确保他们符合准入标准。在面试答辩环节，我们可以邀请行业专家或资深教师担任评委，对候选人的专业技能、领导才能、团队协作等方面进行深入考察。在综合考核阶段，我们可以结合候选人的业绩表现、团队反馈等方面进行综合评估，确定最终人选。

通过明确的准入标准和严格的选拔程序，我们可以确保选拔出的团队带头人具备足够的实力和能力，能够胜任这一重要职务。同时，这样的选拔过程也有助于提高团队带头人的社会地位和影响力，激发他们的工作热情和积极性。

最后，在选拔团队带头人的过程中，我们还应注重对其潜在能力的挖掘和培养。一个优秀的团队带头人不仅需要具备扎实的专业技能和丰富的实践经验，还应具备创新思维和解决问题的能力。因此，在选拔过程中，我们应关注候选人的发展潜力，通过培训、交流等方式不断提升他们的综合素质和能力水平。

在团队带头人的选拔上，我们要明确准入标准、制定严格的选拔程序，并注重对候选人的潜在能力的挖掘和培养。只有这样，我们才能选拔出真正优秀的团队带头人，为团队的发展提供有力的领导支持。

2. 明晰团队带头人权责

大多数高职院校中的专业带头人往往由于被纳入科层管理层而承担了大量行政管理事务，"专业性"被不断弱化。在科层管理体制下，作为一种外在的角色或一种制度赋予的身份，如何明晰其相应权责，赋予团队负责人专业化的身份，显得更加迫切和必要。团队负责人的权责明晰，对于团队的稳健发展、高效运作及目标达成具有至关重要的作用。一个权责明确的团队负责人，如同团队中的舵手，能够引领团队在波涛汹涌的商海中稳健前行。

首先，明晰权责有助于提高团队决策的效率和质量。当团队负责人拥有清晰明确的职责和权力时，他们能够在关键时刻迅速、果断地作出决策，避免了因权责不清而导致的决策延误或混乱。这种高效且有针对性的决策方式，不仅能够确保团队及时应对各种挑战和机遇，还能为团队的长远发展奠定坚实的基础。

其次，权责明晰有助于增强团队的凝聚力和协作能力。明确的权责能够使团队成员清晰了解各自的职责范围，减少因职责重叠或遗漏而引起的冲突和误解。这种清晰的分工和协作机制，能够确保团队成员在各自的岗位上充分发挥自己的专长和优势，形成合力，共同推动团队的发展。

最后，权责明晰还有助于提升团队的绩效和竞争力。在明晰的权责框架下，团队负责人能够更好地规划和组织团队的工作，确保各项任务能够高效、有序地完成。同时，他们还能够根据团队成员的特点和优势，合理分配资源和任务，使团队的整体绩效得到最大化提升。

为实现团队负责人权责的明晰化，我们可以采取一系列具体措施。首先，制定详尽的职责说明书是不可或缺的一步。这份说明书应详细列出团队负责人的工作范围、职责权限、工作目标及考核标准等，为其工作提供明确、具体的指导。其次，建立有效的沟通机制也是至关重要的。团队负责人应定期与团队成员进行沟通交流，了解他们的工作进展、问题和需求，以便及时调整工作策略和方案。同时，设立监督机制也是必要的保障措施。通过定期对团队负责人的履职情况进行检查和评估，可以确保其履行职责的规范性和有效性，及时发现并纠正问题。

同时，为提高团队负责人的履职能力，我们还应注重他们的培训和发展。通过组织定期的培训和学习活动，可以帮助他们不断提升自身的专业素养和管理能力，更好地履行团队负责人的职责。此外，我们还应关注团队负责人的职业发展和心理健康，为他们提供必要的支持和帮助，确保他们能够长期稳定地为团队发展贡献力量。

明晰团队负责人的权责不仅是团队高效运作的关键所在，也是提升团队凝聚力和竞争力的重要保障。通过制定详尽的职位说明书、建立有效的沟通机制和设立监督机制等措施，我们可以实现团队负责人权责的明晰化，推动团队在激烈的市场竞争中不断取得新的胜利和成就。

（四）开展专业培训，增强团队合力与创新能力

美国学者沃伦·本尼斯（Warren G. Bennis）认为："在人类组织中，愿景是唯一最有力的、最具激励性的因素，它可以把不同的人联结在一起。"①

在当今这个知识日新月异的时代，培养具备行业专业高层次技术技能人才，已成为高职院校及"双师型"教师教学团队所追求的共同愿景。这一愿景旨在构建一个能够适应市场需求、培养出具备实践能力和创新精神的优秀人才的教育体系。

为了实现这一愿景，高职院校需要采取一系列措施来加强"双师型"教师教学团队的建设。首先，应加大对教师的培养力度，通过举办各类培训、研讨会等活动，提高教师的专业水平和教育教学能力。其次，还应积极引进具有丰富实践经验的行业专家和技术人才，为团队注入新的活力和创新思维。

高职院校需要建立健全团队合作机制，促进团队成员之间的交流与协作。可以通过定期开展团队活动、建立共享资源库等方式，加强团队成员之间的沟通和合作，提高教育教学效率和质量。

高职院校还应加强与行业企业的合作，共同开展人才培养和科研工作。通过与行业企业的紧密合作，可以更好地了解市场需求和行业发展趋势，为人才培养提供更加精准的指导和支持。

将培养行业专业高层次的技术技能人才作为共同愿景，是高职院校及"双师型"教师教学团队所追求的共同目标。通过加强团队建设、提高教师素质、加强校企合作等措施，我们可以更好地实现这一愿景，为社会培

---

① （美）戴维·W. 约翰逊，罗杰·T. 约翰逊. 领导合作型学校 [M]. 唐宗清，译. 上海：上海教育出版社，2003：52.

养出更多具备实践能力和创新精神的优秀人才。

因此，不但要促进团队教师的科学有机结合，还要开展相关理论与实践培训以增强团队成员的凝聚力与共生意识。"双师型"教师所具备的素质能力结构应是多元与多维的，从知识的建构到传输、从技能的内化到展现，都要求其理实并蓄、求真悦学。高职院校要营造教师专业发展的生态环境，在教师团队中形成合作式的专业发展文化与范式。①

在当今的教育领域中，教师团队的创新能力对于提升教学质量和科研水平具有至关重要的意义。因此，我们应该注重提高"双师型"教师团队的创新能力，使他们在教学实践中能够发挥更加积极的作用，并推动教育科研工作的深入发展。

为了提升"双师型"教师团队的创新能力，我们需要从多个方面入手。首先，我们需要为教师提供更多的培训和学习机会，让他们掌握更多的教育教学理论和技能，了解最新的教育技术和教学方法。通过不断学习和实践，教师可以不断提升自己的专业素养和教学水平，为创新能力的培养打下坚实的基础。

其次，我们需要在团队建设制度设计中积极引导教师从事技术技能研究与创新。我们可以设立相关的科研项目和课题，鼓励教师积极参与，并提供必要的经费和资源支持。同时，我们还可以建立教师创新成果展示和分享平台，让教师们能够相互学习、交流和借鉴，激发创新灵感和动力。

此外，我们还需要建立促进教师创新能力提升的长效机制。这包括建立科学的评价体系和激励机制，对教师的创新成果进行客观、公正的评价和奖励；同时，我们还应该加强基层教学组织建设，为教师的创新实践提供有力的组织保障和支持。

教育行政部门和职业院校在提升教师创新能力方面扮演着重要的角色。他们应该积极围绕教师创新能力的培养和提升设计培训内容，注重理论与实践相结合，提供丰富多样的培训形式和内容，以满足教师的不同需求和兴趣。

总之，提升"双师型"教师团队的创新能力是一项长期而艰巨的任

① 李梦卿，刘晶晶."双师型"教师资格认证标准设计的理性思考与现实选择 [J]．教育发展研究，2017（21）：83.

务。我们需要从多个方面入手，加强教师培训和学习，引导教师从事技术技能研究与创新，建立长效机制，加强基层教学组织建设，以及设计有针对性的培训内容。只有这样，我们才能不断提升教师团队的创新能力，推动教育教学质量的不断提高，为培养更多优秀人才作出更大的贡献。

同时，我们也应该认识到，提升教师创新能力并非一蹴而就的事情，需要长期的努力和坚持。因此，我们需要不断总结经验，发现问题，并及时调整和完善相关的政策和措施。此外，我们还需要加强与社会各界的合作与交流，引入更多的资源和支持，共同推动教师创新能力的提升。在未来的教育发展中，教师团队的创新能力将成为推动教育进步的关键因素之一。我们应该继续加大对教师创新能力培育的投入和关注，为培养更多具有创新精神和实践能力的优秀人才奠定坚实的基础。

第一章 "双师型" 教师培养理论与延伸研讨

第一节 "双师型" 教师的演变历程及现状

一、"双师型" 教师的演变历程

为贯彻党的二十大精神，落实新修订的《中华人民共和国职业教育法》《中共中央 国务院关于全面深化新时代教师队伍建设改革的意见》和中共中央办公厅、国务院办公厅印发《关于推动现代职业教育高质量发展的意见》要求，加快推进职业教育 "双师型" 教师队伍高质量建设，健全教师标准体系，2022 年 10 月 25 日教育部办公厅发布了《关于做好职业教育 "双师型" 教师认定工作的通知》并在通知中发布了《职业教育 "双师型" 教师基本标准（试行）》，要求全国各地应于 2022 年底前开展本年度 "双师型" 教师认定相关工作。至此，职业院校 "双师型" 教师标准在全国层面统一，并要求按照标准将认定工作统一落实。职业院校以其特有的职业属性，以就业为导向的专业设置，对职业院校教师的要求不仅仅是传统理论的教学，更重要的是 "能说、会做、善导"，对其教学的具体要求也从专业与岗位接轨的发展过程中逐渐清晰，国家政策层面和以此为依据开展的相关理论研究和实践探索也随之发展。

（一）从政策层面看 "双师型" 教师标准的演变历程

据教育部数据显示，截至 2023 年 6 月 15 日，全国高等学校共计 3072

所，其中普通高等学校 2820 所，含本科院校 1275 所、高职（专科）院校 1545 所；成人高等学校 252 所（本名单未包含港澳台地区高等学校）①。高等教育专任教师 196.31 万人，其中普通本科学校 131.58 万人，本科层次职业学校 2.78 万人，高职（专科）学校 61.95 万人；② 2022 年全国专科高职招生 538.98 万人，连续四年超过普通本科招生规模，本科高职招生规模进一步扩大，由上一年的 4.14 万人增加到 7.63 万人。③ 教师是办好教育的根本依靠，建设高素质双师型教师队伍是实现职业教育高质量发展的关键，不断增强人才培养适应性的关键。因此，国家在政策层面上，根据不同时期，对职业教育教师的专业教师要求的不同，分别发布了相关的政策，用于指导各地各校专业教师培养和发展。

　　"双师型"教师这个概念第一次出现在官方文件，可以追溯到 1995 年，在国家教委《关于开展建设示范性职业大学工作的通知》中，首先提出的要求专业课教师和实习指导教师中要有 1/3 以上的"双师型"教师。此后国家文件对"双师型"教师的内涵也有不同的表述：比如在 2000 年教育部《关于加强高职高专教育人才培养工作的意见》中提出，"双师型"教师既是教师又是工程师、会计师，是一个双重身份的概念。此后，有关文件又提出了关于双重能力、双重证书、双重职称、双重素养等不同的维度进行"双师"内涵的界定。不同的表述折射了"双师型"教师内涵的变化和发展，也体现了"双师型"教师内涵的不断丰富。通过这些文件，我们对"双师型"教师的定位也越加清晰和明朗。

　　关于"双师型"教师标准，在不同的文件中也提出了明确的要求。在 2021 年中办国办印发的《关于推动现代职业教育高质量发展的意见》中明确提出，要强化"双师型"教师队伍建设，制定"双师型"教师标准。在此之前，在 2019 年教育部等四部门印发的《深化新时代职业教育"双师型"教师队伍建设改革实施方案》中，也要求各地要结合实际制定"双师型"教师认定标准，将体现技能水平和专业教学能力的双师素质，纳入教师考核评价体系。这些规定和有关的文件都为国家层面研制"双师型"教师基本标准提

① 全国高等学校名单，教育部。
② 2022 年全国教育事业发展统计公报，教育部。
③ 2023 年中国职业教育质量年度报告，中国教育科学研究院编著。

出了要求，也提供了基本的遵循。对于"双师型"教师的比例，在不同时期的文献中也有相应的规定和要求。我们现在执行的是2019年《国家职业教育改革实施方案》中提出的，"双师型"教师占专业课教师总数超过一半。

（二）从理论层面看"双师型"教师标准的演变历程

在理论研究层面，以从中国知网收录的关于"双师型"教师的相关研究论文数量的曲线图可以看出，"双师"在20世纪90年代以来就受到了理论界的持续关注，特别是在2000年以后研究热度持续增长，在2020年"职教20条"印发后，研究达到历史峰值，对于"双师型"教师的内涵界定，理论界给出了更加丰富的阐释和概括。比较有代表性的有双职称、双证书、双来源、双能力，还有就是双资格、双层次、双素质、双融合等等。这些理论研究的不同归纳和说法，进一步说明了"双师型"教师内涵的丰富性，以及对其研究和认识的一些广泛性和多维性。

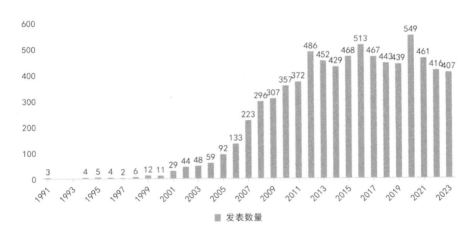

图1-1　1991—2023年知网"双师型"教师论文发表数量

（三）从实践层面看"双师型"教师标准的演变历程

截至2022年全国共有福建、河南、吉林、新疆、江西等多个省（市、自治区）出台了省级职业院校"双师型"教师认定工作的相关文件，并且实质性地开展了相关工作。重庆是在2010年最早开展实践的地区，最早出台的是中职"双师型"教师认定的标准。从各地各校认定标准来看，在认定对象上主要为专任教师，也包含兼职教师。在认定依据上主要有8个方面的依据和做法，比如证书类、资格类、经历类、实践类、培训类、技能奖项类、成果技能荣誉类等。从认定程序上大致是个人申报、资格审查、结果公示等环节。从认定主体上大致有学校认定、省级教育行政部门统一认定、委托第三方认定等。这些实践探索为国家层面"双师型"教师认定工作组织实施也提供了经验和参考。

纵观以上的发展，我国对"双师型"教师认定工作进行了一些探索，取得了一些成效，但是也存在一些突出的问题。比如：第一，"双师型"教师的比例缺乏统一的统计口径，虽然我们在基本概念上越来越形成共识，但是统计口径还是没有统一，再加上不同学校评价水平参差不齐，导致有的学校的"双师型"教师比例号称达到85%以上、90%以上。第二，各地在"双师型"教师认定主体、认定对象、认定条件、认定程序等这些方面还缺乏标准的共识，再加上监督指导不到位，影响了认定工作的规范。第三，长期以来国家标准一直没有制定，国家标准的缺失在一定程度上也不利于我们国家与其他发达国家在国际职业教育的大舞台上进行交流和对话。为此，对国家出台统一的认定标准，规范统一的认定程序，加强指导的需求十分迫切。在这样的形势下，2022年10月教育部办公厅印发了《关于做好职业教育"双师型"教师认定工作的通知》，同时发布了《职业教育"双师型"教师基本标准（试行）》（以下简称《标准》），明确了"双师型"教师的基本标准，这是首次在国家层面明确"双师型"教师的认定范围、认定程序和基本标准，是规范职业学校开展"双师型"教师认定工作的重要指导性文件。

（四）"双师型"教师标准制定的意义

第一，它完善了师资政策体系，充实了职教师资政策的四梁八柱。从国家宏观政策看，中办国办近年来印发的一系列政策文件，也包括教育部会同有关部门印发的文件中，都对职业教育师资队伍建设作出宏观部署。从专项政策措施来看，先后出台了职业学校兼职教师管理办法、职业学校教师企业实践规定等，组织实施了职业院校教师素质提升计划，并推动建设职业教育教师企业实践基地等工作。"双师型"教师国家标准的出台使这些职教师资队伍建设的政策和措施更加坚固而完善。

第二，填补了标准空白，职教标准体系更加完备。近年来，教育部积极推进职业教育标准体系建设，先后发布了职业学校设置标准、专业设置标准、校长专业标准，"双师型"教师标准以及五位一体的职业教育教学标准体系，初步形成了较为完善的国家职业教育标准。在师资建设方面，国家先后出台了系列专项标准，比如《中等职业学校教师专业标准》《中等职业教育专业师范生教师职业能力标准》《新时代高校教师职业行为事项准则》等"双师型"教师认定标准的出台，进一步完善了职业教育国家标准，填补了职业教育"双师型"教师队伍建设的标准空白。

第三，彰显了职业教育的类型特征。在师资队伍建设上，"双师型"教师队伍建设是职业教育区别于普通教育的重要方面。"双师型"教师具有从事教育产业工作的双重资质，具备连接产教两端的跨界能力，表现出教育性、职业性和专业性"三性融合"的素质能力特征，是职业教育类型特征的重要体现。

第四，有利于深化产教融合，固化工匠之师共育机制。标准固化了职业学校和相关行业企业事业单位，来共建职教师资队伍的合作机制。比如，行业企业可以通过参与实施细则标准的制定、参加"双师型"教师认定专家评议委员会等渠道参与认定工作，同时标准也引导企业从源头上更多、更深入地参与职教师资的培养，这些必将有利于推动产业界、教育界共同来打造高水平工匠之师。

第五，有利于进一步激发内生动力，促进职教教师的持续成长。作为国家首版"双师型"教师的基本标准，系统地提出了教师发展需要具备的能力素质的要求，并进行了标准分级层级递进的认定工作的安排，为职业教育教师专业化发展指明了方向，必将让职业教育广大教师更加心中有目标，努力有方向，提升有动力。

二、"双师型"教师现状

(一) 高职院校师资来源

高职院校教师是随着职业教育发展而不断补充和壮大的，主要有 5 个不同类型的教师来源。大部分高职院校是由中等职业院校转化升格而来，其他则是直接组建的高职院校，在 2000 年左右大部分中职院校师资来源主要是以本校毕业生、大专毕业生以及本科毕业生为主。而在 2010 年以后，为了增强高职院校的师资，逐渐开始从毕业的应界硕士研究生当中来进行招录。2019 年以后，"双师型"教师队伍建设改革实施方案落地，要求 2020 年起开始招录有三年企业工作经历的硕士研究生作为高职院校教师，不再从应届毕业生中招录。后来，又因"双高计划"建设以及职业本科的要求，需要博士学历的教师来作为高职院校教师，以增强高职院校的教科研能力。为了弥补技能型人才的缺失，再通过引进技能大师和优秀技能人才，这类技能人才不以学历为主，而更强调技能成果的获得。同时，为了与行业企业接轨，以及教育部要求 20% 的专业课授课由企业兼职教师来开展，因此聘请了行业企业的兼职教师。

1. 应届毕业生

（1）专科毕业生

现有大部分高职院校一部分是中职院校升格而来，原来的中职院校的师资有一部分中专或大专本校培养毕业生，是本校的学生毕业后直接入职留用。这一类型的教师在技能实操方面具有先天的优势，但在技能水平的层次、教育教学能力以及学历方面都尚有不足。

（2）本科毕业生

在 2000 年左右的高职院校的教师队伍当中，有一部分是由本科毕业生。这一类教师是从学科教育为重的高教体系直接转入职业院校的，在教学能力以及技术应用能力和实训实践能力方面均有所欠缺，但经过近二十年的磨炼成长，一部分教师成为专业的骨干教师及专业带头人，甚至有少数教师成为职校名师，能够直接示范、引领专业建设，成为有示范能力的教师。

（3）硕士研究生

2012 年《国务院关于加强教师队伍建设意见的方案》当中提出的以"双师型"教师作为师资队伍建设的重点，被各大高职院校提上了日程。更多高职院校在这个时期招聘的高职教师，以引进毕业的硕士研究生为主。这些教师具备完善的学科体系专业能力和一定的信息技术应用能力，而缺乏教育教学方面的能力，涉及高职院校的实操技术技能方面也比较欠缺。经过十几年的成长，一部分教师成长为专业的骨干教师，甚至是专业带头人，进入成熟期向示范期转型的阶段，在社会服务能力、技术与教学研究创新能力上有一定经验，并初步具备团队管理能力。

2. 有 3 年企业经历的研究生

2019 年 10 月，教育部等四部门发布《深化新时代职业教育"双师型"教师队伍建设改革实施方案》，明确职业院校教师 2020 年起不再从未具备 3 年以上企业工作经历的应届毕业生中招聘。这就意味着在具有研究生学历的基础上，高职教师必须具备三年以上的企业工作经历方能达到招聘的基本条件。在此条件下招聘的高职教师应具备相应的专业技术能力和一定的社会实践经验。但在专业的实操技能方面，未必能展示出相关优势，由于对在企业工作三年的经历并没有具体的要求，未规定需要从事相关专业行业技术技能实操方面的企业工作经验，所以这部分教师在入职以后基础信息技术应用的常识性能力较好，但在教学教研指导方面的第三层级以上的能力均较弱。

3. 高层次人才

高层次人才即拥有博士学历的人才引入博士学历人才是应"双高计划"的建设要求，以及职业本科申报的需要对于高职院校师资学历水平的又一次提升。不仅是为了提升院校的科研水平，也是为了解决高职院校作为高层次高等教育院校在高校属性方面的一个短板。大部分的应届博士生虽然科研水平较高，但缺乏一定的教育教学能力以及一些基本的实践实操技能，在科研层面需要组建一个相应的团队，他们需要融入团队当中来施展其比较强的学术科研能力。

4. 高技能人才

高技能人才分为技能大师和优秀技能人才两个类型，这两个类型分别涵盖不同层级的能力技能大师，基本上是属于在行业领域认可度较高，具有高级技师相应职业资格，或者是具备一定的实操技能，特别是在技能大赛当中获得过国家一等奖等的技术技能型人才。

如某高职院校的招聘要求如下：

对于技能大师，引进对象应同时符合以下条件：

①一般具有高级技师及以上职业资格（职业技能等级）。

②现工作于省外或在高职院校所在省份工作时间未超过 1 年。

③主要包括曾获得以下奖项或荣誉，或担任国家级技能人才平台负责人，或取得（指导选手取得）全国、世界技能大赛奖项的人才：

中华技能大奖获得者、全国技术能手、全国青年岗位能手标兵；获得全国劳动模范、全国五一劳动奖章的高技能人才；享受国务院政府特殊津贴的高技能人才。

国家级技能大师工作室负责人、国家级高水平专业（群）负责人、国家级竞赛集训基地负责人。

世界技能大赛中国技术指导专家组组长；世界技能大赛奖牌获得者；中华人民共和国职业技能大赛金牌获得者。

对于优秀技能人才，引进对象应同时符合以下条件：

①一般具有技师及以上职业资格（职业技能等级）。

②现工作于省外或在本地高职院校所在省份工作时间未超过 1 年。

③主要包括曾获得以下奖项或荣誉，或担任省级技能人才平台负责人，或取得（指导选手取得）省级及以上职业技能赛事奖项的人才：

全国行业技术能手、全国青年岗位能手、省级技术能手；获得省级劳动模范、省级五一劳动奖章的高技能人才；享受省政府特殊津贴的高技能人才。

省级技能大师工作室负责人、省级高水平专业（群）负责人、省级竞赛集训基地负责人。

世界技能大赛中国集训队教练；世界技能大赛奖牌获得者或中华人民共和国职业技能大赛金银铜牌获得者的技术指导老师；中华人民共和国职业技能大赛银牌、铜牌、优胜奖获得者；全国行业职业技能大赛一类赛、全国专项职业技能大赛前 3 名；全国职业院校技能大赛一等奖，全国职业院校教师教学能力大赛一等奖；省级职业技能大赛第 1 名，省级职业院校技能大赛第 1 名，省级职业院校教师教学能力大赛第 1 名。

在这两种高技能人才中，技能大师的加入能够非常有效地对"双师型"结构团队起到一个示范引领的作用，但存在与收入专业的一个匹配度以及教学团队的融合度的问题。优秀技能人才，基本上具有技师级以上的职业资格，基本上是在职业技能大赛当中获奖的学生。这一类教师学历为高职毕业，多重视自身实操，动手能力强，拥有新兴技术能力，但缺乏较高的专业学术能力以及教育教学能力，在后续个人发展中，在职称评聘方面会受到学历影响，在激励机制上也受职称影响，一定程度上阻碍其工作积极性的发挥。

5. 企业兼职教师

聘请企业兼职教师是为了弥补"双师型"结构团队当中技术技能型师资资源缺乏的一种方法。企业兼职教师技术技能实操水平较高，且能够紧跟行业专业发展趋势并将新技术及时地融入课程教学当中，是一种较好的与行业岗位衔接的方式。但企业兼职教师存在流动性较强、工作时间不稳定的问题，且大部分兼职教师的工作在于给学生直接授课，仅为技术实操的课程，与结构化团队共同工作的时间有限，团队融合度较低，所以在团队中能发挥的作用较小，特别是在指导其他教师技术技能提升、教研结合、专业建设方面都存在一定的问题。另外，高职院校兼职教师职称、学历均较低，而在薪酬待遇方面，也无法吸引更优秀的人才融入高职教师队伍当中。

（二）高职"双师型"教师发展现状

1. 应届毕业生

从人才培养的角度来看，高职院校以培养具备专业技能和职业素养的高素质人才为己任。首先，应届毕业生通过系统的专业学习，已经掌握了扎实的专业知识和技能，这为他们在高职院校的继续深造提供了坚实的基础。这种人才的匹配性，使得高职院校能够更有效地实现其人才培养目标。

其次，应届毕业生的学习适应能力强，能够迅速融入高职院校的教学环境和课程体系。他们具备强烈的求知欲，能够更好地理解和掌握新的专业知识。这种学习上的优势，有助于他们在高职院校中更快速地成长和发展。

再次，虽然应届毕业生在实践经验方面相对较少，但这并不妨碍他们成为高职院校的优质招录对象。应届毕业的他们年轻富有朝气、可塑性强，高职院校可以通过实践教学、校企合作等方式，为他们提供丰富的实践机会，帮助他们将理论知识与实践相结合，进一步提升职业素养和实践能力。

此外，招录应届毕业生还有助于高职院校培养稳定的师资力量。应届毕业生对学校的归属感和忠诚度较高，他们更愿意为学校的发展贡献自己的力量，这将为学校的长期发展奠定坚实基础。

（1）专科毕业生

这部分的专科毕业生无论是中职毕业，还是大专毕业，大都来源于本校毕业生。对于本校培养的优秀毕业生学校还是有一定程度的留用意愿的。主要因为本校毕业生通过多年的学习和生活，对校园的文化、政策、环境等形成了深刻而独特的理解。他们熟悉学校的规章制度，了解校园文化的内涵，这为他们快速融入工作团队、高效执行工作任务提供了有力的支持。他们能够快速适应工作节奏，缩短适应期。由于本校毕业生在校期间接受了系统而专业的教育，他们往往已经掌握了扎实的基础知识和技能。这意味着学校不需要从零开始培养员工的基础能力，可以节省大量的新员工培训成本。

此外，本校毕业生对学校具有强烈的归属感和认同感，这种情感会转化为对学校的忠诚，他们更愿意长期留在学校，为学校的发展贡献自己的力量。这种忠诚度有助于维护员工队伍的稳定，降低员工流失率，提高员工的工作效率。共同的教育背景和经历使得本校毕业生在沟通和协作方面更具默契。他们能够理解彼此的思维方式和行为模式，减少沟通障碍，提高工作效率，在学校期间积累的合作经验也能够在转变为教师后为教师团队带来积极的影响，促进团队的发展。录用本校毕业生同时带来潜在的校友资源网络。这些校友可能在各个领域有一定的成就和影响力，他们可以为公司提供人才推荐、项目合作、技术指导等多方面的支持。这种资源的共享和合作也有助于公司在激烈的市场竞争中获得更多的优势。

这一类教师技术技能水平稳定，在原有技术实操体系中能开展基础性的实践实操课程，在教育教学领域通过多年的教学实践，积累形成了自己较为独特的教学模式，一部分已经能在专业领域起到示范引领作用，但另一部分由于已临近或已达到退休年龄，他们对向"双师型"教师发展的意愿较低。

（2）本科毕业生

2000年左右，高职院校大量增设的同时，本科院校扩招提供了大量的本科毕业生，在这样的供需双方都有满足的情况下，大量的本科毕业生进入了高职院校成为专业教师。扎实的专业基础知识体系是本科毕业生教师相较专科毕业生教师的一个优势，他们的学习能力以及好奇心更强，从而更易于接受新的专业层面的转变。但是，这类毕业生缺乏教育教学体系相关的系统性培养，导致其在入职后的授课过程中，会用原有的学科体系内容来对学生进行教授，理论知识过多而动手实践操作过少。

这一类教师在后续的"双师型"发展过程当中，受到缺少研究生学历和技术技能不足的双重冲击。他们一部分通过自身努力和团队引领，成为能掌握专业发展方向及对接行业企业的专家，可以被认定为中级甚至是高级的"双师型"教师；另一部分则在新入职教师的冲击下逐渐平淡，成为只会上课的老师，并且本科毕业的教师目前多是中年教师，主动向"双师型"教师发展的意愿较弱。

（3）硕士毕业生

2012年《国务院关于加强教师队伍建设的意见》出台，强调职业院校要加强教师队伍建设。以此为契机，职业院校在大量录用本科毕业生后，开始陆续录用应届硕士毕业生。硕士毕业生在学术研究上通常具有更高的造诣和更深入的理解，他们在攻读硕士学位期间，通过系统的课程学习和独立的研究工作，积累了丰富的学术知识和实践经验，这些知识和经验可以为高职院校的教学工作提供有力的支撑，确保学生能够接受到系统、前沿的专业知识教育。硕士毕业生能够将最新的学术研究成果引入课堂，激发学生的学习兴趣和探究欲望，提升教学质量。同时，硕士毕业生在科研方面也具有显著的优势。他们在攻读学位期间，接触到更为专业和前沿的研究领域，积累了宝贵的科研经验。这些经验可以为高职院校的科研工作提供新的思路和方法，推动学院在学术领域的创新发展。

此外，录用硕士毕业生还有助于高职院校优化师资结构，提升教师队伍的整体素质。硕士毕业生通常具备较强的专业素养和教学能力，他们的加入可以为学院带来新的教学理念和教学方法，激发学生的学习兴趣和动力。同时，硕士毕业生还能够与现有教师形成优势互补，共同推动学院的教学改革和发展。高职院校录用硕士毕业生也是适应职业教育发展趋势的重要举措。随着职业教育的快速发展和变革，对于高职院校教师的专业素养和教学能力提出了更高要求。录用硕士毕业生可以更好地适应这一发展趋势，为学院的长远发展提供有力支持。

经过十年左右的工作锻炼，大部分的硕士毕业生教师已经非常好地适应了职业教育的教学模式和特色育人模式，能够结合自身的专业特长和系统的理论知识，结合长期的教学活动，总结出较好的教育教学方式，形成一定的教学成果，在专业建设方面也能结合行业发展现状与时俱进地制定人才培养方案和课程标准，并在与企业接轨、下企业实践等工作中完成技术技能相关知识和实践操作的掌握，可以被认定为中级或高级"双师型"教师。但另外部分教师在完成常规工作的同时，受到家庭等因素的影响，无法完成自身在专业技能方面的提升，导致该部分教师失去对自身职业发展的热情，满足于完成日常教学工作，失去继续在专业技术技能上精进的动力。这部分老师对于常规的工作能够较好完成，但在"双师型"发展的过程中，特别是实践能力上面，无法投入更多的精力来打磨实践实操技能，长期处于需要培养"双师"能力的范围之内。

2. 有 3 年企业经历的研究生

根据职教 20 条的要求，从 2020 年起基本不再从应届毕业生中招聘高职院校教师，并且要求高职院校相关专业教师原则上从具有三年以上企业工作经历，并具有高职以上学历人员中公开招聘，这使得近三年来入职高职院校的专业教师基本上都是有三年企业工作经历的硕士研究生或者是博士研究生。这一举措旨在选拔一批具备深厚专业知识、丰富实践经验以及卓越研究能力和创新思维的优秀教师，这样的选拔标准主要基于以下几点考量。

首先，研究生阶段的学术深造为候选人提供了系统而深入的专业知识学习机会。在这一阶段，候选人不仅全面掌握了专业基础知识，更通过科研实践、学术交流等方式培养了批判性思维、创新能力等高级学术素养。这些学术素养的积累，为他们在高职院校的教学和科研工作中发挥专业引领作用奠定了坚实基础。

其次，三年以上的工作经验使得候选人能够将理论知识与实际工作相结合，具备一定的企业工作经验，容易形成具有个人特色的教学方法和技能。在这段时间里，候选人不断摸索和实践，积累了丰富的教学经验，能够针对学生的不同需求和特点，灵活调整教学策略，提高教学效果。这种实践教学能力的具备，使得他们能够更好地满足高职院校的教学需求，为学生提供更为优质的教育服务。

此外，硕士研究生往往具备较强的研究能力和创新思维。他们在研究生阶段的学习和科研经历中，不仅培养了扎实的理论基础，还积累了丰富的科研经验，形成了敏锐的问题洞察能力和独到的解决策略。这种能力在高职院校的教学改革和科研创新中发挥着至关重要的作用，能够推动学校不断探索新的教学模式和科研方向，提升整体的教学水平和科研实力。

此类教师目前工作一至三年不等，属于专业教师发展的黄金时期。在这个时期，他们具有思维活跃、工作态度积极和工作精力充沛等优势，在专业教学能力、技术技能扩展、实践实操能力与行业企业充分对接方面，都能够具备较强的积极性，与所在团队的融合度高，基本能够达到初级"双师型"教师的水平，并且为后续中级"双师型"教师做了非常好的经验的积累和成果的积淀。

3. 高层次人才

随着职业教育类型定位的不断突显，高职院校要持续性地向职业本科学校迈进，在提高科研能力以及人才储备能力上也应不断地有更高的要求，所以近年来博士入职高职院校专业教师队伍的情况逐渐增多。

录用博士这样的高层次人才，除了能提高教师队伍学历结构外，还能充分地发挥博士在科研方面以及技术攻关方面的优势。他们具有较好的科研技术体系的学术素养，具有与行业专业对接的较为先进的理念和思维方法，能够针对学生在专业培养过程中出现的问题进行及时的梳理和总结。在未来职业本科的发展过程中，高层次人才将发挥特别重要的作用，为探索职业本科所在的行业、岗位与人才培养三位一体的培养模式，提供有力的智力支持。作为职业院校偏科研技改型人才，他们对于专业和行业的岗位对接，具体的岗位技能实操点不是特别了解，不属于教学为主型人才。

4. 高技能人才

高技能人才，通常是在某一领域经过长时间实践和积累，形成了自己独特而精湛的技能。他们不仅具备丰富的实践经验，而且拥有卓越的专业技能。他们的加入，对于高职院校而言，意味着技能传承的连续性和教育质量的显著提升。通过他们的亲身示范和指导，学生能够更加系统、深入地掌握实践技能，为未来的职业生涯奠定坚实而全面的基础。

首先，高技能人才的参与对于高职院校的实践课程教学质量提升至关重要。他们不仅可以利用自身的经验和知识，对现有教学方法进行创新，提高学生的学习兴趣和效果；还可以根据行业发展的最新趋势，及时更新教学内容，确保学生所学知识与市场需求保持同步。此外，他们还能引入新技术、新工具，为学生提供更加前沿、实用的学习体验，使学生更好地适应快速变化的市场和行业环境。

其次，高技能人才的参与可以促进产学研合作。高技能人才通常与企业、行业保持紧密的联系，对于市场的需求变化和技术发展有着深刻的洞察力。他们的加入，为高职院校与企业、行业之间的合作提供了桥梁。通过产学研合作，学校可以获得更多的实践机会和资源支持，企业可以获得更加精准的人才培养和技术支持，实现资源共享、优势互补。这种合作模式不仅有助于推动技术创新和人才培养，还能提升高职院校的社会影响力和竞争力，为学校的长期发展奠定坚实基础。招聘高技能人才，有助于学校更加准确地把握市场需求和趋势，为学生提供更加符合市场需求的技能和知识。这样不仅能够提高学生的就业竞争力和适应能力，还能促进学校与市场的紧密联系，实现人才培养与市场需求的有效对接。

最后，高技能人才的加入对于高职院校"双师型"教师队伍的整体发展具有重大的推动作用。他们不仅是学校的宝贵财富和资源，更是推动团队持续发展的重要动力。他们可以通过参与学校的教学、科研、管理等工作，为学校的各个方面提供有益的建议和支持；还可以为学校带来更多的合作机会和资源支持，推动学校的综合实力和竞争力不断提升。这种推动作用不仅体现在学校的当前发展上，更能够为学校的未来发展奠定坚实的基础。

高技能人才往往存在学历不高的劣势，在进行职称评定和职称聘用上面目前没有具体的可实施的相关优惠政策，导致其在享受技能人才津贴的同时，很难在高校教师序列当中通过应聘到较好的职位来保证其基本的物质需求。再则，技能型人才与其他专业教师在团队中的融合度也是值得商榷的问题。技能型人才凭借一技之长能够带动技能大赛、实践实操、专业建设等工作，但由于与其他教师的发展和成长背景的不同，往往与其他专业老师的融合度不够高，团队在技能型人才的带领下向技术化发展的趋势不明显。技能型人才往往是自己能说会做，但是在指导学生方面还欠缺教育教学水平，并且以技能大赛出身的技能型人才在其他专业成果和社会服务性上也需要进一步地更新其相应的专业知识。

5. 企业兼职教师

高职院校作为培养高素质技术技能人才的重要基地，始终致力于提高教学质量，满足社会对人才的需求。为了实现这一目标，高职院校不仅注重全职教师的培养和引进，还积极寻求与企业的合作，招聘具有丰富实践经验的企业兼职教师。这种举措的背后，有着多重深层次的原因。

首先，高职院校规模的快速扩张使得师资需求急剧增加。在这一过程中，仅仅依靠全职教师难以满足所有课程的教学需求，特别是实践应用和技能实操较多的课程。因此，招聘企业兼职教师成为高职院校弥补师资力量不足的有效手段。这些企业兼职教师往往具备扎实的专业知识和丰富的实践经验，能够迅速融入教学环境，为学生提供优质的教学服务。企业兼职教师的教学方式往往更加注重实践操作和案例分析，这与高职院校的培养目标高度契合。通过引入企业兼职教师，高职院校能够为学生提供更加贴近实际的教学内容，增强学生的实践能力和创新能力。这种教学方式不仅有助于提高教学质量，还能够培养学生的团队协作精神和沟通能力。

其次，企业兼职教师的加入有助于高职院校优化师资结构。相比于全职教师，企业兼职教师往往具有不同的教学风格和教学方法，能够为学生带来更加多样化的学习体验。同时，他们还能够将最新的行业技术和实践知识引入课堂，使学生更好地了解行业发展趋势，提高就业竞争力。

最后，招聘企业兼职教师是高职院校加强校企合作的重要途径。通过与企业的紧密合作，高职院校能够及时了解行业发展趋势和市场需求，调整专业设置和课程结构，使人才培养更加符合社会需求。同时，企业兼职教师的参与还能够促进学校与企业的资源共享和优势互补，实现双方的共同发展。从经济角度来看，招聘企业兼职教师有助于高职院校降低教育成本。相比于全职教师，企业兼职教师不需要学校承担额外的工资、保险和福利等费用，这在一定程度上减轻了学校的经济负担。同时，企业兼职教师的引入还能够提高教育资源的利用效率，实现教育资源的优化配置。

高职院校招聘企业兼职教师是基于多重因素的综合考量。这些举措不仅有助于弥补师资力量的不足、优化师资结构、提高教学质量、加强校企合作以及降低教育成本，还能够更好地适应行业发展需求，提升人才培养质量，实现高职院校的可持续发展。同时，这种合作模式也在企业和学校之间搭建了一座桥梁，促进了双方的互动和合作，推动了教育和产业的深度融合。但企业兼职教师由于时间受限，往往仅能够保证其专业课程的教学，而没有更多的时间与团队其他专业教师共谋、共商、共建相关的项目以及展开技能实践技术的研讨，从而在"双师型"教学团队的整体工作中，无法发挥其相应的作用。并且在薪酬激励机制方面，对于行业领军型人才是无法起到吸引作用的，这也从另一方面需要挖掘企业兼职教师的社会功能和服务人们的根本宗旨。

三、"双师型"教师问题分析

（一）"双师型"评价教师的内驱力不足

1. 新入职教师的"双师"能力和资格获取时间未设定界限

从当前高职院校教师队伍的构成来看，应届毕业硕博士研究生无疑占据了相当大的比例。这些年轻的新教师，经过硕士、博士阶段的学术体系培养，成功获得了入职资格。然而，值得注意的是，尽管他们在学术研究方面有着深厚的功底，但在专业实践和教育教学方面的能力却缺乏相应的入职标准与要求。这在一定程度上影响了教师队伍的整体素质和教学水平。

首先，我们需要认识到，教师的专业实践和教育教学能力是衡量其综合素质的重要指标。在高职院校中，教师的角色不仅仅是传授知识，更重要的是培养学生的实践能力和创新精神。因此，对于新教师的入职标准，除了学术成果外，还应注重其在专业实践和教育教学方面的表现。

其次，对于新教师入职后的"双师"资格认定，目前高职院校缺乏明确的规定。何时取得"双师"资格，以及相应的处理举措，都缺乏统一的标准和规范。这导致了一些教师在取得"双师"资格方面存在困惑和迷茫，也影响了教师队伍的整体发展。

因此，在教师的持续教育和专业发展上，我们更应注重准入机制的加入和完善。一方面，学校应制定更加明确、细致的入职标准和要求，对教师的专业实践和教育教学能力进行全面评估。另一方面，学校还应建立完善的"双师"资格认定机制，明确认定标准、认定程序以及相应的处理举措，确保教师队伍的整体素质和专业水平得到不断提升。

此外，为了保持教师队伍的发展动力和活力，学校还应为教师提供更多的培训和进修机会。通过定期举办各种专业培训和学术交流活动，帮助教师不断更新专业知识、提高技术技能，从而确保"双师型"教师队伍始终站在时代的前沿，为我国职业教育的发展提供有力支撑。

当然，我们也应正视准入机制中所存在的不足，并以严谨理性的态度加以改进。在评审过程中，我们应确保公平性、公开性和公正性，避免任何形式的臆断和偏见。同时，我们还应注重评审结果的反馈和应用，及时将评审结果反馈给教师本人，并为他们提供有针对性的改进建议和指导。

综上所述，为了确保"双师型"教师队伍的整体素质和专业水平，我们必须加强入职标准和要求的制定与完善，建立健全"双师"资格认定机制，并注重教师的持续教育和专业发展。只有这样，我们才能打造出一支高素质、高水平的"双师型"教师队伍，为我国职业教育事业的长远发展提供坚实的人才保障。

2. 教师职称晋升与"双师"认定脱钩

在我国的教育体系中，教师的职称晋升一直是一个备受关注的话题。虽然各个学校在职称晋升中都对教师的产学研、实践、培训等提出了一定的量化要求，但这些要求多被视为可选项，而非强制性要求或基本条件。这一现状反映了我国职业教师队伍专业化建设过程中的某些局限性，同时也为未来的完善和发展提供了空间。

近年来，随着"双师型"教师认定资格的逐步明确，我国职业教师队伍专业化建设迈出了坚实而稳健的步伐。这一认定资格是在深入研究并发布的国家级认定标准的基础上，结合各省各学校的实际情况，经过充分酝酿和讨论而得出的。它不仅明确了"双师型"教师的具体要求和标准，还为教师职业发展指明了方向。

然而，正如任何新生事物一样，当前的"双师型"教师资格准入机制仍存在诸多不足之处。在实际操作中，我们发现执行力度仍有待加强。这可能是由于监管机制不够健全，导致部分教师得以钻空子，违规取得"双师型"教师资格。此外，评审人员对于标准的理解也可能存在差异，导致执行中出现偏差。

为了改善这一状况，我们需要采取一系列措施。首先，需要进一步强化监管机制，确保任职资格标准的严格执行。这包括建立健全的监督体系，对违规行为进行严厉打击，并加强对评审过程的监督和管理。其次，需要提高评审人员的专业素养，使其能够准确理解和把握"双师型"教师的认定标准。这可以通过组织专门的培训和学习活动，提升评审人员的专业知识和技能水平。

同时，还需要进一步完善"双师型"教师的认定标准和流程。这包括明确各项指标的量化要求，确保标准的科学性和可操作性；需要简化认定流程，降低教师的认定成本和时间成本。

此外，还应加强对"双师型"教师的宣传和推广工作。通过举办各种形式的宣传活动、分享成功案例等方式，让更多的人了解"双师型"教师的优势和价值，从而激发更多教师积极投身于这一职业发展方向。

总之，虽然我国职业教师队伍专业化建设已经取得了一定的进展，但仍然存在诸多不足之处。我们需要以严谨的态度，持续推动其完善和发展。通过加强监管、提高评审人员专业素养、完善认定标准和流程以及加强宣传推广等措施，我们相信未来我国的职业教师队伍将会更加专业化、规范化，为培养更多高素质人才提供有力保障。

3."双师"培训缺乏统一的评价标准

尽管国家、各省教育行政主管部门以及各高职院校在"双师型"教师的培养与发展方面投入了大量的资源和精力，推出了一系列的培训项目，并建立了各级培训基地，然而这些基地和项目在实施过程中仍暴露出诸多问题。其中最为显著的是缺乏严格的绩效评价体系。这不仅影响了培训效果，也制约了"双师型"教师的专业成长。缺乏严格评价制度只能导致培训徒留形式，最终效果取决于教师的主观能动性。①

目前，虽然各级培训基地和项目众多，但由于缺乏统一的评价标准和管理机制，导致教师在参加培训过程中的管理制度不够严格。有的培训项目在课程设置、教学方法等方面与教师实际需求存在较大的偏差，使得培训效果大打折扣。此外，由于个人培训成绩缺乏客观的评价标准，教师参加培训的积极性和动力也受到了一定的影响。

为了解决这些问题，我们需要建立一套科学、合理的绩效评价体系。首先，要制定明确的培训目标和要求，确保培训内容符合教师的实际需求和发展方向。其次，要加强培训过程的管理和监督，确保教师在培训过程中能够严格按照要求参与学习和实践。同时，还要建立个人培训成绩的客观评价标准，以便对教师的培训效果进行科学的评估。

在建立绩效评价体系的过程中，我们还可以借鉴一些先进的经验和方法。例如，可以采用问卷调查、专家评审等方式，对培训项目的效果进行全面评估；还可以利用大数据和人工智能等技术手段，对教师的培训过程进行实时监控和数据分析，以便及时发现问题并采取有效措施加以改进。

此外，我们还需要注重培训成果的转化和应用。通过加强与企业的合作，建立产学研一体化的培养模式，让教师在实践中不断提升自己的专业素养和综合能力。同时，还要建立健全的激励机制，对在培训中表现优秀的教师进行表彰和奖励，以激发他们继续参与培训的热情和动力。

总之，虽然我们在"双师型"教师的培养与发展方面取得了一定的成绩，但仍需要进一步完善和优化培训体系。通过建立严格的绩效评价体系和加强培训成果的转化和应用，我们可以更好地促进教师的专业成长和发展，为高职教育的质量和水平提升提供有力保障。

（二）管理体制和资源投入不畅

在高职院校的日常运作中，教师轮岗进企业实践或培训成为一个至关重要的环节。这种轮岗机制旨在加强教师的实践能力和行业认知，进而提升教育教学的质量和效果。然而，要实现这一机制的有效运行，需要保证

① 朱炎军，杨洁，朱园飞，顾娇妮. 高职院校 "双师型" 教师发展的制度现状与困境突破——基于上海地区的访谈研究 [J]. 教育发展研究，2022，42（21）.

有足够数量的教师参与轮岗，以确保教育教学工作的连续性和稳定性。

从薪酬绩效层面来看，高职院校的教师岗位相较于企业岗位，往往缺乏足够的吸引力。这主要是由于高职院校的薪酬水平相对较低，且晋升机会和发展空间有限。因此，为了吸引和留住优秀的教师，高职院校需要给予充分的资源保障，同时提供特别的政策倾斜，如增加绩效奖金、提供晋升机会等。

然而，在现实中，高职院校面临的资源投入问题却十分严峻。一些学校由于编制不足，导致教师数量无法满足教育教学和轮岗的需求。这使得学校既需要鼓励教师发展"双师"能力，进入企业实践以提升教学水平，又需要在教师离开岗位后寻找合适的替代者来保证教学工作的正常进行。这种矛盾使得高职院校在"双师型"教师队伍建设上面临巨大的挑战。

此外，编制问题还影响到高职院校引进企业技术人才的努力。虽然学校每年都能找到一些优秀的企业技术人才，但由于编制不足，这些人才往往无法顺利获得教师资格证，从而无法正式加入学校的教师队伍。这种情况不仅限制了学校引进外部优秀人才，也制约了"双师型"教师队伍的建设和发展。

至于兼职教师的问题，如产业导师等人群，他们往往具有丰富的实践经验和行业认知，是学校"双师型"教师队伍的重要补充。然而，由于企业和学校之间的收入差距较大，即使学校愿意为这些兼职教师提供额外的补贴，也往往因为资源限制而不得不放弃。这使得高职院校在挖掘和利用外部优质教育资源方面面临一定的困难。

针对以上问题，高职院校需要从多个方面入手进行改进。首先，政府和社会应加大对高职院校的资源投入，提高教师的薪酬水平和福利待遇，增强教师岗位的吸引力。其次，学校应优化教师编制管理，合理调配教师资源，确保教育教学和轮岗工作的顺利进行。同时，学校还应积极探索与企业合作的新模式，如共建实训基地、开展联合培养等，以充分利用企业的优质资源，提升教师的实践能力和行业认知。

总之，高职院校在"双师型"教师队伍建设中面临着诸多挑战和困难。然而，通过加强资源保障、优化编制管理、深化校企合作等措施，我们有信心推动高职院校教师队伍建设的不断发展和完善，为培养更多高素质技术技能人才贡献力量。

（三）企业参与的内驱力不足

无论是国家层面还是各省层面，政府都对企业参与校企合作给予了丰富的优惠政策，这些政策不仅为企业的长远发展提供了有力支持，同时也为职业院校的教师和学生提供了宝贵的产学研实践机会。在这一政策的引导下，越来越多的企业开始主动对接高职院校，共同推进校企合作的深入开展。

这种基于经济理性的校企合作模式，其本质是建立在成本与收益的基础之上。企业通过与高职院校的合作，可以享受到政策方面的种种便利，如税收优惠、资金扶持等，从而有效降低运营成本，提高市场竞争力。同时，高职院校则可以通过与企业的合作，为学生提供更多的实践机会，提升教学质量和水平。

然而，校企合作中也不可避免地存在着一些问题和挑战。其中最为突出的便是"集体困境"现象。一方面，大量的企业与高职院校纷纷组建职教集团、校企联合实践基地等，以期在政策红利中分得一杯羹。然而，这种合作往往只停留在表面，缺乏实质性的内容。高职院校的"双师型"教师培训等体系架构的主体仍然是政府和学校，企业的参与往往只是徒具形式，缺乏深度和广度。

此外，由于教师参与企业实践是一项长期且人数较多的活动，如果建立常规合作活动，企业每年都需要接收来自高职院校的大量教师，这会给企业的正常运转带来一定的不便，需要企业投入专门的人员和资源来对接教师。对于教师而言，个人专业发展的需求是多样化的，而学校的企业实践基地往往有限，同质化的实践场地和环境难以满足教师的多样化需求。部分学校可选择的教师企业实践伙伴过少，范围过小，但教师的需求却很大，不同专业的教师有不同的实践需求。

针对这些问题，高职院校在与现有合作企业做好合作的基础上，还应积极寻求新的合作机会，扩大合作范围。同时，学校应鼓励教师主动寻找企业实践伙伴，自主开展实践活动，以满足个人专业发展的多样化需求。

同时，政府也应进一步加大对校企合作的支持力度，完善相关政策法规，为企业和高职院校的合作提供更加有力的保障。

总之，校企合作是推动职业教育发展的重要途径之一。在实践中，我们还需要不断总结经验教训，深入分析问题和挑战，寻求有效的解决方案。只有这样，我们才能更好地推动校企合作的深入开展，为培养更多高素质的技术技能人才贡献力量。

（四）高职院校"双师型"价值认知的表面化

虽然高职院校管理者认识到"双师型"教师对师资队伍的辐射作用，但是这种认知是较浅且表面化的。主要体现在以下三个方面。

1．"双师型"教师队伍建设稳定性有待提高

在高职院校的日常运营和管理中，我们不难发现一个普遍存在的问题：大部分高职院校管理者对于"双师型"教师队伍建设的认识和实践尚未形成稳定的习惯、态度、管理标准及理念等。这一现状在很大程度上制约了高职院校师资队伍的优化与提升，不利于培养具有创新精神和实践能力的高素质人才。

首先，从学校主动性方面来看，许多高职院校在推进"双师型"教师队伍建设方面显得力不从心。这主要体现在学校对于教师"双师"发展资源和平台的创造与投入不足。尽管教育部门和社会各界多次强调"双师型"教师队伍建设的重要性，但许多高职院校在实际操作中仍然显得被动和滞后。这可能与学校的办学理念、发展战略以及资源配置等因素有关。

其次，从管理标准与理念方面来看，高职院校在"双师型"教师队伍建设上缺乏统一、明确的管理标准和理念。这导致在实际操作中，各高职院校往往根据自身情况随意制定相关政策，难以形成有效的协同和互补。同时，由于缺乏统一的标准，也使得"双师型"教师的认定、培养和评价等方面存在较大的差异和不确定性。

再次，高职院校对于"双师型"教师队伍建设的重要性认识不足。一些高职院校管理者认为，只要教师具备扎实的专业知识和教学能力，就能够胜任教学工作，而忽视了教师在实践技能、职业素养等方面的培养与提升。这种观念上的偏差使得高职院校在推进"双师型"教师队伍建设时缺

乏足够的动力和支持。

为了改变这一现状，高职院校需要采取一系列措施来加强"双师型"教师队伍建设。第一，学校应明确办学理念和发展战略，将"双师型"教师队伍建设作为重要任务纳入发展规划中。第二，学校应加大对"双师型"教师培养与引进的投入力度，为教师提供更多的实践机会和资源支持。第三，学校应建立健全的管理制度和评价体系，为"双师型"教师的认定、培养和评价提供有力保障。

最后，高职院校还应加强与行业企业的合作与交流，共同推进"双师型"教师队伍建设。通过与行业企业建立紧密的合作关系，学校可以及时了解行业发展趋势和人才需求变化，为教师的专业发展提供有针对性的指导和支持。同时，学校还可以邀请行业企业专家担任兼职教师或开设专题讲座，为师生提供更加丰富和实用的教学资源和实践机会。

高职院校管理者应充分认识到"双师型"教师队伍建设的重要性，并采取切实有效的措施加以推进。只有这样，才能够培养出更多具有创新精神和实践能力的高素质人才，为社会的发展和进步作出更大的贡献。

2."双师型"教师培养站位不够

高职院校常常将"双师型"教师队伍的建设仅仅视作推进师资队伍建设、回应主管部门问责和社会评价的一种手段或工具，而非将其视为提升教育教学质量和培养学生综合素质的关键因素。

这种认识上的偏差导致管理者们更多地从结果层面看待"双师型"教师及其团队，过分关注"双师型"教师的比例、培训经费的投入和基地的建设等硬性指标。然而，对于"双师型"教师及教学团队在学校教育教学、学生培养过程中发挥的重要作用，却往往缺乏足够的认识和重视。

事实上，"双师型"教师作为同时具备理论教学和实践教学能力的教育工作者，在高职院校中扮演着举足轻重的角色。他们不仅能够传授专业知识，更能结合实践经验，引导学生将理论知识应用于实际操作中，从而培养学生的实践能力和创新精神。此外，"双师型"教师还能通过与企业、行业的紧密联系，引入最新的行业资讯和技术发展，使教学内容更加贴近市场需求，增强学生的就业竞争力。

然而，由于管理者对"双师型"教师重要性的认识不足，导致高职院校在"双师型"教师队伍建设方面存在诸多问题。例如，一些高职院校在招聘教师时，过于注重学历和职称等硬性条件，而忽视了教师的实践经验和教学能力；在教师培训方面，也往往缺乏针对性和实效性，无法真正提升教师的"双师"素质。

因此，为了充分发挥"双师型"教师在高职院校教育教学中的重要作用，管理者们需要转变观念，从立德树人的根本任务出发，深刻认识"双师型"教师的重要性。同时，高职院校还应加强对"双师型"教师的培养和引进力度，完善相关政策和制度保障，为"双师型"教师提供更好的发展平台和职业空间。只有这样，才能真正提升高职院校的教育教学质量和人才培养水平，为社会的可持续发展作出更大的贡献。

3."双师型"教师培养理念亟待更新

在当前的教育领域，学校往往倾向于传统的思维方式，被动地根据政策安排和资源投入来实施"双师型"教师的培养模式。然而，面对新时代的形势，这种传统模式显然已经不能满足教育发展的需求。特别是在新冠疫情的冲击下，以及教育信息化的大潮中，如何创新培养方式，尤其是如何做好"双师型"教师培养的数字化建设，成为摆在我们面前的一大难题。

首先，我们必须认识到，传统的"双师型"教师培养模式往往侧重于理论知识的传授和实践技能的培养，而忽视了教师信息素养和数字化教学能力的提升。然而，在新时代背景下，教师的信息素养和数字化教学能力已经成为教育教学的必备技能。因此，我们需要对传统的培养模式进行改革和创新，将数字化教学技能的培养纳入其中，以提高教师的综合素质和教育教学能力。

其次，在数字化建设的进程中，我们还需要注重对教师信息化教学的培训和教育。可以通过举办数字化教学研讨会、开设在线教学平台等方式，为教师们提供学习、交流和展示数字化教学成果的平台。同时，我们还可以邀请具有丰富数字化教学经验的专家和教师，为教师们提供具体的指导和帮助，促进他们在数字化教学中的成长和发展。

最后，在数字化建设的过程中，我们还需要注重数据的收集和分析。通过对教师的教学行为、学生的学习效果等数据进行收集和分析，可以更加准确地了解数字化教学的效果和问题，为后续的改进和创新提供有力的支持。

　　然而，值得注意的是，虽然数字化建设是"双师型"教师培养的重要方向，但也不能忽视传统教学中的优秀元素。我们需要将传统教学中的优点与数字化教学的优势相结合，形成更加完善、更加适应新时代需求的教师培养模式。

　　面对新时代的形势，我们需要对传统的"双师型"教师培养模式进行改革和创新，加大数字化建设的力度，提高教师的信息素养和数字化教学能力。同时，我们还需要注重数据的收集和分析，不断优化和改进教师培养的方式和方法，为培养更多优秀的"双师型"教师提供有力的支持和保障。只有这样，我们才能更好地适应新时代的教育需求，推动教育的持续发展和进步。

第二节　"双师型"教师的培养目标

一、"双师型"教师基本标准条件分析

　　《职业教育"双师型"教师基本标准》包括 4 个方面。第一条是关于政治素质和师德师风的要求。第二至第四条是教育性、专业性、职业性方面的要求。第五条和第六条是采取分层+分级的模式，分别对中职和高职分为这两个层次，在满足第一至第四条标准的基础上，进一步提出初级、中级、高级的发展标准。第七条指的是技工院校一体化，教师可参照实施。通用标准又归纳如下，第一是强调师德为先，第二是强调育人为本，第三是聚焦教学为重，第四是强调技术为先。

（一）通用标准

1. 师德为先

　　第一个标准强调师德为先，明确要贯彻党的教育方针，热爱职业教育事业，具有良好的思想政治素质和师德素养，自觉践行社会主义核心价值观，弘扬劳模精神、劳动精神、工匠精神，为人师表，关爱学生。习近平

总书记指出，在干部干好工作所需的各种能力中，政治能力是第一位的。怀进鹏部长也进一步要求，无论是作为一名党员领导干部，还是作为一名教师，都必须增强政治意识，始终忠诚于党和人民的教育事业。可见思想政治素质是教师的素质要求。习近平总书记先后对打造"四有好老师"队伍，做好"四个引路人"，成为"大先生"提出明确要求。

关于新时代教师队伍建设的意见，"双师型"教师队伍建设实施方案等文件中，都对全面贯彻党的教育方针，加强师德师风建设提出了明确的要求。评价改革总体方案中更是明确，坚持把师德师风作为教师评价的第一标准，师德师风问题在涉及个人和学校参加的有关的项目中都作为一票否决事项。

近年来国家通过多种形式选树宣传师德师风先进典型，并且都有职业院校的教师，优秀代表。比如2010年以来，教育部联合中央主流媒体和教育媒体每年开展的全国教书育人楷模评选活动，截至目前共评选出134名教师育人楷模，其中职业院校的教师有22名，教育部两次开展了全国高校黄大年式教师团队示范建设，其中有40个执教团队入选，在正面宣传的同时，对负面的问题也绝不姑息。

2018年教育部印发了新时代教师职业行为10项准则，明确新时代教师职业规范，并且针对主要问题和突出问题画出了基本的底线。其实目前教育部先后10批次公布曝光了72起违反师德师风的典型案例，其中涉及职业院校的有5起，这些要引起高度的重视，要引以为戒。

习近平总书记指出，劳模精神、劳动精神、工匠精神是以爱国主义为核心的民族精神和以改革创新为核心的时代精神的生动体现。无论是执着专注、精益求精、一丝不苟、追求卓越的工匠精神，还是爱岗敬业、争创一流、艰苦奋斗、勇于创新、淡泊名利、甘于奉献的劳模精神，都是我们职业院校培养的技术技能人才应该具备的品质，也是我们职业院校教师身教重于言传，应首先具备的品质。

《职业教育"双师型"教师基本标准》还强调要关爱学生。怀进鹏部长强调，要着重打造和培育高素质教师队伍，弘扬让学生出彩的职业理想。职业院校的学生多数是应试教育的失利者，需要给予更多的关心关注和关爱，适合的教育是最好的教育。我们要遵循每个学生的禀赋潜质和特长，以学生为本，因材施教，帮助他们树立自信，锤炼本领，有能力、有责任、有爱心，使他们成为新时代践行敬业乐群的高素质技术技能人才，这也是"双师型"教师的责任担当标准。

2. 育人为本

第二个标准强调育人为本，明确要落实立德树人根本任务，遵循职业教育规律和技术技能人才成长规律，践行产教融合，校企合作，做到工学结合，知行合一，德技并修。在教育教学和技术技能培养过程中，落实课程思政要求，形成相应的经验模式。党的十八大以来，习近平总书记多次强调，要落实立德树人根本任务，党的二十大报告中再次强调"培养什么人，怎样培养人，为谁培养人是教育的根本问题，育人的根本在于立德"。孙春兰副总理也指出，教育无论发展到什么程度，第一位的是立德树人，职业教育的立德既包括思想政治教育，也包括职业道德工匠精神的培育，职业教育的立德，强调德育和技术技能培育的融合统一，它不是在专业技能教育之外独立枯燥地、空洞地来进行德育，不是简单地认为是思政课老师的职责，这就要求我们职业学校的专业课教师都要牢固树立自觉树立全员育人的理念。具体来讲，关爱学生要做到以下几个方面。

第一，要善于创新育人模式和育人机制，要将价值观引领融入知识传授和能力培养之中。要坚持产教融合，校企合作，创新工学结合、德技并修的育人机制。要善于在专业人才培养方案的制定、课程标准的编写、教育教学的组织实施等教育活动中来落实立德树人根本任务，来实现育人和育才相统一，培养知行合一的技术技能人才。

第二，要善于发挥课程建设主阵地和课堂教学主渠道的作用，守好一段渠，种好责任田，使各类专业课程要与思政课程同向同行，形成协同效应。"双师型"教师要善于根据各专业课程固有的特色来挖掘其教学中专业知识和思想政治教育内容之间的关联性，将思想政治教育的相关元素融入专业教学中，落实到我们的课程目标的设计、人才培养方案的制定、我们的教案课件的编写、教材的开发选用的各个方面，来达到润物细无声的效果。目前教育部发布了 200 个职业教育课程思政示范项目，并且连续两年组织开展职业教育课程思政集体备课活动，覆盖了 19 个专业大类和公共基础课程，参与活动的教师累计突破 200 万人次，在职业院校中引起强烈反响，也希望大家能够持续地参与和关注。

第三，要善于通过实践教学育人。我们规定职业院校的学生累计实习的时间不少于 6 个月。实习实训是重要的育人环节，在指导学生实习实训过程中，要加强实习的管理，既要注重维护学生的权益，也要认识到实习是锤炼学生意志品质，培养他们吃苦耐劳、踏实诚恳、爱岗敬业等优秀品质的重要环节。我们有的学生拈轻怕重、意志力不足，这些问题在实习实践中都会暴露出来。作为"双师型"教师，作为实习指导教师，我们有责任来主动地关注这些问题，主动在实习过程中加强德育工作。

第四，要善于参与其他育人环节。除了课堂教学实习实训外，"双师型"教师还要积极主动地参与学校育人体系建设的各个环节，积极参与课程育人、科研育人、实践育人、文化育人、网络育人、心理育人、管理育人、服务育人、资助育人、组织育人，把思想政治工作贯穿到教育教学的全过程，实现全程育人，全方位育人。

3. 教学为重

第三个标准强调教学为重，明确具备相应的理论教学和实践教学能力，掌握先进的教学理念和教学方法，积极参与教学改革与研究，能够采取多种教学模式方式，有效运用现代信息技术开展教学。习近平总书记在同北京师范大学师生代表座谈时，谈到怎样成为好老师时说，扎实的知识功底，过硬的教学能力，勤勉的教学态度，科学的教学方法是老师的基本素质。现行的教师法及其修订草案也把进行教育教学活动，完成教育教学工作任务，摆在教师应履行义务的首要位置。评价改革总体方案中也明确提出，要把认真履行教育教学职责作为评价教师的基本要求，引导教师上好每一节课。

教学是职业院校教师的第一要务。教师的教学水平不仅决定了学生毕业后的技能水平的高低，同时也关系到学生未来可持续发展，在更深层次上还直接影响到国家未来产业发展的质量。目前职业教育在国家层面最高层次的奖项就是教学领域的优秀教学成果奖。教育部还组织举办职业院校技能大赛教学能力比赛，并推动建设教学创新团队，这些都是为了持续深入地推动教学改革。要达到合格的"双师型"教师教学能力的相关要求。重点要把握以下四个方面：一是要兼具理论与实践教学能力，二是要积极参与教学改革与研究，三是要掌握科学的教学方式方法，四是要主动适应数字化教学变革。

第一个关键点，要兼具理论与实践教学能力。"双师型"教师要有能力来示范专业技能，展示操作要点，指导实习实践，要能解读蕴含的原理，要能够边做边教边学，防止理论教学和实践教学脱节，出现两张皮的现象。因此职业院校的教师要注重理论教学能力和实践教学能力同步提升，融合发展，否则即使是博士毕业，也不一定能够讲好一门课，来自一线的在企业有实践能力的工程师也不一定能上好我们的实践操作课。

第二个关键点，要积极参与教学改革与研究。教育科学研究不是坐而论道，不是搞抽象的学术讨论。教研教改不仅仅是职业教育的理论研究，不仅仅是发文章。作为"双师型"专业课教师，既要能开展职业教育政策理论研究，更要着眼于专业知识技能的拓展研究。要紧盯新产业新业态新趋势深化研究。要坚持问题导向，能够结合行业企业在实际生产过程中遇到的真实的问题和困难，来开展协同创新，联合攻关。教师在教学改革教研活动中要能及时更新教育理念，落实课程思政，优化教学内容，创新教学模式，改进教学方式方法，完善教学评价，目的都是要以此来进一步反哺教育教学实践，与此同时教师自身的能力水平也会逐步提升获得进一步成长。

第三个关键点，要掌握科学的教学方式方法。著名教育家叶圣陶先生说过，"教学有法，教无定法，贵在得法"。职业学校教师要能够针对不同的课程类型，根据不同的教学内容，结合不同的学情特点，以突破教学重点难点，达成教学目标任务为核心，要充分认识学情，深入了解学情，准确把握学情。要能够善于探索项目式教学、案例教学、情境教学、模块化教学等教学方式，要善于运用启发式、探究式、讨论式、参与式等教学方法，引导学生手脑并用。

第四个关键点，要主动适应数字化教学变革。职业学校的教师要能够深入理解数字经济，拓展教育生态的边界，对学习时空和教学模式进行全面的探索和重塑。要能够准确把握新生代学生的网络时代特征，能够积极探索人工智能加教学模式，促进教育信息技术和教育教学实践的深度融合，能够善于创设数字化智能化的教学场景，能够善于开发和利用数字化教学资源，能够善于巩固和实施信息化教学管理手段。总之就是能够利用数字信息技术助学助教、助管、助用，全面提升数字时代教学胜任力。

4. 技术为先

第四个标准强调技术为先，明确紧跟产业发展趋势和行业人才需求，"双师型"教师应具有企业相关工作经历或积极深入企业和生产服务一线进行岗位实践，时长、形式、内容标准等应符合职业学校教师企业实践的相关规定。教师应理解所教专业群与产业的关系，了解产业发展、行业需求和职业岗位变化，及时将新技术、新工艺、新规范融入教学。

当今世界新一轮技术革命和产业变革正在进行，全球创新版图、全球经济结构正在重塑。人才成为决定企业全要素生产率、全链条数字化、全球市场竞争力的关键变量。党的二十大报告明确提出，要建设现代化产业体系，加快发展数字经济，促进数字经济与实体经济的深度融合，做出关于优化职业教育类型定位的重大部署，并且把大国工匠和高技能人才纳入国家战略人才力量。与时俱进，寓教于产，关注产业和行业发展趋势，及时更新技术技能，已成为对"双师型"教师的基本要求之一。

问渠那得清如许，为有源头活水来。作为起源于人类生产劳动的职业技术教育，行业产业就是我们发展的源头活水。教师只有从企业中来、到企业中去，才能感知产业转型升级趋势和行业企业的发展需要，才能从岗位生产实践中汲取养分，丰富课程教学，提升培养人才的针对性。如何才能让教师保持技术的先进性？标准明确提出了两个路径，第一是具有企业相关工作经历，也就是从企业中来，第二是要深入企业和生产服务一线进行岗位实践，并达到相关要求，也就是要到企业中去。

具有企业实践经历的教师有两个来源，第一是职业院校在招聘教师时作为条件之一，有关文件已经明确规定，职业院校相关专业教师原则上应从具有三年以上企业工作经历，并且具有高职以上学历的人员中公开招聘，同时也明确了基本不再从未具备三年以上行业企业工作经历的应届毕业生中招聘。第二可聘请兼职教师，鼓励具备条件的企事业单位的专业技术人才，以及其他有专业知识或者特殊技能的人员到职业院校兼职任教。

关于教师的企业实践有关文件也作出了明确的规定，并且有相关工作项目的安排。比如在 2019 年国家职业教育改革实施方案中明确提出，职业院校教师每年至少要有一个月在企业或实训基地实训，落实教师 5 年一周期的全员轮训制度。同年教育部等 4 部门的有关文件中，进一步明确提出建设 100 家校企合作的"双师型"教师培养培训基地和 100 个国家级企业实践基地。这些政策和措施都为"双师型"教师技能提升、实践能力提升，了解产业发展，技术更新提供了支持和保障。"双师型"教师不仅要掌握先进技术，还要能够将其转化为教学能力。

根据标准，"双师型"教师不仅要了解产业行业和岗位的现状和发展趋势，还要弄清楚产业与专业的逻辑关系，要把职业标准转化为教学标准，把岗位能力转化为教学内容。

以上是对四个通用标准的介绍。

（二）发展标准

发展标准分中职和高职两个层次，每层又分为初级、中级、高级三级，各级的具体标准又分为 3~4 条，体例框架大致统一，主要是从教学、科研、实践能力等维度，结合课程各级定位来提出相应的要求。

1. 分级分类设置

以高职的初级"双师型"教师标准为例，明确规定了：第一，要具有较扎实的专业知识和技能，掌握所教课程的课程标准、教学原理，在教学、生产实习实训方法方面经验比较丰富，教学效果好。第二，具有一定的组织和开展教育教学研究的能力，积极参与并承担教学研究任务。在教育思想、专业建设、课程改革、实践教学改革、教学方法等方面积累了一定经验，有发表出版的学术论文、教学研究成果、著作或教科书等代表性成果。第三，具有一定的企业相关工作经历或实践经验，了解本专业工作过程或技术流程，在实习实训、教学、设备改造、技术革新、成果转化等校企合作方面取得一定的成果，取得一定的经济效益和社会效益，获得相关的国家职业技能等级证书或职业资格证书，或具有本专业或相近专业非教师系列初级及以上职务职称或具有相应的能力水平。

2. 逐级递进设置

后面的中级、高级也是按照基础提升引领的逻辑，递进明确"双师型"教师条件。根据高职"双师型"教师的要求，对比初级、中级、高级的不同。以第一条为例，初级强调具有较扎实的专业知识和技能，中级要求具有扎实的理论基础，兼备专业知识和精湛的操作技能，高级进一步提出要深入系统地掌握本专业基础理论，具有丰富的专业知识和精湛的操作技能等等。

二、"双师型"教师基本标准条件研究

（一）各省制定的"双师型"教师认定标准解读

笔者根据时间发布的先后顺序，列出具有代表性的五个省份，分别为江苏省、陕西省、福建省、四川省以及辽宁省。这些省份已经在国家"双师型"教师认定标准出台后，分别于2023年9月到2024年2月出台了适合本省情况的"双师型"教师认定标准，下面就对相关标准进行解读。

1. 江苏省

《江苏省职业教育"双师型"教师标准（试行）》于2023年9月发布并实施，是在国家级认定标准的基础上的补充和细化，具体表现为：在师德师风方面要求教师开展五年师德考核并达到合格；在职业道德和思想政治方面，要求积极探索具有专业与课程特点的育人模式或教学风格；在教育教学方面，要求学校教师和校外兼职教师均需要不同年限的"教学质量考核合格以上"；在企业工作经历和实践经历方面，要求所参与的企业实践和实践经历必须是本专业或相关专业的，即不能专业不相关；在评价标准上，对中职、高职采用同一评价标准，且每个级别均需要"双证书"和近五年的教研教改项目，在不满足"双证书"要求时，校内教师中职、高职均放宽到满足双师"双素质"，即各自在"教学业绩""教育研究""实践能力"三个方面分别按具体量化条件达标即可；对于校外兼职教师不同级别要求的授课时限不同，级别越高需要授课的时间越长，具体要求如下，初、中、高级"双师型"教师需从事本专业或相关专业课程教学（含实践教学、讲座等）分别不少于1学年（或累计2个学期）、2学年（或累计4个学期）、3学年（或累计6个学期），平均每学期授课不少于60课时，教学质量考核合格以上（申报中级"双师"至少1次优秀，申报高级"双师"至少2次优秀）。

在省级统筹方面，第一，江苏省教育厅组织成立江苏省职业教育"双师型"教师队伍建设指导中心和"双师型"教师认定工作专家委员会，统筹省职业教育"双师型"教师团队协作组专家资源，完善江苏教育教师信息管理系统中职业教育教师信息管理平台，切实加强对各地各校"双师型"教师队伍建设工作的指导和"双师型"教师认定工作的复核、检查。第二，中职、高职认定分两个层次组织实施。中等职业教育"双师型"教师认定工作由各设区市教育局统筹，可成立专家委员会或委托第三方开展认定工作，结果以设区市为单位报省教育厅审核备案。高等职业教育"双师型"教师认定工作由学校自主进行，结果直接报省教育厅审核备案。第三，开展有序组织，要求"双师型"教师认定工作每年组织一次。证书有效期一般为五年，有效期满后需重新申报认定。有效期内，达到更高级别条件的教师可申报相应级别的"双师型"教师，同一级别不重复认定。连续两次被认定为高级"双师型"教师或年龄达到50周岁及以上再申报并被认定为高级"双师型"教师的，在职业学校服务期间，证书长期有效。证书有效期内，中等职业学校"双师型"教师流动至高等职业学校，证书需重新认定；高等职业学校"双师型"教师流动至中等职业学校，同一级别证书无需重新认定。

2. 陕西省

《陕西省职业教育"双师型"教师基本标准》于2023年9月发布并实施，是在国家级认定标准的基础上的补充和细化，具体表现为：在满足前三条基础上，满足后续第4条及以后的其中一条即可，无需在"双证书"和"双素质"中均达到要求，且具体相对于江苏省要求较低，主要是由于地区经济水平和职业院校发展水平决定的。

在省级认定管理中，第一，要求省教育厅组织成立陕西省职业教育"双师型"教师认定管理委员会，省认定管理委员会办公室设在陕西省教育厅教师处，负责全省职业教育"双师型"教师认定日常管理工作，包括结果复核、备案、档案管理、证书发放等。第二，省认定管理委员会办公室直接负责全省高等职业学校的"双师型"教师认定管理工作。各市教育局可根据工作需要组建本市的中等职业教育"双师型"教师认定管理机构，负责本市中等职业学校的"双师型"教师认定管理工作。陕西省教育科学研究院负责省属中等职业学校的"双师型"教师认定管理工作。第三，要求各职业学校建立"双师型"教师队伍建设的整改与复核机制，必须在本校教师年度考核中明确对"双师型"教师的考核要求，凡是年度考核中"双师型"教师业绩无增量或不合格者，应给予预警、限期改进、调整等级或撤销"双师型"教师认定的处理。

3. 福建省

《福建省职业教育"双师型"教师认定实施办法（试行）》于 2023 年 12 月发布并实施，是在国家级认定标准的基础上的补充和细化，具体表现为：中职、高职统一评价标准，均从"教育教学方面""专业实践方面"两个维度设置相应的量化条件。校外兼职教师申报"双师型"教师的应参加教师职业道德、基本教学能力及相关法律法规的培训，具有对应等级的职称证书或技能证书，且聘期之内满足对应教学时长的要求，如中级"双师型"教师具有本专业或相近专业非教师系列中级以上职称，或获得相关的国家高级以上职业技能等级证书或技师（二级）以上职业资格证书，或为地市级以上技术能手、技能大师（工艺大师、非物质文化遗产传承人）等；具有 2 年以上与拟聘请岗位相关的生产实践经历；累计聘期满 3 年并平均每年承担 60 学时以上教学任务。

在组织领导和统筹协调方面，第一，福建省教育厅负责全省"双师型"教师认定工作的组织领导和统筹协调工作，并负责省属中职学校"双师型"教师认定及全省认定结果复核工作。各设区市教育行政部门负责所属中职学校"双师型"教师认定工作。高职院校负责本校"双师型"教师认定工作。第二，开展复核备案工作，省教育厅委托第三方机构对认定结果进行复核，经复核通过后的认定结果予以备案。

4. 四川省

《四川省职业教育"双师型"教师基本标准》于 2023 年 12 月发布并实施，是在国家级认定标准的基础上的补充和细化，具体表现为：在每个等级的宏观要求下，提出了具体量化指标，如高职院校中级"双师型"教师要求如下：

（1）具有扎实的理论基础、专业知识和精湛的操作技能，了解本专业发展现状和趋势，掌握先进的教育理念、教学方法，教学业绩显著，形成一定的教学特色和可供借鉴的教学经验。近五年校级年度考核合格，且从业以来有 1 次及以上教学质量或年度考核获优秀等次。

（2）具有较强的指导与开展教育教学研究的能力，主持或主研市级教研（改）课题或科研课题，或校级重点教研（改）或科研课题；有教育教学研究成果、专著、教材、作品、专利等显著性成果。

（3）具有较为丰富的企业相关工作经历或者实践经验，掌握本专业工作过程或技术流程，在实习实训教学、设备改造、技术革新、成果转化等校企合作方面取得较突出成果，取得较为显著的经济效益和社会效益。

（4）获得相关的国家职业技能等级中级及以上证书或职业资格中级及以上证书，或具有本专业或相近专业非教师系列中级及以上专业技术职务（职称），或具有相应的能力水平。

（5）作为主要参与者获得技能竞赛类、教学成果类、科技发明类等代表本领域较高水平的奖项；或指导学生获得市级及以上技能竞赛类、教学成果类、科技发明类等奖励，或指导学生获得县（校）级技能竞赛类、教学成果类、科技发明类等较高等级奖励 2 次及以上。

在组织领导和统筹协调方面，要求各市（州）、高等职业学校和有关省级部门可结合实际，依法依规研究制定本单位评审条件，不得低于本标准和国家标准。

5. 辽宁省

《辽宁省职业教育"双师型"教师认定标准》于 2024 年 2 月发布并实施，是在国家级认定标准的基础上的补充和细化，具体表现为：第一，将中职"双师型"教师和高职"双师型"教师分为两个认定文件。第二，高职"双师"认定从"教学能力""实践能力条件一""实践能力条件二""岗位业绩条件"四个维度考核。"实践能力条件一"为职业相关技能证书类，"实践能力条件二"为专业技能相关业绩成果，"岗位业绩条件"为专业相关业务建设成果。第三，增加了校外兼职教师申请认定条件，与江苏省相同，要求对应级别课时不同，且签订聘用合同满一年后方可申报。

在省级组织领导、统筹协调方面：第一，为分层组织实施，其中各市教育局、沈抚示范区社会事业局负责本辖区中等职业学校的"双师型"教师认定管理工作。第二，要求各层级负责组建由教育部门人员、行业企业人员（应具备高级职称）、院校专家（应具备高级职称）等不少于 10 人共同组成的认定专家评议委员会，具体实施认定工作。根据工作需要可下设若干专业大类评议组，一般由不少于 5 人组成，负责某专业大类"双师型"教师的认定。认定结果经检查复核通过后，报省教育厅备案。各高等职业学校负责组织领导和监管本校的"双师型"教师认定管理工作。第三，"双师型"教师认定实行师德失范"一票否决"，对已认定发生师德师风违规行为的"双师型"教师应予以撤销。对申报材料弄虚作假者，一经发现，3 年内不得再次申报认定。

（二）本校"双师型"教师认定标准

以笔者所在贵州交通职业技术学院为例。贵州交通职业技术学院于 2019 年成功申报获批"双高计划"建设学校，是全国 56 所双高校之一，并于 2021 年起开始启动职业本科学校申报的相关工作。由于"双高计划"中双高校建设的目标要求以及职业本科申报的相关工作要求，2021 年 12 月，贵州交通职业技术学院就自行制定了《贵州交通职业技术学院"双师型"教师认定和管理办法（试行）》，该试行办法主要是针对一些基本条件，如师德师风、职业道德方面内容；在企业经历及能力条件方面，要求教师具有三年以上企业工作经历，或者是相关的企业实践经历；若教师企业实践经历不足，可以将近五年内获得的不同类型技术成果，认定为相应的两个月企业实践经历。

2022 年 10 月，教育部出台国家"双师型"教师认定标准，学院原有的认定办法已经不足以匹配国家要求，与此同时，贵州省省级教育行政主管部门尚未出台相关的省级的高职院校"双师型"教师认定标准。2023 年 10 月，贵州交通职业技术学院以国家认定标准为依据，在校级层面修订了原有认定办法，形成《贵州交通职业技术学院"双师型"教师认定和管理办法（修订）》。

该办法所称"双师型"教师是指同时具备教育教学能力、专业建设能力和专业实践能力的专任教师，认定的教师范围包括学院在岗专业课教师，包含实习指导教师、公共课教师和其他具有教师资格，并实际承担教学任务的人员。

在教师的教学能力方面，主要是指具备了教师资格证和相应的教龄，参与教育教学任务，并且能够对相关的教学、生产教学实训方法进行总结，教学经验丰富，教学效果好等。

在专业建设能力方面，主要是在教育思想、专业建设、课程改革、实践教学改革、教学方法等方面积累经验形成一定成果，如发表学术论文、著作或教材、相应级别的教学科研项目、专业培养方案或课程标准制定、在线精品课程的制作、实训基地建设项目，以及相应的教学成果奖等。

在专业实践能力方面，主要是指在相关的企业有专业相关工作经历或相应的企业实践经验，对于公共课教师来说，需要到企业进行考察、开展调研和作为学生专业实践、顶岗实习的带队老师来进行学生管理、横向技术服务，有科技成果转化或者是相应国家职业技能等级和考评员证书，非高教系列的相关职称，或者参与制定行业企业的地方标准、导则、规范、规程等，获得与本专业相关的发明专利或计算机软件著作权，以及作为各级技能大赛的专家或裁判员、监督员，承担企业培训任务以及指导他人或个人参加各类的技能大赛等。

对中级和高级"双师型"教师还增加了教育教学贡献方面要求，主要是包括本人获得的各级技能大赛类、教学成果类和科技发明类的奖项，或指导学生获得技能大赛类、创新创业类、教学成果类科技发明类等的奖项。

教育教学能力方面，除了具有教师资格证以外，还应匹配相应系列等级以上的职称。而在专业建设能力、专业实践能力，以及教育教学贡献的三大类下属各类指标当中，需要具备以下条件。以中级"双师型"教师的具体要求为例。

中级"双师型"教师的认定标准如下：

1. 教育教学能力

具有教师系列中级及以上职称，或具有博士学位，具有扎实的理论基础、专业知识和精湛的操作技能，了解本专业发展现状和趋势，掌握先进的教育理念、教学方法，教学业绩显著，形成一定的教学特色和可供借鉴的教学经验。

2. 专业建设能力

具有较强的指导与开展教育教学研究、实习实训教学研究、专业建设、技术革新的能力，参与过重要教学研究项目或科研项目，在教育思想、专业建设、课程改革、实践教学改革、教学方法等方面取得较突出的成果，起到带头人的作用。具备以下条件之一：

（1）发表本专业学术论文 2 篇。

（2）参编著作、译著或教材 2 部。

（3）主持完成 1 项或参与完成 2 项校级及以上教科研项目。

（4）主持完成 1 次或参与完成 2 次专业人才培养方案或课程标准制定。

（5）主持完成 1 门或参与完成 2 门校级及以上在线精品课程。

（6）主持完成 1 项或参与完成 2 项地市级及以上实训基地建设项目。

（7）获得校级及以上教学成果奖 2 项，或省级及以上教学成果奖 1 项。

（8）其他具有相应能力水平的成果。

3. 专业实践能力

具有较为丰富的企业相关工作经历或者实践经验，掌握本专业工作过程或技术流程，在实习实训教学、设备改造、技术革新、成果转化等校企合作方面取得较突出成果，取得较为显著的经济效益和社会效益。具备以下条件之一：

（1）具有 1 年企业相关工作经历，或在实质性运营的校内生产性实训基地担任主要负责人半年，或担任普通员工 1 年。

（2）累计不低于 6 个月到企业（生产服务一线）实践经历或参加由主管部门、行业协会、企业等组织的实操型技能培训；进校工作不满五年的，来校后平均每年不低于 1.2 个月到企业（生产服务一线）实践经历或参加由主管部门、行业协会、企业等组织的实操型技能培训。

公共课教师到企业进行考察、开展调研 3 次（每次不低于 1 周），或作为学生专业实践、顶岗实习带队教师到企业进行学生管理 6 个月。

（3）赴基层机关、基层事业单位、社会团体和组织等挂职锻炼 6 个月。

（4）主持 1 项或参与 2 项校企合作横向技术服务项目。

（5）科技成果转让金额累计达 5 万元。

（6）具有本专业或相近专业中级及以上国家职业技能等级证书或考评员证书或职业（行业）资格证书。

（7）具有本专业或相近专业非教师系列中级及以上职务（职称）。

（8）参与完成编制企业、行业或地方标准、导则、规程、规范、工法等 1 部。

（9）以发明人、设计人身份获得与本专业相关专利或计算机软件著作权 2 项。

（10）担任省级及以上职业技能竞赛专家或裁判或监督员。

（11）承担企业培训任务累计 40 学时。

（12）其他具有相应能力水平的成果。

4. 教育教学贡献

具备以下条件之一：

（1）本人获得地市级及以上技能竞赛类、教学成果类、科技发明类等奖项。

（2）指导学生获得地市级及以上技能竞赛类、创新创业类、教学成果类、科技发明类等奖励。

（三）政策研究解读

根据国家级认定标准，结合条款在设置和内容上的不同，结合各省"双师型"教师认定条款和本校认定条款，笔者将"双师型"教师所具备的能力在满足第一条至第四条的基础上，分别对后续的"双师型"能力进行归纳梳理，针对"双师双能"的要求进行了划分，详见表 1-1"双师型"教师各级能力指标对应表。

表 1-1 "双师型"教师各级能力指标对应表

双师能力	能力类型/级别	初级	中级	高级
专业能力	专业教学能力	专业知识技能较扎实 完成常规教学 教学效果好	理论基础扎实，技能精湛 了解专业、教学业绩显著 教学经验可借鉴	系统掌握专业理论、技能精湛 掌握专业、教学业绩突出 教学经验可推广
	专业建设能力	参与教研 积累教学经验 有代表性成果	指导教研 参与专业建设 成果较突出、学术好评	主持教研 指导团队建设 成果显著、示范引领

双师能力	能力类型/级别	初级	中级	高级
实践水平	实践技能水平	参与企业实践 参与技改	技改成果较突出 社会效益较显著	技改成果突出 社会效益重大
	实践成果转化	无要求	技能水平较高 获地市级奖励	技能水平先进 获省级奖励

"双师型"教师各级能力指标对应表分别把"双师型"教师能力的"双师双能"分为了专业能力和实践水平。其中专业能力划分为专业教学能力和专业建设能力,实践水平划分为实践技能水平和实践成果转化的能力。

1. 专业能力

对于专业教学能力的培养和提升,我们分别从专业基础知识、常规教学以及教学效果这三个方面提出了具体的要求和标准。其中,专业基础知识是教学能力的基础,要求教师能够熟练掌握和运用专业知识,为学生提供扎实的知识基础。常规教学则要求教师在教学过程中能够遵循教育规律,运用有效的教学方法和手段,激发学生的学习兴趣和积极性,提高教学质量和效果。

而在专业建设能力方面,我们则对其提出了更高的要求。这需要在专业教学能力的基础上,进一步积累教学经验,开展教学研究,形成具有代表性的研究成果,并在实际教学中进行应用转化。这一过程不仅需要教师具备深厚的专业知识和教学能力,还需要其具备创新思维和科研能力,能够在教学实践中发现问题、解决问题,推动教学改革和发展。

2. 实践水平

在提升实践技能水平的道路上,不仅需要个人积极参与企业的实际操作,深入了解行业动态,还需要主动投身于企业的技术技能改造中去。这不仅包括在技术改造过程中取得的成果,还要关注这些成果在行业内部以及企业本身所引发的连锁反应,以及它们在社会范围内产生的积极影响。这些方面的要求各有不同,旨在全方位地提升个人实践技能水平。

此外,在实践技能水平得到提升的基础上,实践成果的转化也是衡量一个中级和高级"双师型"人才的重要标准。这不仅包括个人所拥有的技能水平，还涉及个人所指导的团队，以及所教学生的成就。在这些方面，也根据不同的级别设定了相应的要求。

3. 不同级别"双师型"教师的对比

（1）初级"双师型"教师

初级阶段的"双师型"教师，不仅要在专业能力上展现出深厚的功底，还要具备扎实的专业基础知识，能够游刃有余地完成常规性的教学任务，且教学效果优秀。此外，在专业建设能力方面，他们需要积极参与教学教改研究项目，通过不断地实践和探索，积累丰富的教学经验，并在此基础上形成具有代表性的教学成果，以推动教育教学的发展和进步。

在实践技能水平方面，初级"双师型"教师应具备与企业实践活动相结合的能力，这不仅有助于提升自身的实践经验，还能为企业的发展贡献力量。同时，他们还应参与到企业技术技能改造的活动中，通过运用自身的专业知识和技能，为企业的发展提供支持和帮助。尽管如此，对于具体的实践成果转化，初级"双师型"教师并没有硬性要求，但在实际工作中，这一能力无疑会为他们加分不少。

（2）中级"双师型"教师

中级"双师型"教师在专业教学能力方面，要求他们不仅要有深厚扎实的理论基础，还要拥有精湛的专业技能，同时对相关专业的行业动态有深入了解。他们在教学过程中表现出卓越的教学业绩，其教学方法和经验能够为其他教师提供借鉴和学习的机会。此外，他们在专业建设能力方面也要具备一定的实力，能够积极参与教学改革和专业的建设工作，并取得显著成果，得到学术界的广泛认可和好评。

在实践技能方面，中级"双师型"教师需要参与技术技能改造，通过创新和实践，取得突出成果，从而带来显著的社会效益。他们在实际操作中能够将理论知识与实践相结合，提高教学质量和效果。

在实践成果转化方面，中级"双师型"教师应具备较高的技能水平，通过自己的专业能力和努力，能够获得地市级相关的奖励和荣誉，进一步提升自身在行业内的影响力和认可度。他们的实践成果不仅能够为学校和社会创造价值，还能够为其他教师和学生树立榜样，激发他们积极进取、不断提高自己的专业素养和技能水平。

（3）高级"双师型"教师

对于高级"双师型"教师，其专业教学能力的要求是相当高的。首先，他们需要具备系统化地掌握专业理论的能力，并且技术技能必须达到精湛的水平。这意味着他们不仅需要深入理解本专业的理论知识，而且还需要将这些理论运用到实际教学中，以提高教学效果。此外，他们的教学业绩也必须出类拔萃，达到一种可以被其他教师借鉴和推广的程度。

在专业建设能力方面，高级"双师型"教师需要具备主持教学研究改革的能力，这意味着他们需要不断探索新的教学方法和技术，以提高教学质量。同时，他们还需要指导教学团队的建设，帮助团队成员提高教学水平，从而提高整个团队的教学效果。而这些努力所取得的成果，也比较显著，能够起到示范引领的作用，为其他教师和团队提供借鉴。

在实践技能水平方面，高级"双师型"教师的技术技能改造成果必须突出，这意味着他们需要不断学习和掌握新的技术，以提高自己的教学技能。同时，他们所取得的社会效益也必须重大，这意味着他们的教学工作不仅需要提高学生的学习效果，还需要对社会产生积极的影响。

在成果实践转化方面，高级"双师型"教师的要求是他们的技能水平必须先进，这意味着他们需要不断学习和掌握最新的教学技术和方法。同时，他们所获得的奖项也必须是省级以上的奖励及荣誉，这可以证明他们的教学水平和成果得到了广泛的认可和肯定。

三、"双师型"教师的培养目标

（一）"双师型"教师培养的总体目标

通过深入研究"双师型"教师的演变历程及现状，我们可以清晰地看到，"双师型"教师是对职业院校教师高校性和职业性的统一总体要求。这一要求旨在培养出既具备扎实的专业知识，又具备丰富实践经验的教师，以更好地适应职业教育的需求，推动教育教学的改革与发展。

在职业院校教师教学能力大赛中，"双师型"教师的培养目标得到了进一步的强调。大赛要求教师要"能说、会做、善导"。这既是对教师个人能力的全面要求，也是对"双师型"教师培养目标的生动诠释。从执行层面来看，这一要求全面贯彻落实了习近平总书记对"四有好老师"和"四个引路人"的期望，为"双师型"教师的培养指明了方向。

结合国家认定标准和各地执行情况，笔者认为，对于"双师型"教师培养的总体目标可以进一步细化为两大部分：专业能力和实践水平。

首先，高职教师的专业能力是其在教育教学实践中，严谨、稳重、理性地运用专业知识和技能，有效解决教育教学问题的能力。这种能力不仅是高职教师职业素养的核心体现，更是其推动教育教学改革和提高教育质量的重要基础。具备强大专业能力的教师能够针对学生的实际情况，灵活运用各种教学方法和手段，激发学生的学习兴趣和潜能，培养学生的综合素质和能力。

其次，高职教师的实践水平同样重要。实践水平不仅关乎教师的职业素养，更是决定其能否为学生提供高质量、实用性的教育教学的关键因素。这种能力涉及教师的专业技能、教学经验、创新能力以及问题解决能力等多个方面。具备高水平实践能力的教师能够紧密结合行业发展和市场需求，不断更新教学内容和方法，确保教育教学的实用性和前瞻性。

为了提升"双师型"教师的专业能力和实践水平，需要采取一系列措施。首先，加强教师的专业培训和进修，提高教师的专业素养和教育教学能力。其次，鼓励教师参与企业实践、行业调研等活动，深入了解行业发展和市场需求，增强教师的实践能力和创新意识。此外，建立科学的评价机制和激励机制，激发教师的积极性和创造性，推动"双师型"教师队伍的健康发展。

总之，"双师型"教师是对职业院校教师高校性和职业性的统一要求，其培养目标的实现需要关注教师的专业能力和实践水平。通过加强培训和进修、鼓励教师参与实践活动、建立科学的评价机制和激励机制等措施，可以不断提升"双师型"教师的职业素养和教育教学能力，为职业教育的发展注入新的活力。

（二）"双师型"教师的专业能力培养目标

1. 具体要求

高职教师的专业能力是一种综合性的能力，要求其具备深厚的学科专业知识、出色的教学能力、一定的实践能力以及较强的科研能力。这种能力的提升需要高职教师不断学习和实践，以严谨、稳重、理性的态度面对教育教学的挑战和机遇，为培养高素质技术技能人才作出积极贡献。

首先，高职教师需要具备深厚的学科专业知识。其不仅要掌握扎实的学科基础理论知识，还要对学科领域的前沿动态保持敏锐的洞察力。通过不断学习和研究，高职教师能够紧跟学科发展的步伐，为学生提供最新、最前沿的知识。此外，他们还需要积极参与学术研究和交流活动，发表高水平的学术论文，为学科的发展和推广作出自己的贡献。

其次，高职教师应具备出色的教学能力。其应该能够根据学生的特点和需求，制定科学合理的教学计划，设计富有启发性和趣味性的教学内容。在课堂教学中，高职教师应采用灵活多样的教学方法和手段，激发学生的学习兴趣和积极性，提高学生的学习效果。同时，他们还应注重培养学生的实践能力和创新精神，引导学生主动探索、发现和解决问题。

最后，高职教师的科研能力也是其专业能力的重要组成部分。其应具备较强的创新意识和科研能力，能够开展独立性强或合作性的科研项目研究，推动学科的发展和技术的进步。通过科研成果的转化和应用，高职教师能够为企业和行业的发展提供有力支持，推动经济社会的发展。

2. 实现路径

提高高职教师的专业能力是一项长期而艰巨的任务。需要高职教师本人保持终身学习的态度，积极参与专业技能培训和实践，进行教学研究并与同行交流合作。同时，高职院校和社会也应提供必要的支持和保障措施，共同推动高职教师专业能力的不断提升。

首先，高职教师作为教育领域的中坚力量，必须树立终身学习的坚定信念。这不仅意味着要不断更新自身的知识储备，还要积极掌握最前沿的教学方法和手段。例如，随着信息技术的飞速发展，高职教师应主动学习如何运用在线教育平台和工具，更有效地传授知识和技能。

其次，专业技能培训对于高职教师来说至关重要。这样的培训不仅能够使教师系统地学习专业理论，还能够通过模拟教学、实践操作等方式，提升教师的实际教学能力。因此，高职院校应定期组织各种专业技能培训，并鼓励教师积极参与，以确保教学质量得到持续提升。

同时，积累实践经验也是提升高职教师专业能力的关键环节。高职教育的目标之一是培养具备实践操作能力的人才，因此，教师本身也应具备较强的实践能力。通过与企业的紧密合作，教师可以参与实际项目，了解行业最新动态，将实践经验融入教学中，使教学更具实用性和针对性。

此外，进行教学研究是提升高职教师专业能力的重要途径。高职教师应保持对教育教学研究的敏感度，关注国内外教育教学的最新动态，参与教学改革项目，探索创新教学方法。通过发表研究论文、分享教学经验等方式，高职教师可以不断提升自己的教学理论水平，为教学实践提供更有力的支撑。

在与同行的交流中，高职教师可以互相学习、取长补短，共同解决教学中遇到的问题。高职院校可以组织定期的教学研讨会、教学观摩等活动，为教师提供交流学习的平台，促进教师之间的合作与共享。

在整个过程中，高职教师应始终关注学生的需求和反馈。学生的反馈意见是评价教学效果的重要依据，教师应认真对待并及时调整教学策略，以满足学生的学习需求。同时，教师还应注重培养学生的自主学习能力和创新思维，帮助他们更好地适应未来的职业发展。

最后，高职教师应定期进行自我反思和总结。通过对自己教学行为的深入剖析，教师可以找出自身的不足之处，并制定相应的改进措施。这种自我反思和总结的过程有助于教师实现专业能力的持续提升，为培养更多高素质技术技能人才作出更大的贡献。

通过这些努力，我们将能够培养出更多具备专业素养和实践能力的高职人才，为经济社会发展作出更大的贡献。

（三）"双师型"教师的实践水平培养目标

高职教师实践水平能力是决定其教育教学质量的关键因素之一。通过加强实践教学培训、建立实践教学平台、深化企业合作以及完善实践教学评估机制等措施，可以有效提升高职教师的实践水平能力，为培养高素质、高技能的人才奠定坚实的基础。

1. 具体要求

首先，实践操作技能是高职教师实践水平能力的基础。一个优秀的高职教师，应该具备扎实、熟练的实践操作技能，能够在实际教学中灵活运用，使学生真正掌握实践操作的精髓。这要求教师必须通过系统的培训和实践锻炼，不断提升自己的操作技能，确保其在教学过程中能够发挥最大的作用。

其次，实践教学经验是高职教师实践水平能力的重要组成部分。教师通过长期的教学实践，积累了丰富的教学经验，能够根据学生的特点和实践需求，制定有针对性的教学计划和教学方法。这种经验使得教师能够更好地指导学生进行实践操作，提高学生的实践能力和职业素养。

再次，实践创新能力也是高职教师实践水平能力的重要体现。随着科技的飞速发展和行业的不断变革，高职教师必须具备创新意识和能力，能够不断探索新的实践教学方法和手段，将最新的实践技术和成果引入教学中。这要求教师必须保持敏锐的洞察力和创新精神，紧跟时代步伐，为学生提供最前沿、最实用的知识和技能。

最后，实践问题解决能力是高职教师实践水平能力的关键所在。在实践操作过程中，学生难免会遇到各种各样的问题和困难。高职教师必须具备快速、准确地解决问题的能力，能够及时给予学生指导和帮助，确保实践操作的顺利进行。这需要教师具备扎实的专业知识和丰富的实践经验，以便在面对突发问题时能够迅速作出正确的判断和决策。

2. 实现路径

为了进一步提升高职教师的实践水平能力，可采取以下措施：

一是加强实践教学培训。学校应该定期组织实践教学培训活动，邀请行业专家和企业技术人员为教师进行授课，提高教师的实践操作技能和教学经验。同时，学校还可以设立实践教学奖励机制，鼓励教师积极参与实践教学活动，提高实践教学的质量和效果。

二是建立实践教学平台。学校应该为教师提供充足的实践教学机会和条件，建立实践教学平台，促进教师实践水平的提高。这个平台可以包括校内实验室、校外实习基地、企业合作项目等多种形式，为教师提供多样化的实践教学资源和环境。

三是深化企业合作。学校应该积极与企业建立紧密的合作，让教师有机会参与企业的实践项目和技术研发活动。通过与企业的合作，教师可以了解最新的行业动态和技术发展趋势，提升自己的实践创新能力。同时，企业也可以从学校获得优秀的人才资源和技术支持，实现互利共赢。

四是完善实践教学评估机制。学校应该建立科学、公正的实践教学评估机制，对教师的实践教学进行定期评估和监督。通过对评估结果的反馈和分析，教师可以了解自己在实践教学中的优势和不足，制定有针对性的改进计划。同时，学校还可以根据评估结果对教师进行奖励和惩罚，激励教师不断提升自己的实践水平。

第三节 "双师型"教师评价体系构建

一、专业教师资格认证体系

（一）高职院校专业教师资格认证

1.高等教育教师资格证的认定

自 2001 年起，我国正式确立并全面推行了高校教师资格认证制度。此制度通过设立明确的认证标准和程序，有效保障了高校教师队伍的专业性和质量，为构建多元化的高校教师教育体系奠定了坚实的基础。该制度的实施，有力推动了高校教师队伍的优化和专业化。它确保了教师的学术水平和教学能力达到一定的标准，为高等教育的发展提供了可靠的人才保障。同时，该制度也促进了教师队伍结构的合理化和年轻化，为高等教育注入了新的活力和创新动力。此外，高校教师资格认证制度还为我国高等教育领域的国际交流与合作提供了有力支持。通过该制度，我们鼓励教师参与国际学术交流，引进国际先进教育理念和教学方法，不断提升我国高等教育的国际竞争力。

以贵州省为例，根据《贵州省教育厅关于开展 2024 年高等学校教师资格认定工作的通知》，高等学校教师资格认定工作具体内容和要求如下：

（1）对象范围

在贵州省内高等学校从事教学工作或拟受聘于高校教师职务（已在教师职务岗位任职）的教师。申请认定时，高等学校教师资格人员由所聘学校负责推荐报名。

（2）认定程序

高等学校教师资格认定按照本人申请、学校审核、专家评议委员会评议、省教育厅进行资格认定的程序依次进行。

（3）认定要求

①遵守宪法和法律，热爱教育事业，履行《中华人民共和国教师法》规定的义务，遵守教师职业道德，符合教师行为规范。

②具备中国公民身份。

③具备《中华人民共和国教师法》规定的相应学历。申请认定高等学校教师资格，应当具备研究生或者大学本科毕业学历。

④具备承担教育教学工作所必需的基本素质和能力。

具有选择教育教学内容和方法，设计教学方案，掌握和运用教育学、心理学知识的能力，语言表达能力，管理学生的能力，运用现代教育技术的能力，以及教育教学研究能力。

需参加省统一岗前培训并合格。

⑤具有良好的身体素质和心理素质，无传染性疾病，无精神病史，能适应教育教学工作的需要，经学校所在地县级以上医院体检合格。

⑥普通话水平应当达到国家语言文字工作委员会颁布的《普通话水平测试等级标准》二级乙等以上标准，其中语文类、对外汉语类教师普通话水平应达到二级甲等及以上标准，语音类教师普通话水平应达到一级乙等及以上标准。

2. 高等教育教师资格证认定的内涵

从上述条件不难看出，高校教师资格证的获取条件严谨且全面，旨在确保申请者具备从事高等教育教学工作的基本素质和能力。这些条件涵盖了基本条件、学历与专业背景、普通话水平、教育教学能力以及其他相关要求。

第一，基本条件要求申请者必须是中国国籍，遵守国家法律法规，热爱教育事业，并具备高尚的职业道德。这是每一位教师都应遵循的基本准则，也是将教师的师德师风作为首要条件的入门条件。

第二，学历与专业背景是评估申请者是否具备从事高等教育教学工作的重要标准。申请者需具备大学本科及以上学历，且所学专业与所申请的教学岗位密切相关。这一要求旨在确保申请者在专业知识和学术研究上能够满足教学和科研的需要，也是为后续"双师型"教师条件中扎实的专业知识奠定基础。

第三，普通话水平作为教育教学的基本工具，也是重要的考量因素。申请者需通过普通话水平测试，具备清晰、准确的普通话表达能力，以确保与学生之间的有效沟通。以保证在教学过程中不因语言障碍导致教学效果的降低。

第四，教育教学能力是高校教师的核心素质。申请者需通过教育教学考核，展示其在教学设计、教学方法、学生评价等方面的才能和技巧。同时，还需具备一定的教育教学研究能力，不断探索和优化教育教学方法。这也保障了在具备专业知识的前提条件下，教师不仅要自己懂，还要具备一定的教育教学能力让学生能够听得懂，学得通，即"能说、会做、善导"。

除了以上主要条件外，申请者还需满足其他相关要求，如身体健康、心理健康等。在申报教师资格证时，申请者需提交真实、完整的报名材料，包括学历证书、身份证、教师资格证等，以证明其符合各项条件。高校教师资格证的获取条件严谨、全面，旨在选拔具备优秀素质和专业能力的教师，为高等教育事业提供有力的人才保障。

（二）高职院校专业教师职称评价体系

中华人民共和国成立后，高校职称评审制度先后经历了任命期（1949年至1976年）、评定期、聘任期（1986年至今）等发展阶段。我国高职院校教师职称评价体系伴随着我国高等职业教育的发展而产生和变革，总体而言分为"套用本科"阶段、"三分而立"阶段和国家下放评审自主权的"自主评审"阶段。教师职称评价体系基本遵循以下原则，如表1-2所示：

表1-2　教师系统职称评价标准

总则		政策参照、适用范围	
任职条件		基本条件	
	助教	学历资历、专业能力	
	讲师	学历资历、专业能力、业绩成果	
	副教授	教学科研型	学历资历、专业能力、
	教授	教学为主型	业绩成果、破格条件
附则		年龄要求、论文说明、特殊奖项说明	

1. "套用本科"阶段

高职院校尽管具备高等教育的背景，然而在高等教育体系中其影响力相对有限，且对于其类型属性的深入研究亦显不足。学术界在高等职业教育领域的探索和研究相对滞后，对政策设计层面的影响力亦显薄弱，这导致了公众对高职院校的办学定位、人才培养目标等核心问题的理解存在模糊，进而对相关政策的顶层设计与执行产生了严重影响。直至2000年前全国高等职业技术教育讨论会的召开，对高等职业技术教育的发展定位才形成了明确的共识。基于上述因素，当时社会对高职院校的认知尚不够深入与理性，管理上将其简单纳入高等教育序列，视为高等教育体系中的附属或附庸，未能赋予其应有的地位与话语权。这一状况在很大程度上限制了高职院校的发展道路与实践探索，致使众多高职院校盲目模仿普通本科院校甚至研究型大学的办学模式与管理模式，进而导致了高职教师职称评审制度中"套用本科"的现象。

在"套用本科"时期，一个显著的特点是将高职院校教师与普通本科院校教师等同视之。这一特点主要体现在将高职院校教师的工作职责、任职条件与本科院校教师等同设置。《高等学校教师职务试行条例》等政策法规的出台，进一步强化了这种趋势，明确要求地方政府及相关管理部门将高职院校教师的职称评审工作纳入普通本科院校职称评审体系中，并强调各省（区、市）需建立教师职称评审委员会，制定明确的职责划分与实施办法。这些政策在顶层设计上推动了高职院校教师工作职责、任职条件与本科院校教师要求的同质化进程。

首先，就工作职责而言，高职院校与本科院校在取向上呈现一致性。具体而言，高职院校在教师层级设置上，参照本科院校的样例，同样设立了助教、讲师、副教授、教授四级职务等级，所承担的工作职责与本科院校基本吻合。其次，高职院校教师的任职条件与本科院校保持一致。同时，高校教师职称评审制度兼具评聘双重职能，即评审制度也包含对教师任职条件的具体规定。1986年，国务院发布的《关于实行专业技术职务聘任制度的规定》对教育整体系统中各类学校教师的"职称与职务"给出了统一且明确的指导意见，其中明确指出："职称是学术、技术、专业职务的统称，是需要具备相应程度的、系统的专门知识才能胜任的职务。"因此，高职院校与普通高校在教师的任职条件上并无差异，除了对教师的政治思想、道德品质、学历与资历有基本要求外，还需具备相应的专业学科知识与能力、教学育人成绩、科研成果及管理能力等方面的条件。其中，工作业绩主要涵盖显著的教育教学成绩、高水平论文或著作等形式的专业学术科研成果。

2. "三分而立"阶段

在2000年左右，国务院决定将高职院校的设立权限下放至各省级政府层级，此举标志着高职院校迎来了招生规模、师资团队建设及整体发展布局的重要机遇期。多数省（区、市）逐步启动了高职教师职称评审制度的改革试点工作，鉴于各地区高职院校的实际情况及改革需求的差异性，逐步形成了"单一型""内分型"以及"单列型"等多种模式的高职教师职称评审体系，以适应不同院校的发展需求。

（1）"单一型"高职教师职称评审制度

"单一型"高职教师职称评审制度，指的是继续沿用与普通本科高校相一致的职称评审机制，二者在评审规定与要求上保持高度一致或基本相似。其主要特点体现在以下两个方面：首先，尚未形成独立针对高职教师的职称评审制度，而是由所在省（区、市）的普通本科院校与高职院校共同采用一套统一的高校教师职称评审体系。这一"同一型"制度主要基于普通本科院校的实际情况进行构建，对高职院校的特殊性考虑不足，从而在一定程度上延续了"套用本科"的评审模式。其次，在职称评审标准的制定上，这一模式以学术导向为主导，侧重考量教师的科研能力与成果，科研业绩在评审中占据较大比重，而教学业绩的评分与权重则相对较低。根据 2014 年 3 月底的统计数据，海南、河北、青海、湖南、贵州、甘肃、吉林、云南、西藏、四川等省（区、市）均采用了此类"同一型"的职称评审制度。

然而，随着高等职业教育日益受到社会的重视和需求的增加，这种"单一型"高职教师职称评审制度逐渐显露出其局限性。在高等教育体系中，高职教育与普通本科教育在人才培养目标、课程设置、教学模式等方面均存在显著的差异，因此，高职教师职称评审制度也需要进行相应的调整和优化，以更好地适应高职教育的特点和发展需求。

首先，针对高职教师的职称评审制度应当独立设置，以充分体现高职教育的特殊性。这一独立设置的职称评审制度应当结合高职教育的实际情况，注重教师的实践教学能力、技术应用能力以及与企业、行业的联系能力等方面的考量，以更好地促进高职教育与产业发展的深度融合。

其次，在职称评审标准的制定上，应当适当降低科研业绩的评分和权重，同时提高教学业绩的比重。高职教育以培养高素质技能型人才为目标，教学在高职教育中具有举足轻重的地位。因此，高职教师职称评审制度应当更加注重教师的教学质量、教学方法以及对学生的指导等方面的表现，以激励教师不断提高教学水平和质量。

此外，为了更加全面地评价高职教师的综合素质和能力，职称评审制度还可以引入多元化的评价指标，如社会服务、校企合作、技能竞赛等方面的表现。这些评价指标可以更加全面地反映高职教师在教学、科研以及社会服务等方面的能力和贡献，从而更加公正、客观地评价教师的职称晋升。

总之，高职教师职称评审制度的改革和优化是高等职业教育发展的重要环节。通过独立设置职称评审制度、调整评审标准以及引入多元化的评价指标等措施，可以更加全面地评价高职教师的综合素质和能力，激励教师不断提高教学水平和质量，为高等职业教育的发展注入新的活力。

（2）"内分型"高职教师职称评审制度

"内分型"是指在同一政策文件或制度文本中，其内容分为两部分，一部分专注于普通本科院校的评审标准，另一部分则聚焦于高职院校的职称评审规定。此类制度的特点概括如下：首先，其部分条款具有普遍的适用性，既涵盖普通本科院校的教师，也适用于高职院校的教师；其次，某些条款则是根据普通本科院校与高职院校的具体情境而特别设定的。在实施上，多数"内分型"制度采取按高职院校与普通本科院校分类的方式，少数则依据学科进行分类。整体来看，"内分型"制度既包含了具有普遍性的基础性评审条件，也包含了一些具有针对性的特定评审要求。目前，实施"内分型"制度的省（区、市）包括北京、天津、河南、宁夏、陕西、内蒙古和山西。

近年来，"内分型"制度在高等教育领域的应用愈发广泛，不仅限于职称评审，还逐步拓展到教学评估、科研项目管理等多个方面。这种制度的灵活性和针对性，使得高等教育管理更加精细化和科学化。

在普通本科院校中，"内分型"制度的应用主要体现在教学评估和科研项目管理上。针对不同类型的课程和科研项目，制定更为细化的评估和管理标准，有助于提升教育质量和科研水平。同时，这种制度也鼓励教师根据自身的专业特长和兴趣，选择更适合自己的发展方向。

在高职院校中，"内分型"制度则更多地体现在职业技能培训和校企合作上。根据高职院校的特点，制定更加贴近企业需求的职业技能培训标准，有助于提高学生的就业竞争力。同时，加强与企业的合作，共同开发课程和实践项目，也能更好地满足社会对高技能人才的需求。

值得一提的是，"内分型"制度在实施过程中也遇到了一些挑战。由于不同省份、不同学校之间的具体情况存在差异，如何确保制度的公平性和有效性成了一个需要关注的问题。此外，如何根据时代的发展和社会的变化，不断完善和调整制度内容，也是一个需要长期思考的问题。

未来，"内分型"制度将继续在高等教育领域发挥重要作用。随着教育改革的不断深入和高等教育国际化的加速推进，"内分型"制度也将面临更多的机遇和挑战。我们期待看到更多的创新和实践，为高等教育的发展注入新的活力和动力。

（3）"单列型"职称评审制度

"单列型"职称评审制度系由职称评审管理部门根据高职院校及其教师的工作特性独立制定，摒弃了普通本科院校的通用制度。此制度的主要特征体现在两方面：其一，其针对性显著，专为高职院校教师职称评审而量身定制；其二，其适切性突出，较好地契合了高职教师"双师型"的特性，显示出较高的合理性、科学性和有效性。据2014年3月的统计数据显示，实施"单列型"制度的省（区、市）主要有广东、上海、辽宁、江西、重庆、安徽、江苏、广西、福建、黑龙江、浙江、新疆、湖北及山东等地。

"单列型"职称评审制度的成功实施，不仅为高职院校教师提供了一个更为公正、合理的评审平台，也极大地激发了他们的工作热情和创新能力。随着这一制度的深入推广，越来越多的高职院校开始探索与之相适应的教育教学改革，进一步提升了教育教学质量。

值得一提的是，"单列型"职称评审制度还注重教师的实践能力和技术应用能力。这与高职院校注重技能培养、实用教育的办学理念不谋而合。因此，在这一制度下，许多具有丰富实践经验和卓越技术应用能力的教师得到了应有的认可，他们的工作成果得到了更为公正的评价。

与此同时，"单列型"职称评审制度还推动了高职院校与企业、行业的深度合作。通过与企业和行业的紧密合作，高职院校能够更准确地把握市场需求和人才培养方向，为经济社会发展培养更多高素质、高技能的应用型人才。

当然，"单列型"职称评审制度也面临着一些挑战和问题。如何确保评审的公正性和透明度，如何进一步完善评审标准和程序，如何更好地激发教师的创新能力和实践能力等，都是需要进一步思考和解决的问题。

未来，"单列型"职称评审制度将继续在高职院校教师职称评审中发挥重要作用。随着制度的不断完善和优化，相信它将为高职院校教师的职业发展提供更加广阔的空间和更加有力的支持。

3. "自主评审"阶段

经过"三分而立"评审时期的全面审视，国家高度认可了部分地区和院校在教师职称评审改革方面的探索成果，其所反馈的经验亦为高职教育带来了更为专业、广泛和全面的认知。2014年，《国务院关于加快发展现代职业教育的决定》明确指出，我国职业教育的短期发展目标旨在构建一个适应发展需求、产教深度融合、中职高职有效衔接、职业教育与普通教育顺畅沟通，体现终身教育理念，兼具中国特色和世界水准的现代职业教育体系。为实现上述目标，后续已制定并颁布了更为详尽和具体的实施措施与建设路径。

高等教育领域迈向"自主评审"阶段的关键性政策指导，源于2017年颁布的《关于深化高等教育领域简政放权放管结合优化服务改革的若干意见》。该文件为高等教育改革提出了简政放权的创新策略与步骤，旨在"破除束缚改革发展的体制机制障碍，进一步向地方和高校赋权"。对于教育职称评审制度建设的改革指导，该文件主要聚焦于两大方面：一是下放高校教师职称评审权，这一改革主要涉及评审权主体的转变，即由原先的国家与地方政府主导，转变为高校自主制定职称评审办法及操作方案，并报送上级教育、人力资源和社会保障部门备案；二是优化教师职称评审机制与内容，涵盖评审的评价内容、方法及相关原则等方面的调整。此外，文件还强调了岗位结构的合理设置，并为此提供了政策支持。

（三）高职院校专业教师认证体系存在的问题

1. 认证体系偏重学术性科研成果

在深入对比分析各类高职院校关于教师教育教学、专业实践以及教研科研方面的考核标准后，我们观察到这些院校在具体要求上呈现出显著的一致性，并且更倾向于强调教学和科研的重要性。在政策文本中，衡量不同层级教师业绩成果的首要且必备的标准即为学术论文或专著的发表。特别值得一提的是，针对专业相关的学术论文，部分论文的发布要求必须刊登在核心学术期刊上，而对于专著，则明确要求教师必须以第一作者的身份独立完成。这一突出科研标准的业绩衡量方式，充分反映了在教师职称评审过程中，科研条件所占据的举足轻重的地位。

尽管通常在这些评审标准中会额外规定在校级、省部级、国家级教育、科研技能竞赛中，需获得相应等级的奖项（教师奖项等级因层级不同而有所差异），此举虽旨在强调高职教师注重教学与实践结合的特点，但由于其并非作为强制性的条件，因此其在促进正向功能方面所表现出的差异并不显著。然而，由于直接套用普通高校的标准，这在一定程度上导致了高职教师在工作时间的分配上出现了失衡，以及重科研、轻教学的状态偏差。

在职业教育的科学演进中，其发展方向必然是将行业企业生产管理实践中涌现的新工艺、新技术、新方法及管理模式等深度融入高等职业教育的课程体系，确保高职课程实施与人才培养紧密契合新时代的发展需求。这就要求高职教师的研究工作不能仅仅局限于论文和专著的发表，而应当聚焦于企业行业生产管理中的技术与工艺创新点、高精尖技能的挖掘与研究，进而开发出既遵循学生知识学习与技能习得规律，又能与职业标准和实际生产过程紧密衔接的课程教学实施方案。

然而，目前这一要求对于所有类型的教师而言，并未得到充分的重视和优先考量，其偏重程度显然不足。当前以数量和级别为标准的物质奖励机制可能导致部分教师为追求职称晋升、完成年度绩效考核等科研指标而采取"捷径"，从而误导教师的职业发展方向，产生不良的社会评价影响。此外，现行的高职院校教师职称评价标准体系过度倚重学术著作，可能促使教师偏离"职业性"的本质，忽视教育教学的重要性。

2. 认证体系中科研成果应用性考核程度不足

就人才培养目标而言，高职院校肩负着培养高素质技能型专门人才的重大责任。在此过程中，教师作为教育的核心力量，其角色与使命不容忽视。因此，教师的考核标准应紧密围绕服务地方经济建设与社会发展的总目标进行制定。当前，论文、课题等科研成果已成为高职院校教师职称晋升的普遍要求，其中多数院校采用等级划分，如校级、省部级、国家级等，或设定奖项名次作为必要条件。然而，在科研成果的种类和质量上，尚未形成统一且标准化的规定。

（1）科研成果种类划分单一

特别值得注意的是，当前高职院校教师职称评价标准中，对于应用型科研与科研质量的考量尚显不足。无论教师的层级与类型如何，科研考核条件多局限于论文、著作、教材三类。在论文及著作的评审中，虽强调学术性并依据等级进行数量要求，但对实际应用效果的考量明显不足。这导致部分教师为晋升而撰写的"职称论文"往往偏离了"应用论文"的本质，削弱了职称评价应有的正向激励作用。因此，有必要对当前的职称评价标准进行深入研究和完善，以更好地体现教师的实际贡献与科研价值。

（2）科研成果质量考核标准单一

在评估业绩成果时，经济效益和社会效益的考量通常被置于辅助地位。此外，教师职称评价体系在科研应用质量的评估上也显得相对薄弱。目前，贵州省在副教授和教授层级的科研质量要求中，仅提及"发表学术论文×篇（其中×篇为重要期刊/核心期刊）"，这主要侧重于论文发表的期刊层级，而未对论文后续在学术界的影响，如转载率、引用率等，设定明确的标准化要求。综合以上分析，可以得出结论，当前高职院校教师职称评价体系在应用型科研方面的重视度不足，是该体系亟待改进的问题之一。

3. 认证体系对教师类型缺乏科学分类

随着国家下放职称评审自主权的实施，各省市高职院校已陆续启动自主评审机制，并自主制定教师职称评价标准。然而，在高职院校内部，对于教师的自主分类工作多基于直观判断，尚未形成科学的分类依据和深入的分情况探索，有待进一步完善和规范。

高职院校教师职称评价标准体系在岗位划分上主要聚焦于科研与教学两大类别。尽管此种划分依据了岗位特点，但高职院校在构建评价标准时，仍需紧密结合自身特色，进一步实现类型化和特色化的细致设定。为了确保评审的公正性和有效性，针对不同职称的评审应设立多元化的"赛道"，参评教师可依据其工作性质和个人发展规划进行适当选择。因此，高职院校在制定教师职称评价标准时，应遵循分类设计的原则，确保各类标准间的明确区分性和差异性。特别地，考虑到高职院校教师队伍的结构与数量，评价标准既应重视校内专任教师的工作绩效，也不应忽视校外各类教师（如兼职教师）的实际情况。目前，部分高职院校在职称评价标准体系的构建上，尚未充分依据院校资质进行科学分类考量，导致评价体系在科学性和公正性方面存在不足，进而对院校层级教师的专业发展和队伍建设产生不利影响。

此外，对高职院校教师职称评价的分类探索大多停留在分类类型上，并没有对不同类型教师职称评价标准体系下具体指标与要求进行细致深化。多数高职院校对不同类型教师职称评价标准的分类设置集中于教学方面的评价结果，在科研方面类型差异相对较小，并且在业绩成果考察的任选项或可选项中内容和要求一致的方式在实践层面上降低了不同类型教师职称评价标准差异。例如：副教授和教授层级教师职称评价虽然在类型上对教师进行了划分，但不同类型教师职称评价标准中对专业能力与学历资历要求一致，只在业绩成果考核中存在细微差别，尤其只突显教学一方面，其不同类型教师的评价标准可选项呈现一致性。

4. 认证中教师服务企业考核程度不足

首先，众多高职院校在构建职称评价标准体系时，对"教师为企业服务"的考核环节重视不足，这一状况无疑将制约教师服务企业的积极性、主动性和实际成效。从职业素养的角度出发，高职院校教师应当具备"双师素质"或成为"双师型"教师，这要求他们在拥有专业理论知识的同时，也需具备较强的专业实践能力和服务企业的能力。然而，实际情况显示，高职教师在入职后普遍缺乏这方面的实践能力，需要在服务企业的过程中不断加以提升。

其次，从教师工作职责的视角来看，高职教师具有服务企业的明确义务和职责，这是产教融合、校企合作模式下对教师工作的必然要求。然而，通过调研我们发现，当前这一状况并未得到显著改善，教师在服务企业的能力和行动方面均存在显著不足。就高等职业教育的核心功能而言，服务企业理应成为高职教师职责的重要组成部分。

从政策层面审视，已有一系列相关政策陆续出台。为有效引导并激励高职院校教师积极投入企业服务工作，《教育部关于推进高等职业教育改革创新引领职业教育科学发展的若干意见》（教职成〔2011〕12号）明确指出，将教师参与企业技术应用、新产品开发、社会服务等纳入教师职称评价和工作业绩考核的关键指标。同时，国家同期发布的多项相关政策对职教教师参与企业实践提出了明确要求。例如，教育部等七部门于2016年5月联合发布的《职业学校教师企业实践规定》（教师〔2016〕3号）规定，职业学校专业课教师（含实习指导教师）需根据各自专业特点，每五年累计至少六个月深入企业或生产服务一线进行实践。相关法律法规还特别强调，教师在企业实践中应着重学习并掌握所教专业在生产实践中应用的新知识、新技术、新工艺、新材料、新设备和新标准。然而，经过调研分析，我们发现许多高职院校在职称评价标准的制定中，并未将高职教师服务企业的情况作为实质性的评价条件。

在此，针对高职教师职称评价标准体系，我们需关注以下两方面的实质性条件。首先，相关政策制度在设立职称评价标准时，并未明确将服务企业作为必要条件或重要考量因素。其次，尽管部分政策制度文本中提及了服务企业的相关规定，但这些规定往往作为可选项或替代项存在，其实际作用并未得到充分发挥，往往流于形式，失去了实质性的评价意义。

此外，对于高职教师服务企业建设的评价，当前主要侧重于结果考察，如服务企业的事项和参与服务企业所产生的社会或经济效益值。然而，这种评价方式并未涵盖教师参与服务企业的时长以及服务企业的质量。从高职教育的核心功能出发，高职院校承担着服务社会，特别是服务企业的重要职责。相应地，高职教师也应承担起服务企业的职责与义务，并具备相应的职业能力，为社会作出积极贡献。

因此，服务企业应当被纳入高职教师职称评价标准体系之中，成为其重要的评价标准之一。然而，从当前的实际情况来看，高职教师服务企业的能力普遍较弱，这在一定程度上也反映了相关制度设计的不足。

为了更全面地评估高职教师在服务企业方面的能力和成效，我们需要在职称评价标准体系中引入更为细致和科学的评价机制。

首先，应强化高职教师服务企业的实践环节。在职称评价中，不仅要考察教师参与企业服务的次数和时长，更要关注他们在服务过程中展现的专业能力和实际贡献。这包括教师在企业中的实际表现、解决问题的能力、技术创新的成果等。通过引入这些更为具体和量化的指标，可以更加准确地反映教师在服务企业方面的能力水平。

其次，应鼓励高职教师与企业建立长期的合作关系。这种合作关系不仅可以为教师提供更多的实践机会，还可以促进校企之间的深入交流和合作。在职称评价中，可以给予与企业建立长期合作关系并取得显著成果的教师更多的加分项，以激励他们更加积极地投身于企业服务工作。

再次，高职院校还应加强对教师服务企业的培训和支持。通过组织专题培训、实践指导、经验分享等活动，帮助教师提升服务企业的能力和水平。同时，学校还可以为教师提供必要的资源支持，如实践基地、实验设备、经费支持等，以减轻他们在服务企业过程中的负担。

最后，我们还需要完善职称评价标准的制定过程。在制定职称评价标准时，应充分征求教师、企业和行业专家的意见和建议，确保评价标准的科学性和合理性。同时，还应加强对职称评价工作的监督和评估，确保评价结果的公正性和可信度。

综上所述，将服务企业纳入高职教师职称评价标准体系之中，是推进高职教师职业发展的重要举措。通过加强实践环节、鼓励长期合作、提供培训支持和完善评价标准制定过程等措施，我们可以更好地激发高职教师服务企业的积极性、主动性和实际成效，为高等职业教育的科学发展和社会的进步作出更大的贡献。

（四）高职院校专业教师认证体系优化路径

1. 从高职教师"职业性"层面评价

面对当前高职院校教师评价标准的偏向，我们不得不深思如何平衡教学与科研的权重，确保高等职业教育的核心目标得以实现。首先，需要建立一个更为全面、合理的评价体系，这一体系不仅要考量教师的科研成果，更要强调其在教学实践、技术应用及社会服务等方面的贡献。

高职院校应积极推动与企业、行业的深度合作，鼓励教师深入企业，参与实际的生产管理活动，了解并掌握行业发展的最新动态和技术趋势。这样，教师在进行教学和科研时，就能更好地将理论知识与实践相结合，培养出更加符合行业需求的高素质人才。

同时，高职院校应加大对教师实践教学和科研创新活动的支持力度，如提供必要的经费、设备和时间保障，以及建立相应的激励机制。对于在教学改革、技术应用和社会服务中取得显著成绩的教师，应给予充分的认可和奖励，以激发其积极性和创造性。

此外，高职院校还应加强对教师的职业发展规划指导，帮助教师明确自己的职业目标和发展方向。通过定期的职业规划培训、经验分享和交流活动，引导教师树立正确的职业观念，平衡教学与科研的关系，实现个人发展与学校发展的和谐统一。

2. 从科研成果应用层面评价

针对上述问题，我们提出以下改进建议，以期构建更为合理、科学的高职院校教师职称评价体系。

首先，应当强化应用型科研的权重。高职院校教师的科研工作应当紧密结合地方经济建设与社会发展的实际需求，因此，应用型科研应当成为职称评价的重要标准之一。我们可以增设"应用型科研项目"或"产学研合作项目"等类别，并对项目的实际应用效果、产生的经济效益和社会效益等进行综合评价。

其次，应当引入多元化的评价指标。除了传统的论文、著作、教材等科研成果外，还可以将教师的教学成果、社会服务、企业实践、学生评价等多个方面的因素纳入评价体系中。这不仅可以更全面地反映教师的贡献与科研价值，还可以激励教师积极参与各类教学活动和社会服务，提升教师的综合素质。

再次，应当建立科学的评审机制。在评审过程中，应当注重实际应用的考量，避免"唯论文论"的倾向。对于论文和著作的评审，应当加强对其实际应用效果、学术界影响的评价，而不仅仅是依据其发表的期刊层级或奖项名次。同时，还可以邀请企业界、行业协会等相关领域的专家参与评审，以提高评审的公正性和权威性。

最后，应当加强职称评价体系的动态调整。随着地方经济建设与社会发展的不断变化，高职院校教师的科研方向和应用领域也会不断扩展和深化。因此，职称评价体系应当具有一定的灵活性和适应性，能够根据实际情况进行动态调整和优化。

综上所述，高职院校教师职称评价体系的改进应当从强化应用型科研的权重、引入多元化的评价指标、建立科学的评审机制和加强动态调整等方面入手，以更好地体现教师的实际贡献与科研价值，促进高职院校教师队伍的健康发展。

3. 从教师类型定位层面评价

针对当前高职院校教师职称评价标准体系存在的问题，我们需要更为深入地剖析原因，并提出切实可行的改进方案。

首先，我们需要意识到教师职称评价体系的科学性和公正性对于高职院校教师队伍建设和教师个人发展的重要性。因此，我们必须在制定评价标准时，坚持分类设计的原则，确保各类标准间的明确区分和差异性。

其次，对于不同类型教师的评价标准，我们不应仅仅停留在分类类型上，而应该针对每种类型的教师，深入研究其工作性质、特点和发展需求，从而制定出更为具体、更为细致的评价指标和要求。例如，对于教学型教师，我们应更加注重其教学能力和教学方法的创新；对于科研型教师，我们则应更加重视其科研水平和科研成果的产出。

再次，我们还应充分考虑高职院校教师队伍的结构与数量，确保评价标准既能充分反映校内专任教师的工作绩效，又能兼顾校外各类教师的实际情况。例如，对于兼职教师，我们应根据其工作特点和时间投入，制定相应的评价标准，以充分体现其在教学和科研工作中的贡献。

最后，我们需要加强对高职院校教师职称评价体系的监督和评估，确保其科学性和公正性。我们可以通过定期对教师职称评审过程进行审查，对评审结果进行公示和反馈，以及对评审专家的资质和能力进行评估等方式，确保评价体系的公正性和有效性。

高职院校教师职称评价体系的改进和完善是一个复杂而艰巨的任务，需要我们深入研究、广泛讨论和不断创新。只有这样，我们才能构建出一个既符合高职院校自身特点，又能满足教师个人发展需求的科学的评价体系，为高职院校教师队伍建设和教师个人发展提供有力保障。

二、"双师型"教师认定体系

教育部办公厅《关于做好职业教育"双师型"教师认定工作的通知》，坚持以师德为先，突出实际，分层分类，稳步推进为基本原则，遵循职业教育教师专业发展规律，部署开展教师认定和管理工作。

通知共分为通知正文和附件两个部分，其中通知中包含明确认定范围、严格标准要求、加强组织实施、强化监督评价、促进持续发展和注重作用发挥六个方面的内容。

1. 明确认定范围

通知要求职业教育"双师型"教师认定主要适用于职业学校的专业课教师，包含实习指导教师、公共课教师、校内其他具有教师资格并实际承担教学任务的人员，正式聘任的校外兼职教师，以及其他依法开展职业学校教育的机构中具有教师资格的人员，在符合一定条件的前提下可参照实施。

从认定对象上分析总体要求，主体非常突出，强调以职业学校专业课教师和实习指导教师为主体，同时也涵盖了兼职教师，并且也明确公共课教师和校内其他具有教师资格并且实际承担教学任务的人员也在这个范畴。另外在其他依法开展职业学校教育的机构中具有教师资格的人员，以及技工院校一体化教师也都可以参照实施。

从界定范围上分析，总体体现了兼容并包的格局。其中既包含职业学校（含技工院校），同时也提到了其他依法开展职业学校教育的机构。这个概念我们要从职教法上来界定，即职业学校教育分为中等职业学校教育、高等职业学校教育和其他学校教育机构或者符合条件的企业行业组织按照教育行政部门的统筹规划可以实施的相应层次的职业学校教育。

2. 严格标准要求

通知坚持把师德师风作为衡量"双师型"教师能力素质的第一标准，对于师德考核不合格者，在影响期内不得参加"双师型"教师认定，已认定的应予以撤销。突出对教师理论教学和实践教学能力的考察，注重教学改革和专业建设的实际。要求教师要熟悉行业企业情况，具有相应的专业技能，以及行业企业工作经历或实践经验。

3. 加强组织实施

通知非常明确两个层次三个主体的职责。国家层级的教育部门负责规则的制定，宏观指导和督促监督地方制定的基本标准，同时对地方的认定工作进行抽查。省级教育行政部门是负责区域内认定工作的组织领导和统筹协调，负责指定认定实施主体，实施主体要明确负责部门，组建由教育部门、行业企业、院校专家等共同组成的认定专家评议委员会，严格按照标准条件执行，规范程序，保证质量。认定结果经检查复核通过后，报省级教育行政部门备案。学校应及时更新教师管理信息系统"双师型"教师信息，确保数据准确统一。

4. 强化监督评价

省级教育行政部门要加强对认定工作的规范指导和监督管理，要建立健全公示公开、第三方评估、抽查复查、责任追究、过程追溯等制度。加强标准建设，明确支持措施。认定实施主体主要包括职业院校以及省级教育行政部门按程序确定的第三方机构或者专家组织。认定实施主体，在省级教育行政部门的指导下开展具体的认定实施工作，负责制定认定实施细则，并且按程序备案。要明确实施程序，组织实施的具体部门，组建认定专家评议委员会，规范开展认定工作。在认定程序上通知明确包括个人申报、组织认定和结果复查。

5. 促进持续发展

"双师型"教师队伍建设，不仅关系到教师个人，也关系到学校的建设和发展。对于个人，通知指出根据"双师型"教师不同阶段发展的需要，要精准提供教育教学岗位的企业实践等机会。要充分发挥"双师型"教师在综合育人、企业实践、教学改革、社会服务和教师专业发展等方面的引领作用。对于学校通知也明确提出，将"双师型"教师作用发挥情况作为有关的建设项目的重要的指标，通知对认定工作的有关部署和要求也体现了新的理念和新的要求。

第一，体现了评价改革的要求。2020年底，中共中央、国务院印发了《深化新时代教育评价改革总体方案》，要求坚决克服"五唯"顽瘴痼疾，提高教育治理能力和水平。"双师型"教师认定工作集中体现了有关教师评价的导向，比如坚持把师德师风作为第一标准，坚决克服重教书轻育人的现象，突出教育教学实际，突出实践技能水平和专业教学能力，强调改进教师科研评价，突出质量导向，重点评价社会服务与贡献，以及支撑人才培养的情况。通知因地制宜，提出要分级实施，鼓励探索分层次、分专业大类等来组织实施，并且要求标准不得低于国家的基本标准，而且还支持结合实际来明确有关的破格等条件的要求。通知明确在职称、职务晋升、教育培训、评先评优等方面应向"双师型"教师倾斜，课时费标准原则上应高于同级教师岗位等。

第二，创新认定工作机制。通知鼓励行业企业通过成立专家委员会等方式来参与认定工作，明确第三方机构或者专家组按照程序规定可以作为认定的主体，通知明确要建立能进能出、能上能下的动态调整机制，根据教师不同能力条件，分级认定并结合学制和专业特点，对"双师型"教师能力素质进行不超过5年一周期的复核，突出聘期内岗位业绩考核，促进教师知识技能持续地更新。另外通知还对教师的信息系统的更新和数据的填报也作出了要求。

第三，畅通监督反馈渠道。通知要求建立健全公示公开、第三方评估、抽查复查、责任追究、过程追溯等制度，要求发挥广大教师监督作用，畅通投诉反馈渠道，作为一线教师全面了解通知的精神和主要的内容规定非常重要。

6. 突出作用发挥

通知要求要充分发挥"双师型"教师在综合育人、企业实践、教学改革、社会服务和教师专业发展等方面带头引领作用，充分挖掘典型案例、示范教师培训、顶岗实践、研修访学等成长助力方法。在"双高"建设计划、优质中职学校和专业建设计划、职业院校办学能力达标、专业设置审批和布局结构优化、现场工程师培养计划，以及教师创新团队、名师（名匠）工作室、技艺技能传承创新平台建设中，应将"双师型"教师作用发挥情况作为重要指标。

三、"双师型"教师认定的问题分析

第一，要全面正确理解认定工作的意义，做好自身的发展规划，认定工作不是为了认定而认定，它的初衷是为了推动加强整体的教师队伍的建设。对于个人而言，要全面把握高素质技术技能人才培养对教师能力素质的新要求，把认定工作作为自身提升的一个重要契机，要加强对标准内涵的学习，做好自身发展的规划设计。

第二，要深刻领会通知和标准，持续提升自身能力。认定工作不是评奖评优，是用尺子来衡量每一位在认定范围中的教师，对于教师个人而言，是和自己比，不存在名额和相互间的竞争的问题，同时认定也不是一定定终身。它有一个动态调整的机制，有 5 年的周期性复核，同时对师德师风问题是一票否决。因此即使获得了"双师型"教师的资格，也不能松懈，还有晋级的目标，否则 5 年之后还有调档，甚至会有认定被撤销的风险。

第三，要把握"双师"认定的工作导向，注重工作实际。教师参与认定工作不能突击凑条件凑材料，更不能弄虚作假。认定工作刚刚启动部署，各地各校也在陆续出台具体的实施办法细则，要按照省里和学校的具体安排来参加，后续这项工作作为一个常态化的工作，每年都组织实施，教师每年都有机会参加认定工作。学校鼓励教师获得各类职业资格证书、职业技能等级证书等，但并非为证书为奖项，更突出对理论教学和实践教学能力的考察，注重教学改革和专业建设的实际，大家要深刻认识通知内涵要求，根据自身的专业领域来选取有关的证书，或者提高有关方面的能力，避免盲目地跟风考证。

第二章 "双师型"教学团队建设理论与延伸研讨

第一节 "双师型"教学团队的演变历程及现状

一、"双师型"教学团队的演变历程

（一）"双师型"教学团队的政策背景

1995 年，国家教育委员会在《关于开展建设示范性职业大学工作的通知》中首次提出"双师型"教师概念，将其列为申请试点建设示范性职业大学的基本条件之一。1999 年，中共中央、国务院提出优化教师结构，建设全面推进素质教育的高质量的教师队伍，在职业教育方面，要注意吸收企业优秀工程技术和管理人员到职业学校任教，加快建设兼有教师资格和其他专业技术职务的"双师型"教师队伍。具体内容如下。

2006 年 11 月 3 日，教育部、财政部在《关于实施国家示范性高等职业院校建设计划加快高等职业教育改革与发展的意见》中提出，培养和引进高素质"双师型"专业带头人和骨干教师是实施国家示范性高等职业院校建设计划的具体任务之一，促进高水平"双师"素质与"双师"结构教师队伍建设。

在现实教育环境中，让所有的专业教师都真正具备"双师素质"确实是一项极具挑战性的任务。这并只是理论上的难题，不在实际操作中，由于各种复杂因素的影响，这一目标的实现变得异常困难。

目前，我国高职院校普遍面临着"双师型"教师比例不高的问题。尽管这些学校已经作出了很大的努力，包括加强教师的在职培训、引进具有实践经验的教师等，但实际效果并不理想。其中，既有教师个人能力和素质方面的原因，也有学校管理和政策引导等方面不足的原因。

从教师个人角度来看，要具备"双师素质"，不仅需要教师具备深厚的专业理论知识，还需要他们具备丰富的实践经验和技能。然而，在现实中，很多教师往往只擅长理论研究，缺乏实际操作的能力和经验。这使得他们在教学中难以将理论与实践相结合，难以满足学生的实际需求。

从学校管理和政策导向方面来看，高职院校在培养"双师型"教师方面还存在诸多不足。一方面，学校缺乏一套完整、科学的培训体系，无法为教师提供有效的在职培训和学习机会；另一方面，学校在引进和招聘教师时，往往过于注重学历和职称等硬性指标，而忽视了教师的实践经验和技能，这使得一些具有丰富实践经验的教师无法顺利进入学校任教，从而影响了"双师型"教师比例的提高。

（二）"双师型"教学团队的理论背景

高职院校"双师型"教学团队的建设是建立在一些经典理论之上的，如教师专业化发展理论激励强化理论、双因素理论、需要层次理论。

1. 教师专业化发展理论

最早明确提出教师专业化概念的是霍尔姆斯小组和卡内基教学专业研究工作小组。卡内基于 1986 年在教育与经济论坛上首次阐述这一概念，由霍姆斯小组在《国家为 21 世纪的教师们做准备》及《明天的教师》两份报告中正式提出。从这两份报告中，我们可以明确看到，提升教师素质和专业水平已成为当时美国教育改革的核心任务。此后，国际教育界亦开始聚焦于教师专业化的研究。在这一国际背景下，教师专业化发展问题逐渐受到广泛关注。

教师专业化这一概念具备客观性，其存在与发展并非受个人意志所左右，而是受到整个社会职业教育"专业化"趋势的深刻影响。进入 20 世纪 90 年代，教师的崇高职业地位在国际条例中首次得到明确，同时，教师的专业知识和专业技能亦被强调为至关重要的素质。

在我国，教师专业化同样得到了深入的研究与重视。著名教育学者顾明远教授指出，特别是"双师型"教师这一专业化的教学群体，对于高职院校的长远发展具有举足轻重的意义。教师专业化意味着，当一个人选择投身于教育事业时，便需不断充实自我、学习新知，加强相关专业的理论知识储备，提升实践技能和专业素养，以期成为高职院校专业知识与专业技能领域的引领者。

对于高等职业院校教师而言，专业化发展同样需要遵循这些要求，将培养目标的特殊性与专业教材的实践性紧密结合，践行终身学习的理念，不断丰富自身理论知识、提高实践技能和教学能力，努力向"双师型"教师专业化方向迈进，为推动我国高等职业教育事业的发展贡献力量。

2. 激励强化理论

激励强化理论由美国心理学家斯金纳创建。该理论主要关注当个体的内在需求或动机受到关注并得到妥善激励时，其相关需求和动机将得到进一步的增强，进而引导并维持员工的行为表现。当个体的主观能动性因得到恰当的激励而得到强化时，期望的行为将更有可能出现并长期保持，进而推动劳动生产率的显著提升。这便是激励强化理论的核心理念。

在现实工作场景中，激励无疑是影响个体工作行为最为关键的因素之一。特别是在高职院校教师的管理过程中，激励强化理论起到了重要的桥梁作用，有助于构建"双师型"与非"双师型"教师之间的紧密联系。管理人员在管理教师时，不仅需要从教学层面进行考量，还需从人性化的角度出发，深入了解教师的生活状况，以增强其归属感，并进一步提升其工作积极性和创造性。

在激励手段的运用上，主要包括物质激励和精神激励两大方面。精神激励的形式多种多样，如颁发奖金、评定职称、提供出国深造机会等；而物质激励则涵盖了生活住房条件的改善、提供津贴、优化劳动工作环境、完善医疗养老保险制度以及保障子女就业等方面。在实际操作中，需根据教师的个体差异和具体需求，灵活选择适当的激励方式，以达到最佳的激励效果。

3. 双因素理论

双因素理论，即"激励—保健"因素理论，由美国行为科学家赫茨伯格在 20 世纪 50 年代后期提出。该理论指出，保健因素与激励因素在员工工作状态中发挥着共同且不同的作用。保健因素主要涉及工作环境与条件，如企业的管理与政策、部门监督、工作条件、同事关系、薪金待遇、地位安定等。妥善处理这些保健因素，有助于维持员工的工作积极性，并降低或消除其不满情绪。然而，保健因素主要发挥的是"维持"作用，对于激发员工的内在动力，其效果相对有限，因此亦被称为"维持因素"。

相较之下，激励因素则与工作内容、成果及个人成长发展紧密相关，包括个人成就的认可、领导的赏识、具有挑战性的工作任务、工作责任的承担以及成长与发展的机会等。这些激励因素能够有效提升员工的工作满意度，降低消极情绪，从而激发其工作积极性和创造力。

在高职院校中，"双师型"教师发挥着举足轻重的作用。因此，学校应高度关注教师的发展动态，运用双因素理论调动其积极性。具体而言，一方面要关注保健因素，努力优化工作环境与条件，降低教师的不满情绪；另一方面，要更加注重激励因素的运用，合理安排教师的工作时间，保障其有足够的自由支配时间，同时关注教师的个人成长与发展，改善工作办公环境，提供培训与晋升机会，并适时给予肯定与鼓励。在运用双因素理论时，学校应坚持适度原则，确保各项措施既符合教师的实际需求，又能够有效激发其工作动力。

4. 需求层次理论

需求层次理论，由美国心理学家马斯洛于 1943 年提出，其核心观点在于将人的需求划分为低级需要与高级需要两大类别。具体而言，低级需要主要包括生理需求与安全需求，而高级需要则涵盖爱与归属、尊重及自我实现等多个层面。通常情况下，低级需求更多地依赖于外部条件的满足，而高级需求则更多地依赖于个体内部的自我实现与成长。

在不同的环境中，这些需求可能会同时存在，但往往只有在低级需求得到满足后，高级需求才会逐渐凸显。值得注意的是，不同需求在个体生活中的主导地位可能会随时间和情境的变化而有所调整。

从理论层面分析，尽管需求能够激发个体的动机与行动，但并非所有需求都能产生强烈的激励效应。这主要取决于个体对特定需求的渴望程度。一般而言，低级需求的激励效应相对短暂，一旦得到满足，其激励作用便迅速减弱；而高级需求的激励效应则更为持久，即使在得到满足后，仍能持续激发个体的积极性与创造力。

在"双师型"教师的自我职业发展过程中，需求层次理论发挥着至关重要的作用。长期以来，我国职业教育领域存在"重学轻术"的倾向，导致职业院校教师的社会地位与收入待遇普遍偏低。根据马斯洛的需求理论，这实际上反映了教师的职业安全需求未得到充分满足的现状。

因此，在未来的职业院校发展中，国家和学校应高度关注教师的基本职业安全需求，通过政府财政政策的支持和学校对教师物质需求的关注，努力解决教师在住房、工作环境、工资和福利等方面的实际问题。只有当这些基本需求得到满足后，教师才更有可能全身心投入教学和科研工作，实现个人内在发展需求的满足与职业成长。同时，学校还应关注教师的精神需求，采用有效的激励手段，激发其工作热情与创造力，推动职业教育事业的持续发展。

（三）"双师型"教学团队的不同发展阶段

1."示范校"建设后，"双师型"教师多元化被提出

（1）"双师型"教师多元化下的"双师型"教学团队

关于"双师型"教师内涵的深入探究，学术领域主要形成了两种截然不同的观点，即一元论和二元论。一元论的研究者们坚持认为，"双师型"教师的核心理念应聚焦于教师个体所具备的双重素质的培养之上。这一观点反映了我国职业学校在办学过程中展现出的相对封闭性特点，体现了学校教育形态下对师资队伍素质的独特要求。

从对教师所需硬件和软件条件进行深入剖析的角度来看，一元论的理论框架进一步细化和丰富。在硬件方面，"双职称"理论强调教师应具备学术和教学双重职称，以体现其在教学与科研方面的综合能力；"双证书"理论则注重教师持有专业技能证书与教师资格证，以证明其专业技能与教学水平的双重认可；"一证书一职称"理论则是对前两者的融合，要求教师在某一专业领域既具备专业证书，又拥有相应的职称，以确保其专业素养和教学能力的均衡发展。

在软件方面，一元论同样提出了"双软件"理论，该理论强调教师应

具备"双素质"或"双能力"，即既要有扎实的专业理论基础，又要有丰富的实践经验和教学能力；此外，"软件和硬件相结合"理论也颇受推崇，如"学历证书+实践经历"理论，它要求教师在拥有高等教育学历的同时，还需具备一定的实践工作经验，以更好地将理论知识与实践教学相结合。

相比之下，二元论则持有不同的观点。该理论认为，"双师"特性应作为高职院校教师队伍的显著特征和整体风貌。徐平利等学者作了进一步阐释，即"双师"团队应由企业兼职教师与学校专职教师共同组成，这种组合方式能够充分发挥双方在专业领域和实践经验上的优势，使得教学过程更具开放性、任务驱动性和项目导向性。通过这种方式，学生们不仅能够接触到前沿的理论知识，还能在实践中锻炼技能，提高解决实际问题的能力。

总之，无论是坚持一元论还是二元论，对于"双师型"教师内涵的理解与探讨都旨在提升职业教育的质量和水平，培养更多具备理论与实践双重能力的高素质人才。

（2）"双师型"教师培养路径研究

培养"双师型"教师、建设"双师型"教师团队是高职学校提高教学质量、扩大市场占有率的重要措施。

在宏观层面上，研究者普遍认为，在职业教育领域，国家需依据《中华人民共和国教师法》及职业教育的特性，从学历背景、专业技能知识、师德师风等多维度明确文化课、专业课教师以及实习指导教师的准入标准，并构建完善的职业学校教师准入机制。此外，研究者建议，国家应建立职教师资培养培训基地，以强化职教师资的专业技能培训和鉴定工作。同时，省级教育行政部门亦应设立教师基本职业技能培训和鉴定中心，针对有志于投身教育事业的非师范专业技术人员开展有针对性的培训和考核工作。再者，为激发企业参与职业教育改革的积极性与主动性，政府部门需通过法律与政策手段协调高职学校与企业间的合作关系，推动职业教育走向社会化，并提升企业履行社会责任的意愿。研究者还呼吁国家出台相关政策，使职教师资的职称评审与聘任制度更加贴近职业教育的特性，体现人性化原则；同时，应加大对学校从社会一线引进优秀专业技术人才的支持力度。

在微观层面，研究者结合理论与实践，深入探讨了职教师资职前培养与职后培训的理想模式与现实模式。在职前培养方面，卢双赢以天津工程师范学院为例，介绍了其"本科+技师"一体化的人才培养模式。多数研究者则一致认为，校企合作、产学研相结合是职教师资职后培训的重要途径，有助于提升教师的职业素养和实践能力。

贺文瑾等人提出，应构建一种由"大学、高职学校、企业"共同参与的三元合作培养机制，以培养出符合市场需求的职教师资队伍。刘勇则强调，为提升专业教师队伍的"双师"素质，需组建一个结构合理的教师团队。该团队结构应包含两方面内容：一方面，专业教师队伍内部应确保理论型教师、技能型教师及"双师型"教师之间保持适宜的比例关系。另一方面，应优化双素质教师的类别结构与层次结构。其中，类别结构侧重于"双师型"教师中兼职教师所占的比例，而层次结构则强调"双师型"教师队伍内部应形成由不同经历、不同水平构成的动态、开放的梯队结构。

徐平利强调，必须摒弃传统的以学校为中心的"校企合作"思维模式，以及僵化单一的课程内容与教学方式，积极构建工学紧密结合的互动组合教学团队。这一团队应由学校与企业双方共同参与，形成互动、合作、利益共享的新型关系。政府应通过立法或出台相关政策，积极协调企业与职业学校之间的合作关系，努力寻找并实现双方利益共赢的均衡点。

（3）关于"双师型"教师培养中存在的问题

多年来，各高职学校在培养"双师型"教师中积累了丰富的经验，也发现了许多问题。研究者分别研究了政府、高等院校、高职学校和企业在教师培养过程中存在的问题。

贺文瑾等学者深入研究了职教师资队伍的现状，他们指出，导致职教师资队伍整体水平偏低的直接原因主要在于缺乏完善的职教师资准入程序、严格的准入标准以及强有力的人才吸引机制。目前，我国在职业教育师资的选拔和认证方面尚未形成统一且严格的标准，这导致了师资队伍中存在参差不齐的现象，部分教师的专业素养和教学能力并未达到应有的水平。同时，缺乏有效的人才吸引机制也制约了优秀人才的加入，使得职教师资队伍的整体素质难以得到有效提升。

徐平利则从学校和企业的角度对"双师型"教师培养过程中存在的问

题进行了剖析。他认为，在培养过程中，学校和企业往往缺乏足够的社会责任感，合作意识也相对较差。学校方面，部分高师院校在培养目标、培养模式和培养课程上存在着不到位、不科学、不合理的问题，这导致职教师资在入行前就难以具备"双师"素质。而企业方面，由于缺乏有效的合作机制和政策支持，企业往往对参与职业教育师资培养缺乏积极性，这也制约了"双师型"教师队伍的建设。

此外，高职院校在教师职后培训方面也存在诸多问题。一方面，缺乏长期的培训计划，导致教师的专业发展缺乏持续性和系统性；另一方面，培训机制不灵活，培训内容缺少个性化，使得培训效果难以达到预期。同时，评价标准缺乏发展性和激励性，也影响了教师参与职后培训的积极性。这些问题共同导致了教师职后培训质量差的现状。

在兼职教师的聘用与管理方面，也暴露出一些问题。由于兼职教师聘用机制不健全，缺乏有效的管理和考核机制，使得兼职教师的教学质量和稳定性难以得到保障。这也进一步影响了"双师型"教师队伍建设的科学性和有效性。

2. 新评估方案指导下的"双师型"教师教学团队建设

（1）新评估方案中高职院校教师类型的划分

新评估方案将高职院校教师分为四种类型：校内专任教师、校内兼课教师、校外兼职教师和校外兼课教师。虽然每类教师定位、任职资格和在人才培养过程中承担的任务不同，但他们都是师资队伍的有机组成部分，在人才培养工作中都发挥着不可替代的作用。

①校内专任教师，是指具备高校教师资格，并全职从事教学工作的教师群体，其中亦包含那些虽未正式在编，但已正式签约聘用的全职教师。鉴于高等职业教育的独特性质及人才培养的明确目标，高职专业课教师不仅需要具备扎实的专业实践能力，更应拥有出色的相关专业执教能力，从而成为名副其实的"双师型"教师。

新评估方案的出台，旨在引导和激励高职院校进一步加大聘任和培养"双师型"教师的力度，以显著提升"双师型"教师在校内专任教师及兼课教师队伍中的比例。作为教师队伍的核心组成部分，校内专任教师以其稳定性著称，在日常教学过程中主要承担基础课和专业课的主讲职责，对于保障和提升教育质量具有不可替代的作用。

②校内兼课教师系指那些符合高校教师资格标准与教学规范，承担教学任务的在编教职工以及已正式签署聘用协议的非专职教学人员，同时亦包括退休后被学校返聘的资深教师。本校积极倡导并支持具备教师资格的行政人员适度参与课程教学工作，此举旨在为他们创造更多深入课堂、亲身体验教学一线的机会，从而有助于推动其专职工作的持续发展，并有效缓解学校师资力量的短缺问题。

③校外兼职教师专指聘请来校兼课的一线管理、技术人员和能工巧匠。聘请校外兼职教师主要是为了弥补校内教师在讲授应用性课程方面的不足，有利于加强学校与行业、企业的联系，扩充教学内容，加强课程的针对性、实践性，使人才培养与社会需求相对接。在人才培养过程中，校外兼职教师主要承担应用性课程或实践教学方面的任务。

④校外兼课教师，即学校所聘请的来自校外的专职或退休教师，用以补充和丰富我校的教学资源。此类教师在来校兼课前，必须满足高校教师的基本条件和教学要求，并与学校签订正式的聘任协议，以确保其能够承担一定学时的教学任务。

高职院校聘请校外兼课教师，旨在实现教学成本的节约、师资队伍的灵活性提升以及校际的深入交流。然而，由于校外兼课教师普遍具有较大的流动性，若聘请数量过多，则可能对师资队伍的稳定性造成不利影响。因此，在聘请校外兼课教师时，需秉持适度原则，确保师资队伍的健康发展。

具体而言，对于部分课时量较少的选修课，可通过聘请校外兼课教师来降低师资成本，此举值得鼓励和推广。同时，针对某些专业领域的紧缺教师，也可通过聘请校外兼课教师实现校际的资源共享，以缓解教学压力。然而，此类做法并非长久之计，学校仍需注重本校教师的培养和引进，以确保师资队伍的稳定性和可持续性。

对于已聘请的校外兼课教师，学校要充分发挥其在教学过程中的"传、帮、带"作用，通过他们的丰富经验和专业知识，促进本校教师的成长和提升。同时，学校也要加强对校外兼课教师的管理和考核，确保其教学质量和教学效果，为学校的教学工作提供有力保障。

（2）新评估方案对高职院校"双师型"教学团队的指导意义

①在统筹协调、整体优化的基础上分类推进。鉴于各类教师在教育系统中的定位、任职资格以及人才培养过程中所担负的职责各有差异，因此应当针对不同类别教师确定相应的侧重点。具体而言，对于基础课程的专任教师，应着重提升其学历层次和职称等级。对于专业课程的专任教师，则应强调技能水平的提升，通过顶岗实践、挂职锻炼、兼职教学等多种方式增加其企业一线工作经验，进而增强其实践教学能力；而对于兼职教师，则应当通过持续的培训等多种手段，不断加强其教育教学能力，并逐步提高其承担实践课程教学的比例。

②实现个体"双师型"教师与整体"双师型"教学团队的有机结合。将校内教师精心培育成"双师型"教师，已成为高职院校师资队伍建设的核心目标之一。然而，目前我国职教教师的数量明显不足，且他们在专业知识与实践教学能力方面尚显薄弱。此外，随着新岗位的持续涌现以及岗位技术的迅猛进步，高职院校在培养"双师型"教师方面仍面临着较大的挑战，难以充分满足教学的实际需求。

为有效应对这一难题，高职院校可考虑通过构建"双师型"教学团队的方式加以解决。具体而言，即要实现教学团队内部专、兼职教师的合理搭配与协作，使人才培养不再依赖于单一的既具备理论素养又具备实践经验的"双师型"教师个体，而是依托整个"双师型"教学团队的整体力量共同完成。通过这种方式，高职院校可以更有效地提升教师的整体素质，进而提升教学质量，培养出更多符合社会需求的高素质人才。

③把握好教师聘用的标准。新评估方案在重视教师学历、职称等基础性资格的同时，更加注重对教师的专业能力进行全面、深入的考察。这不仅是对教师个体综合素质的全方位评估，更是对高职院校教育质量的有力保障。

在实施新评估方案的过程中，各高职院校应深刻认识到，教师的学历和职称固然重要，但更关键的是教师的实际教学能力和专业素养。因此，在聘用教师时，各高职院校应将注意力从过分强调学历转向更加注重教师的实际能力。

为了实现这一目标，高职院校应积极采取"不为所有，但求所用"的方针，不拘一格地吸纳来自社会生产、建设、管理和服务等各行业一线的优秀人才作为兼职教师。这些兼职教师不仅具备丰富的实践经验，还能够将最新的行业动态和技术成果引入课堂，为学生提供更加贴近实际的教学内容。

通过广泛聘请兼职教师，高职院校可以逐步建立起一支"双师型"教学团队。这支队伍既具备扎实的理论素养，又拥有丰富的实践经验，能够为学生提供更加全面、深入的教育教学服务。同时，这也将有力地推动高职院校的教育教学改革，提升整体教育质量和水平。

3. 2019 年职教 20 条和"双高计划"后

"双高计划"建设项目要求对专业建设进行整体考虑和重构，对教学团队的专业建设能力提出了全方位的要求。在社会服务能力方面，技术创新、社会服务是"双高计划"建设的难点，在国际服务能力方面，随着经济全球化、"一带一路"倡议的深度进展，我国在国际事务中发挥着越来越重要的作用，而职业教育是国际化服务的巨大支撑，国际化服务要求"双高计划"下的教学团队具有多元化能力。"双师型"教学团队在原有"双师"结构的基础上，还应提升以下素质和能力。

①提升师德素养。在新时代背景下，具备坚实的思想政治素质已成为高尚师德的核心要义。为此，职业院校教师必须全面贯彻落实新时代党的教育方针，坚定树立科学的教育观念，并始终坚守立德树人根本任务。需深化"三全育人"改革，构建"五育并举"的全方位育人体系，以"师德铸魂"培养方案为指导，举办优秀教师事迹报告会，开展"身边的榜样"系列评选表彰活动，同时加强专项教学督导和教学检查，举办教师业务能力系列大赛等，从而完善考核激励机制和监督机制。

在考核过程中，应突出教书育人的实际成效，重点考察教师的职业道德、育人成果以及教学态度。在推进"双高计划"建设的过程中，我们更应锤炼高尚的道德情操，大力传承和弘扬新时代职业教育精神。通过"双高计划"建设，不断提升教学团队的师德素养，实现专业精神、职业精神与工匠精神的深度融合，全面提升教师的师德素养，为培养更多高素质技术技能人才贡献力量。

②提升专业教师的课程思政能力。为了切实保障思政育人的有效性，加强专业教师课程思政能力建设显得尤为关键。为此，专业课程教师应积极学习并深刻领会党中央的重要讲话精神，将其融入日常教学和实践中，确保理

论与实践相结合。

针对复合型技术技能人才的培养目标，通过实施"课程思政示范项目教学能力提升"培训计划，使教师能够深入挖掘社会主义核心价值观、工匠精神以及新时代精神等思政元素，并巧妙地将这些元素融入专业课程教学中。同时，教师应根据专业内容的特点，重构模块化课程体系，灵活采用多种教学方法，并组织开展分工协作的模块化教学，以提升教学效果和教学质量。

但随着网络的普及和新媒体技术的广泛应用，虽然学习资源和路径得到了极大的拓展，但同时也给传统思政教育带来了挑战。部分学生可能对传统的思政教育内容和形式产生抵触情绪，从而影响思政教育的效果。因此，新时代的教师需要积极应对这一挑战，将现代信息技术与教育教学紧密结合。

教师可以利用新媒体技术重组课堂结构，深入思考课前、课中、课后三个环节的有机衔接。同时，充分利用全国高校思想政治理论课教师平台等线上资源，统筹线上线下教育教学活动，构建一个"建构—解构—重构"的思政教育过程。此外，教师还可以利用新媒体、云计算、大数据等技术手段，拓宽学生的思想政治教育空间。如通过实施"VR 沉浸式思政体验"教学项目。创建逼真的 3D 场景，模拟工业制造业中的危险情境和典型任务实操场景，使学生通过体感反馈模块实现信息操作的交互反馈，从而更直观地感受工匠精神和了解实际操作中的危险因素。这种教学方式不仅有助于增强学生的安全意识，还能在潜移默化中提升学生的思想道德素质，增强思政育人的效果。

③提升教育教学能力。以提升教师教学能力为核心目标，依据国家关于"双师型"教师的指导要求，策划并实施专业负责人能力培养计划。通过"分层培养，分类培养"的科学培养策略，选派专业带头人赴相关院校或企业深入学习先进的职业技术教育理念与人才培养经验，旨在将专业负责人培养成为引领专业建设的杰出人才。

同时，制定中青年教师业务提升计划、企业实践锻炼计划以及技能竞赛计划，通过组织教师参与专项培训、赴对口企业挂职锻炼、指导竞赛及创新活动以及参与教学改革项目等多种途径，旨在将骨干教师培养成为课程建设、专业建设的核心力量。

此外，通过举办专项能力培训班、组织教师参与国家职业技能鉴定高级考评员培训，以及推广泛雅平台、移动学习通平台和智慧教室平台等应用培训，旨在有效提升中青年教师的教学业务能力、信息技术应用能力和职业技能等级能力。

为进一步优化教师资源配置，我们实施了"以岗分类"工程，根据教师的能力与特点，将其分为"教学为主型""科研为主型"和"社会服务型"三类。针对不同类别的教师，我们制定了不同的培养重心，分别为责任与素养、高端与梯队、"双师"与协同。通过实施分工协作教学与技术服务模式，我们旨在提升教师的团队协作能力，共同推动教学质量的持续提升。

④提升专业建设能力。"产赛教融合"作为践行产教融合的创新型专业建设模式，有效提升教师的专业建设能力。其核心策略在于通过"创新搭台、技能比武"的形式，整合校内外的优质资源，搭建起校际协同教学的创新平台。这一模式旨在针对专业发展方向，紧密对接典型工作任务，构建真实的教学情境，并依据实际工作流程和职业标准，精心编写指导手册和培训资料。同时，明确竞赛的具体操作步骤、技能要点以及评分细则，通过竞赛活动，不仅揭示了教学与生产实践之间的差距，以及不同学校之间的教学差异，而且促进了学校与学校、学校与企业之间的紧密合作。

这一模式的实施，形成了教学—练兵—竞赛—交流的良性互动循环，科学运用了职业专业建设理论，通过"岗课赛证融通"的方式，对课程体系进行模块化重构，开发活页式教材，并推行"教学做"一体化的校企双导师教学模式。在此过程中，学校专任教师主要负责规范教学和常规指导，而企业兼职教师则侧重于提供技术指导。

通过多维度、深层次的产教融合，在专业、课程、教学等多个层面深化产教融合的实践。同时，这一模式也有效连接了各校的专业建设，形成校际互利共赢的命运共同体，进一步推动校校之间在专业技术创新、教学资源开发、实训设施设备共享等方面的全面深度合作。最终，这些努力共同促进教师专业建设能力的全面提升。

⑤提升社会服务能力。深化产教融合，共建产教融合人才培养联盟、应用技术研发服务基地、教学名师—技能大师技能工作室、共享型实训基地等"校企协作共同体"，完善校企"双师型"教学团队建设协同工作机制，依照学校"柔性人才"标准，实施"双岗互聘"与"固定岗+

流动岗"模式，构建由教学名师、专业名家、行业工匠组成的多专业跨界的育人团队，分批次、分技术模块派遣团队骨干教师前往企业参与企业项目和技术技能培训考核，及时将职业标准融入课程标准，将专业知识与专业技能融入实训项目。团队成员多向流动、多栖发展，增强产学研合作，共同开展科研活动，进行成果转化，促进教学改革和产业发展，切实做好老中青年龄梯队的"传帮带"，不断优化创新团队成员结构，不断提升团队服务社会的能力。依托教学工场，为广西农村投资集团开展继电保护技术培训班，培训基层水电技术人才，为企业与职业院校开展"机械产品三维模型设计""机械工程制图"、1+X 职业技能等级证书培训考核。

⑥提升国际化专业能力。高职院校应始终坚持"引进与输出相结合""国际化与专业化同步推进"的原则，将职业教育水平先进的国家作为主要学习目标。依托政府、职业教育集团等平台，构建政府—行业—企业—学校多方合作体系，充分利用教育系统优秀教师出国留学深造项目，精心选派团队教师赴国外先进职教机构进行深入学习交流，以强化教学团队与世界职业教育先进团队之间的紧密联系与深入对话。同时，我们积极邀请国际知名职教专家来校进行指导，举办系列讲座，传授职业教育的前沿理念与成功经验。

在国际化办学方面，如与法国施耐德合作开展"电气绿色低碳产教融合项目"，在德国推进"中德先进职业教育新能源汽车技术项目"，旨在学习借鉴先进国家在培养创新人才、促进科技服务行业发展方面的成功经验，以及职教课程开发模式、管理创新体系、教师教学能力培训方法等，从而不断提升我国职业教育的质量和水平。

二、"双师型"教学团队的建设现状

（一）建设目标缺乏系统构建

在"双师型"教学团队的建设过程中，往往面临着一种挑战，那就是如何更好地兼顾团队整体与成员个体成长发展的需要。这一挑战的核心问题在于，如何有效地将团队每一位成员的个性化发展与团队最终的发展目标相结合。然而，当前许多"双师型"教学团队在这一方面做得并不够好，导致团队成员在发展过程中常常感到迷茫和缺乏方向。

具体来说，部分教师表示他们对"双师型"教学团队的建设目标认识不够明确。他们往往对个人发展目标和团队发展目标感到模糊，不知道如何在实现个人成长的同时，也为团队的整体发展作出贡献。这种模糊性使得他们在具体的发展和建设过程中缺乏明确的导向，难以把握方向。

这种问题的根源在于，"双师型"教学团队的建设目标未能将团队整体目标与个体目标进行系统的构建。团队的整体目标往往过于宏观和笼统，缺乏具体的操作指南和实施步骤，使得成员们难以将其转化为个人的发展目标。同时，团队成员的个性化发展需求也未能得到充分的考虑和满足，导致他们在发展过程中感到束缚和限制。

为了解决这个问题，需要重新审视并优化"双师型"教学团队的建设目标。首先，应该明确团队的整体目标，并将其细化为具体的任务和指标。这样，团队成员就能更清楚地了解团队的发展方向和期望成果，从而有针对性地制定个人的发展目标。其次，应该充分尊重并关注团队成员的个性化发展需求。每个成员都有自己的特长和兴趣点，应该鼓励他们在团队中发挥自己的优势，实现个人价值。同时，也应该为成员提供多样化的发展机会和平台，帮助他们拓宽视野、提升能力。

此外，还可以通过加强团队成员之间的沟通和协作来促进团队整体与个体发展的融合。团队成员之间应该建立起良好的合作关系和信任关系，共同分享经验、交流想法、解决问题。这样不仅可以提高团队的凝聚力和向心力，还可以促进成员之间的互相学习和成长。

解决"双师型"教学团队建设过程中团队整体与成员个体发展融合的问题是一个复杂而重要的任务。需要通过明确目标、关注个性化需求、加强沟通和协作等多种手段来推动团队的整体发展和成员个体的成长。只有这样，才能建立起一个既具有凝聚力又充满活力的"双师型"教学团队，为教育事业的发展贡献更多的力量。

（二）成员培养难，教师职业认可度低

在当前国家的教育体系中，高职院校作为培养实用型技能人才的重要

基地，其办学条件和师资水平直接关系到人才培养的质量。因此，国家对高职院校的办学条件提出了明确的要求，并对高职教师的素质进行了严格的评估。

首先，从办学条件来看，国家普通高职院校的生师比是一项重要的指标。优秀的生师比标准为16∶1，这意味着每16名学生应该配备1名专任教师，以确保教学质量和学生的学习效果。而合格的标准则为18∶1，虽然相对宽松一些，但也足以说明国家对高职院校师资配备的重视程度。

然而，仅仅满足生师比的要求还远远不够。高职相关的人才评估方案进一步强调了"双师素质"专任教师的重要性。这里的"双师素质"指的是教师既具备理论教学能力，又具备实践操作能力，能够指导学生进行实践操作和解决实际问题。评估方案规定，"双师素质"专任教师比例的合格标准是50%，这意味着高职院校的专任教师中，至少有一半应该具备这种双重素质。然而，尽管有这样的要求，但"双师素质"的质量却难以百分百保证。这主要是因为一些教师可能只是通过短期的培训或学习获得了相关的实践操作能力，并没有真正将理论与实践相结合，因此其教学质量和实践指导能力仍有待提高。

其次，高职教师的职业信念是影响教学质量和师资队伍稳定性的重要因素。一些高职教师对于自己是否可以定义为大学教师很不自信，这主要源于对高职教育的认识不够深入和全面。他们可能认为高职教育只是培养一些简单的技能，并不需要太高深的理论知识，因此对自己的专业能力和价值产生怀疑。同时，也有一些教师将高职教师的工作视为一份谋生、被动的工作，缺乏积极性和主动性。这种职业信念的微弱和不稳定导致了高职教师在工作态度和职业价值观上的偏差，对高职教师这一工作的喜爱度与认可度不高。

这种职业信念的影响不仅体现在教师个体的行为上，更对整个高职院校的师资队伍稳定性产生了负面影响。具有逐利型价值取向的教师往往更容易被更有利可图的对象所吸引，导致他们频繁更换工作单位或岗位。这不仅使得高职院校难以形成稳定的师资队伍，也增加了学校的管理难度和成本。同时，这种不稳定性也削弱了教师主动转化为"双师型"教师的意愿，因为他们可能更倾向于追求眼前的利益，而忽视了个人专业能力的持续发展和提升。

因此，为了提升高职院校的教学质量和师资队伍的稳定性，需要在满足生师比和"双师素质"专任教师比例的基础上，进一步加强高职教师的职业信念教育。通过深入宣传高职教育的理念和价值，帮助教师树立正确的职业观念和价值观，增强他们的自信心和归属感。同时，学校也应该建立完善的激励机制和培训体系，鼓励教师不断提升自己的专业能力和素质，实现个人价值和学校发展的双赢局面。

（三）师资培训效果有待提升

高职师资队伍培训效果有待提升，主要表现为以下几个方面：培训过于注重形式、培训路径不明朗、培训后缺乏考核评价机制。

1. 培训过于注重形式

在当前高职院校的教育体系中，"双师型"教师队伍的培训显得尤为重要。然而，令人遗憾的是，目前许多高职院校在"双师型"教师队伍培训方面过于形式化，实质性内容相对较少，这在一定程度上影响了教师队伍的整体素质和教学水平。

对于高职院校这类兼具高教性与职教性特点的学校而言，教师不仅要具备扎实的理论素养，还需要拥有丰富的实践经验和技能。因此，在培训过程中，高职院校应该更加注重实践实操技能的培训，以及岗位实践技能的提升。通过实际操作和模拟演练，教师可以更好地掌握相关技能，并将其应用于实际教学中，从而提高学生的实践能力和综合素质。

然而，当前高职院校在"双师型"教师队伍培训方面往往存在一些问题。首先，培训形式过于单一，往往采用传统的讲座式教学方式，缺乏实践环节的引入和深入。这种培训方式往往让教师感到枯燥乏味，难以真正掌握相关技能。其次，培训内容缺乏针对性，没有根据教师的实际需求和教学特点进行量身定制。这导致教师在培训过程中难以获得真正有用的知识和技能，也无法将其有效应用于实际教学中。

2. 培训路径不明朗

高职院校"双师型"教师队伍的培训路径不明朗。高职院校"双师型"教师队伍实践技能培训多在培训平台和少数企业。第一，高职院校的高教性和职教性使其目前只能在高校培养，而培训只能去相应的培训平台和企业进行。培训平台的人员可容纳性有限，进而造成培训作用的发挥难以满足所有高职院校的需求。第二，校企合作的推进正在进行，但是由于各种原因，校企合作的企业项目不够多。一方面，参与校企合作的企业数量不够，另一方面，参与校企合作的企业积极性不高，学校和企业在教师入企业培训并没有找到合适的方法和模式，企业在合作中未能获得合适的利益点，于企业来说意义不大。第三，关于校内培训、省内培训、国培和国际培训方面，校内培训和省内培训是多数教师能够接触到的，而国培和国际培训仅限于足够优秀的教师参加，普通教师仅有偶尔几次的校本培训。在这种大环境下，教师培训的路径也不甚明朗。

3. 培训后缺乏考核评价机制

高职教师在培训后缺乏考核评价机制。培训后的考核评价对于参训者和培训者都有着很重要的作用，既能检查参训者的培训效果，提高参训者的能力，也能使培训者及时修正培训内容和方式方法，优化培训，类似于教学反馈。对比国外，如德国、英国、澳大利亚等国家，这些国家的职业教育对比我们国家是比较发达的，都对职业院校师资培养的进程与结果实施严密监测，全面掌握师资参培的基本现状与要求①。

当前，高职教师在接受培训后往往缺乏一套科学、全面且深入的考核评价机制。这样的状况对于参训教师以及培训组织者来说，都是不小的困扰。培训后的考核评价不仅是对参训者学习成果的检验，更是提升他们专业能力的关键一环。同时，对于培训者来说，这也是一个及时获取反馈、修正培训内容和方式、优化培训效果的重要机会。

对于参训教师而言，在缺乏有效考核评价机制的情况下，参训教师往往难以全面、深入地了解自己在培训中的表现以及所取得的进步。他们可能会因为缺乏明确的反馈而对自己的学习成果产生疑虑，进而影响到他们在实际教学中的运用。此外，由于缺乏对培训效果的持续关注，参训教师也可能无法充分利用培训所学到的知识和技能，进一步提升自己的教学水平。

---

① 覃礼媛. 粤西地区高职院校师资队伍建设研究［D］. 广东技术师范大学, 2019.

对于培训组织者而言，缺乏考核评价机制意味着他们难以了解培训的实际效果，难以发现培训过程中存在的问题和不足。这样一来，他们就无法对培训内容和方式进行有针对性的改进，从而影响到整个培训体系的优化和完善。

对比国外一些职业教育较为发达的国家，如德国、英国、澳大利亚等，我们可以发现他们在职业院校师资培养方面有着更为严密的监测机制。这些国家不仅关注师资培养的过程，还注重对培养结果的全面评估。他们通过制定详细的评估标准和方法，对参训教师的表现进行客观、公正的评价，从而确保师资培养的质量和效果。

然而，在我国多数高职院校中，师资培训往往被视为一项例行任务来完成。培训后的效果检测多采用形式化的测验方式进行，往往缺乏对培训实效性的真正关注。这样的做法不仅难以真正反映参训教师的实际水平和能力，也难以对培训内容和方式进行有效的改进和优化。

（四）团队成员互动合作不够紧密

当前，高职院校的教师队伍主要依赖于高校毕业生。尽管国家层面已经明确规定，原则上应招聘具有三年以上工作经验的教师，然而在实际操作中，由于高职院校的教师需求与人才市场的适配性并不理想，导致高职院校在招聘过程中往往需要在实践经验这一要求上作出妥协，降低招聘标准，以应对教师短缺的问题。

在高职院校中，建设"双师型"教师团队是提高教育教学质量和促进学生全面发展的关键一环。然而，当前高职院校的"双师型"教师团队构成中，真正具备三年及以上企业工作经验的成员数量相对较少。大部分"双师型"教师的实践经验往往是通过间断性的、短期的企业实践来积累的，这种方式的实践经验往往难以全面深入地了解行业、企业和岗位的实际需求，从而导致其在教学和科研工作中难以做到与岗位、行业、产业紧密接轨。

此外，高职院校中的企业兼职教师在教学工作中也面临着一些问题。虽然他们具有一定的实践经验，但往往只承担课时总量20%的理实一体化授课任务，很少直接参与团队各类建设项目。这种现象使得"双师型"教学团队的知识与能力结构显得不够均衡，特别是在实践实操能力方面，难以满足理实一体化教学的需求，难以有效推动教学和科研工作的同步发展。

在"双师型"教师团队中，专业带头人和骨干教师起着至关重要的作用。然而，他们普遍反映教学和科研任务繁重，除了单位安排或上级主管部门要求的合作任务外，很少有时间去开展其他形式的沟通与合作。这种现象不仅影响了"双师型"教师团队内部的紧密互动和合作，也制约了团队内部的有效组织和内生动力的发挥。

（五）评价激励有待强化

在当前高职院校的教育体系中，年度考评体系和职称评聘体系是对教师评价的重要依据。这些体系在考核教师的综合素质、教学效果、科研能力等方面，确实起到了积极的作用。然而，我们也不得不正视其中存在的一些问题和不足。

首先，现行的教师考核评价内容虽然较为全面，但在实际操作中，往往无法完全兼顾日常工作的诸多方面。特别是对于教师"双师型"素质提升相关方面，当前的考核评价体系显得力不从心。所谓"双师型"教师，即指既具备扎实的专业理论知识，又具备丰富的实践经验和技能的教师。然而，在当前的考评体系中，对于这部分内容的考核往往显得较为笼统和模糊，缺乏具体的量化指标和评价标准。

其次，现行的激励反馈政策在惠及"双师型"教学团队整体和团队成员方面也存在一定的局限性。由于激励政策的制定往往基于整体而非个体，因此很难满足团队中每个成员的实际需求。这在一定程度上抑制了团队成员的积极性和创造性，不利于激发普通教师提升个人技术技能水平，向"双师型"教师转变。

此外，高职教师的教学科研能力也是当前亟待提升的一个方面。由于高职教育的特殊性质，高职教师不仅需要承担繁重的教学任务，还需要在科研方面作出一定的贡献。然而，现实中很多高职教师的教学工作量都比较大，导致他们在科研方面的投入相对不足。同时，由于部分教师的科研能力有限，他们在专业领域的影响力也相对较弱。

对于隶属于高等教育的高职教育来说，其高教性和职教性特征的双重性，要求优秀的高职教师必须兼顾理论知识与实践技能。这既是对教师个体能力的挑战，也是对高职院校整体教学质量的要求。因此，高职教师不仅需要在教学实践上下功夫，还需要在科研方面不断追求创新，提升自己的学术水平。

然而，当前大部分高职院校在"双师型"教学团队的考核评价体制机制方面仍存在不足。一方面，现行的考核评价体系往往过于注重形式而忽视了实质，未能科学评估团队及个体付出的努力和成果；另一方面，激励政策也缺乏针对性和有效性，无法满足团队整体以及个体的发展需求。

高职院校现行的教师考核评价体系在促进教师"双师型"素质提升和激发教师科研能力方面还存在一定的不足。为了改善这一状况，高职院校应进一步完善考核评价体系，加强对"双师型"教师素质的考核和激励，同时鼓励教师积极参与科研工作，提升自己的学术水平和影响力。只有这样，才能培养出更多优秀的高职教师，推动高职院校教学质量的不断提升。

三、"双师型"教学团队问题分析

（一）制度因素

1. 教师资格制度与选聘机制不完善

资格制度是各种类型教育认定教师具有何种任教资格的制度。中小学有其相应的资格认定标准、参考用书和流程。反观高职教育，对于这种同时具有高等教育性质和职教性的高等教育，其教师资格的认定标准、认定流程沿用的是普通高等教育的资格认定标准，体现不了高职教育的职业性特点。

高职教师资格认定仅从四个基本条件来认定，是不科学的，不能体现高职教师实践技能方面的能力[①]。高职院校一直以来倡导的"双师型"教师标准，是一个很契合职业教育特色的标准，但对于"双师型"教师标准，每个学校的规定都不同，这也造成了"双师型"的标准多种多样，认定标准不一致，实施起来很有难度。

"双师型"教师队伍的壮大不能缺少统一的"双师型"认定标准。教育

---

① 方华，陈科，胡方霞. 对高职教师资格准入制度的调研——以重庆市高职院校为例［J］. 职教论坛，2012（26）：89-92.

部指定的"双师型"教师标准由于考虑到行业和地域的差异，因而只定性，未定量。这就使高职教师无法根据体现其职业特色的教师资格制度进行认定，造成了高职教师资格制度的形式化，高职院校招聘的教师质量和素质各异。

高职教师的选聘机制不完善。目前，我国高职院校的选聘条件略有不同，但都强调了高学历，并具备一定工作经验。高职教师的选聘方式不合理，存在不规范操作，主要集中体现在聘请企业兼职教师上，对兼职教师的资格审查不够严格，导致不合规范的教师进入师资队伍，留下教学事故的隐患。在选聘专业教师时，更看重应聘教师的专业能力，忽视其教学能力，不能满足预设的教学效果。招聘退休的年老教师，只考虑到其教学和技术能力，忽视了其教学模式能否为学生接受，难以形成专兼职教师的优势互补。

2. 教师培养培训机制存冲突

高职院校是高教性与职教性兼备的高等教育。高职教师的来源不仅有高校毕业生，也有具有企业工作经验的人才，还有现任职于企业的兼职教师。对类型不同的教师进行培训，应该因材施教，以求最大限度地增强培训效果。然而高职学校的培训标准缺位，导致高职学校的实际做法就是眉毛胡子一把抓，仅注重课堂的理论知识培训。

高职院校教师的培养培训机制存在着冲突。近年来，高职院校专业教师的来源多为高学历高校毕业生，其理论知识普遍较为丰富，这也是高职专业教师需要具备的专业理论基础，针对这一类型高职师资的培训，应着重强调面向实践的教育教学因为这一类型的教师走上工作岗位后，需要面对实践和实际理论教学相融合的问题，对于新教师来说，需要较长的时间进行角色转换和适应。在校学习培训的是技能的理论知识，下企业接触的是技能理论知识的实践应用，其间转换的跳跃性很大。

高职院校的职业标准是要求具有高学历、高水平、丰富实践经验的"双师型"教学能力，而在实际的"双师型"教师考察过程中，仅以学术论文的发表、课题研究作为评价考核的标准，对体现高职教师职业性的实践教学能力却不进行考核。这都是高职教师培养培训机制存在矛盾和不健全的表现。

3. 教师资源配置机制不合理

教师配置的定义是指教师在不同方面的分配使用，进行教师配置也就是建立团队架构①。师资队伍的年龄、职称、专兼职教师结构情况都与教师资源配置合理与否密切相关。

在现阶段的教师组织架构方面，存在的突出问题是缺乏企业兼职教师的相关信息。第一，关于兼职教师的聘用方面，现阶段没有相关的平台来实现学校与潜在可兼职教师的信息对接。这里的兼职教师既指企业的技能人才，也指其他高校的教师。对接平台的缺乏，兼职教师资源无法有效整合，使得兼职教师招聘渠道不通畅。第二，关于兼职教师的培养考核方面，没有结合兼职教师的特殊的工作身份和工作性质制定专门的考核标准，而是直接参照专职教师的标准，这使得对兼职教师的考核定位不精准，难以开展有效考核。专职教师与兼职教师所擅长的领域本就不同，却用同样的标准进行衡量，久而久之，对于兼职教师的考核评价就变为了一种形式。兼职教师的教学水平好与坏并没有相应的考核评价，因而，兼职教师从教学中难以产生成就感和忠诚感，经常性的是以报酬高低为任教的向导。

4."双师型"教师职后教育激励机制欠缺

"公平理论"指出，员工对自身薪酬水平的满意程度会影响其工作积极性，而满意度决定于自身工作收入的情况及其对自身收入同他人收入和历史收入之间的对比②。教师的职后教育激励机制，对于提高教师积极性和激发教师潜能具有重要的作用。然而现阶段高职院校教师的职后教育激励机制欠缺，对于教师职后的教育激励机制未能合理制定，直接影响其"双师型"教师资格的获取和后续等级的逐级认定。

第一，高职教师的薪资待遇过低，难以解决"住"的大问题。住房的价格远远高于高职教师的薪资水平，这使得高职教师不得不转向薪资更高的学校甚至离开高教岗位，因而高职院校教师职后教育的激励机制应该相应地保障高职教师的住房需求，唯有如此，高职教师才能安心地工作，在教学领域和科研领域苦练内功，师资队伍的稳定性才更有保障，高职院校的发展才能稳步向好。

第二，"双师型"教师技术技能的激发需要教育教学和实践实操环境，

———————

① 刘育锋. 结构性矛盾——中职教师配置急需关注的重大问题 [J]. 中国职业技术教育, 2009（4）：40-43.

② 何盛明. 财经大辞典 [M]. 北京：中国财政经济出版社，1990：30.

多数高职院校相关的实验设备等硬件的投入不够，缺东少西的现状阻碍了高职教师潜能的积极发挥。特别是没有紧跟岗位、行业和区域的发展，持续性优化实训实操内容及配套实训设施设备，导致"双师型"教师的技能技术与专业发展现状产生偏移。

第三，目前高职院校专业教师的晋升机制与"双师型"教师标准的要求存在不合理之处，"重学术""唯论文"趋向强烈，易造成专业教师忽视学生实践能力的培养。对于在教学能力与实践能力表现突出的教师并未给予应有的关注和认定，而是着重对有科研和论文产出的教师给予奖励，如此下去，教师都会以科研、课题为主要投入方向。贵州交通职业技术学院试点对在各类职业院校技能大赛中获奖的师生给予不同等级的奖励，一定程度上解决学生和教师技能水平认可度的问题，但对于技能大赛是否与专业岗位技能衔接，尚无相关制度规定。仅覆盖技能大赛奖励的技能水平认定显然不能完全满足"双师型"教师专业技术技能水平的认定要求，高职院校需要制定出新教师职后激励机制，在高职院校办学标准的引导下，促进高职师资队伍的稳定建设，激发高职教师的潜能，促进高职教育的长远发展。

（二）经济因素

1. 经济发展水平限制

经济的发展与教育教学的发展，两者之间存在着密不可分、相互促进的关系。近年来，我们不难发现，经济越发达的地区，其高职院校进行"双高计划"建设和职业本科的申报工作就越容易展开，实施起来也更容易落实到位。这种现象并非偶然，而是经济发展与教育进步相互作用的必然结果。

纵观国际和国内的教育发展历程，可以清晰地看到，一般经济发达地区的教育水平普遍较高。这是因为经济发达地区的资源更加丰富，能够为教育提供充足的物质保障，同时也有着更为完善的教育体制和更为先进的教育理念。在这样的环境下，高职院校能够更好地进行教育教学改革，提高教育质量和水平，培养出更多适应社会需要的高素质人才。这些人才进而又会成为推动经济发展的重要力量，形成人才与经济的良性循环。

相比之下，经济欠发达地区的高职院校则面临着诸多挑战。由于资源有限，这些地区的高职院校往往对政府和社会资金的投入、其他渠道投入的赞助金较为依赖，有点像是靠输血续命。这种依赖性使得高职院校在教育教学改革和发展方面受到很大限制，难以充分发挥自身的主观能动性。同时，由于经济发展水平不高，人才也不愿意前往这些地区，这就导致了当地高职院校的师资水平普遍较低，远比不上经济发达地区。

具体来说，经济欠发达地区的高职院校在招聘优秀教师方面往往面临困难。由于薪资过低，优秀的教师往往不愿意前往这些地区任教。这就造成了教师队伍难以通过增量来提质，进而导致教育教学质量的下降。同时，由于师资水平不高，高职院校在培养学生方面也难以达到理想的效果，使得学生在就业和创业方面面临更多困难。

经济的发展与教育教学的发展之间存在着相互促进的关系。经济发达地区的高职院校能够充分利用资源优势，推动教育教学改革和发展，提高教育质量和水平；而经济欠发达地区则需要在政策、资金等方面给予更多支持，加强师资队伍建设，提高教育教学水平，以推动当地经济社会的可持续发展。同时，我们也需要认识到，教育的发展不仅仅是为了培养更多的人才，更是为了推动社会的进步和发展。因此，我们应该高度重视教育在经济社会发展中的重要作用，加强对教育事业的投入和支持，推动教育事业的全面发展和进步。

2. 师资建设高薪竞聘严重

高职院校"双师型"教师师资队伍的建设，无疑对提升教育质量和培养高素质人才具有至关重要的作用。在这一过程中，薪资和物质条件无疑是吸引和留住优秀教师的基本条件，特别是在当前竞争激烈的教育环境中，丰厚的薪资和优质的物质条件更是成为引进优秀师资的必要条件。

首先，我们来看薪资和物质条件对高职院校引进人才的影响。在当下社会，人才流动日益频繁，各高校之间为了争夺优秀人才，纷纷提高薪资和物质待遇。这种竞争在一定程度上推动了薪资和物质条件的虚高。然而，对于多数高职院校而言，其造血功能并不强，经费主要依赖于财政补贴。在经费本就捉襟见肘的情况下，如果过分追求高薪和优质物质条件，必然会导致经费的分散和浪费，从而给高职院校的发展带来更重的负担。这种负担不仅会影响教育教学质量的提升，还可能对高职院校的整体发展产生负面影响。

其次，高薪优酬虽然能够吸引校外优秀人才，但对于已经在校工作的教师来说，却可能产生不公平感。当校内教师看到新引进的教师享受比自己更高的薪资待遇时，难免会产生心理失衡，从而打击他们的工作积极性。这种不公平感不仅会影响校内教师的工作态度和教学质量，还可能导致教师队伍的不稳定，不利于师资队伍的长期发展。

此外，蝴蝶效应告诉我们，一个微小的变化可能会引发一系列连锁反应。在高职院校"双师型"教师师资队伍建设中，高薪优酬可能只是一个小小的变化，但它所引发的连锁反应却可能十分严重。这种连锁反应最终可能导致人才培养质量的下降，进而影响到"双师型"教师团队的建设和高职院校自身的发展。

因此，在高职院校"双师型"教师师资队伍建设中，我们不能仅仅依靠高薪优酬来吸引人才。相反，我们应该更加注重构建公平、合理的薪酬体系，激发校内教师的工作积极性和创造力。同时，我们还应该加强对教师的培训和职业发展指导，帮助他们提升教育教学能力和专业素养，从而更好地适应"双师型"教师的要求。

高职院校"双师型"教师师资队伍的建设是一个系统工程，需要我们从多个方面入手，综合施策。只有在构建公平合理的薪酬体系、加强教师培训和职业发展指导等方面下足功夫，才能真正建设一支高素质、专业化的"双师型"教师师资队伍，为高职院校的发展提供有力的人才保障。

3. 职后培训资金投入不足

高职师资入职后培训资金投入不足，师资队伍稳定性不足，已成为制约"双师型"教师队伍建设有序展开的瓶颈。近年来，随着国家对职业教育的重视程度不断提升，高职师资培训问题也逐渐受到广泛关注。然而，资金短缺仍然是制约高职师资培训发展的关键因素之一。

通过对最近5年《中国教育经费统计年鉴》的深入分析和资料收集，我们发现全国高等本科学校的教育经费总额平均每年约为8728.37亿元，而全国高等职业院校经费总额平均每年仅为1408.76亿元。这一数据清晰地揭示了高等本科院校经费总额与高等职业教育经费总额之间的巨大差距，高等本科院校经费总额约相当于全国高等职业教育总额的6.2倍。① 这一差距不仅

① 中国教育经费统计年鉴 2020［EB/OL］. https://www.zgtjnj.org/navibooklist-n3023102701-1.html

体现了高职教育的经费困境，也凸显了高职师资培训面临的巨大挑战。

目前，高职院校的办学经费主要依赖于地方政府的财政拨款。尽管国家已经出台了一系列政策，鼓励企业和社会力量参与职业教育，但学杂费、社会捐赠以及其他收入的占比仍然很小。这种经费来源单一的状况，使得高职院校在面临资金压力时，往往难以得到有效的缓解。

鉴于高职教育的高教性和职教性，职业教育在日常教学中需要先进的培训平台和实践设备进行实践技能培训。这些实践设备和培训平台的购置、维护以及更新都需要大量的资金投入。因此，相对于高等教育而言，职业教育的教学开支会更多。然而，由于教育经费的划拨存在滞后性，且投入不足，导致高职院校在资金方面捉襟见肘。

在经费分配方面，优先享有教育经费的往往是那些本就享有国家或者地方政府政策支持的院校。而那些办学实力相对较弱、社会声誉不够高的高职院校，得到的经费就更少。这些院校往往只能维持正常的运转，难以进行大刀阔斧的改革。即便有改革的需求和动力，也往往因为资金问题而难以付诸实践。

高职教育经费的短缺，使得多数高职院校的发展举步维艰。缺乏足够的资金支持，高职院校难以引进优秀的师资、改善教学条件、提升教学质量。而高职院校的可持续发展，又依赖于一支数量充足、结构合理、高水平的"双师型"教师队伍。因此，师资队伍的建设也成为制约高职教育发展的重要因素之一。

然而，由于资金短缺，高职院校在师资队伍建设方面往往力不从心。教师的流失率较高，师资队伍不稳定，这不仅影响了高职院校的办学质量，也制约了"双师型"教师队伍建设的步伐。因此，加大对高职师资职后培训的资金投入，提高教师的待遇和地位，成为推动高职教育发展的重要举措之一。

高职师资职后培训资金投入不足已经成为制约高职教育发展的重要问题。为了推动高职教育的可持续化发展，我们需要加强对高职师资培训的资金支持，优化经费分配机制，提高高职院校的办学水平和师资队伍的稳定性。只有这样，我们才能培养出更多高素质、高技能的应用型人才，为国家的经济和社会发展作出更大的贡献。

（三）制约高职院校师资队伍建设的文化因素

1. 精神文化不够丰富

丰富的精神文化可以为高职师资队伍建设提供精神动力。① 丰富的精神文化对于高职师资队伍的建设来说，具有举足轻重的地位，为其提供了源源不断的精神动力。高职院校作为培养高技能人才的重要基地，其师资队伍的建设直接关系到教育教学质量和人才培养水平。因此，加强高职师资队伍的精神文化建设，是提升高职院校整体办学水平的关键一环。

在高职院校"双师型"教师标准中，师德师风始终被放在首位。师德师风作为精神文化层面的重要内容，不仅体现了教师的职业素养和道德情操，更是对学生产生深远影响的关键因素。习近平总书记曾勉励广大教师做有理想信念、有道德情操、有扎实学识、有仁爱之心的"四有"好老师，这一要求同样适用于高职教师。高职教师应该以"四有"好老师为标杆，不断提升自己的师德师风水平，为学生树立良好的榜样。

丰富的精神文化不仅体现在职业院校自身校内的精神文化上，如积极向上的校风、严谨务实的教风等。这些校内精神文化元素能够激发教师的职业热情，增强他们的使命感和责任感，从而更加深入地投入教育教学工作中。同时，高职教师个人职业道德相关层面也是精神文化的重要组成部分。教师应该具备高尚的育人理念，坚守道德规范，实现职业成就感和职业归属感的双重提升。

此外，高职教师还应该关注自身的精神文化修养。通过不断学习、反思和实践，教师可以不断丰富自己的精神内涵，提升个人素养和综合能力。这样，他们不仅能够更好地履行教育教学职责，还能够为学生提供更为优质的教育服务，促进学生的全面发展。

丰富的精神文化在高职师资队伍建设中发挥着不可或缺的作用。通过加强师德师风建设、营造积极向上的校内精神文化氛围以及提升教师个人职业道德水平等举措，可以推动高职师资队伍的不断发展壮大，为高职院校的可持续发展提供有力保障。

---

① 王小玲. 基于学校文化的中职师资队伍建设研究 [D]. 重庆理工大学, 2014.

2. 物质文化不够丰厚

物质文化作为高职师资队伍建设的基础条件，其重要性不容忽视。一个丰厚的物质文化环境可以为"双师型"教师师资队伍的建设提供坚实的物质保障，促进师资队伍的整体素质和能力的提升。

首先，物质文化为师资队伍的建设提供了必要的物质支持。师资队伍的建设不仅仅是教师的选拔和培养，更包括教育教学环境的营造和各项设施的建设。地理环境、教学设施、图书资料以及学校建筑等，都是物质文化的重要组成部分，它们为师资队伍的建设提供了有力的支撑。例如，优美的校园环境能够激发教师的工作热情，先进的教学设施能够提升教师的教学效果，丰富的图书资料则能够满足教师的学术需求。

其次，高职院校的物质文化状况直接影响到师资队伍的建设水平。高职院校的地理位置对于师资队伍的建设具有重要影响。如果高职院校位于经济发达地区，那么教育教学和师资队伍建设的经费相对充足，可以吸引更多的优秀教师加入，同时也能够提供更好的教育教学环境和设施。相反，如果高职院校位于经济欠发达地区，那么经费短缺、设施落后等问题可能会制约师资队伍的建设。

此外，物质文化还关系到高职师资培训、实践、教学的展开。一个拥有丰厚物质文化的高职院校，可以为教师提供更多的培训和实践机会，帮助他们不断提升自己的专业技能和教学水平。同时，良好的物质文化环境也能够促进教师之间的交流和合作，形成浓厚的学术氛围，进一步提升师资队伍的整体素质。

然而，如果高职院校的物质文化不丰厚，那么可能会对"双师型"教师师资队伍的建设造成不利影响。一方面，缺乏必要的物质支持可能会导致教师的工作积极性和创造力受到抑制；另一方面，缺乏良好的教育教学环境和实践机会也会限制教师的专业发展和能力提升。

因此，高职院校应该注重物质文化的建设，努力提升教育教学环境和设施水平，为师资队伍的建设提供有力的物质保障。同时，政府和社会各界也应该给予高职院校更多的关注和支持，共同推动高职师资队伍建设的健康发展。

3. 制度文化不够完善

制度文化的不完善对"双师型"教师师资队伍的发展确实产生了明显

的阻碍作用。在高职师资队伍建设中，这些问题显得尤为突出。

首先，师资队伍结构欠佳是制度文化不完善的一个重要表现。由于缺少合理的选拔和评价机制，很多高职院校的师资队伍在年龄、学历、职称等方面存在不合理的分布。年轻教师比例过高，而经验丰富的老教师则相对较少，这导致了师资队伍的整体实力不足。此外，部分高职院校在招聘教师时过于注重学历而忽视了实际教学能力，这也使得师资队伍的结构不够合理。

其次，师资队伍的质量也是受到制度文化不完善影响的一个方面。由于缺乏科学的评价机制和激励机制，部分教师缺乏积极进取的动力，教学质量和科研水平难以提升。同时，一些高职院校对教师的培训和发展投入不足，使得教师难以跟上学科发展的步伐，影响了师资队伍的整体质量。

再次，师资队伍管理效度的提升也是制度文化完善的重要一环。当前，一些高职院校在师资队伍管理上存在着诸多问题，如管理体制不健全、管理流程不规范等。这些问题导致了师资队伍管理的效率低下，难以有效发挥教师的积极性和创造力。

最后，师资队伍培训的不足也是制度文化不完善带来的问题之一。随着学科知识的不断更新和教育理念的不断进步，教师需要不断学习和提升自己的专业素养和教学能力。然而，一些高职院校在师资队伍培训方面投入不足，培训内容和方式也缺乏针对性和实效性，这使得教师的专业发展受到了限制。

针对以上问题，完善制度文化成为解决"双师型"教师师资队伍建设中现存问题的关键。通过制定科学的选拔和评价机制，优化师资队伍结构；建立激励机制和培训体系，提升教师的教学质量和科研水平；完善管理体制和流程，提高师资队伍管理的效率；加强师资队伍的培训和发展，促进教师的专业成长。这样，不仅可以解决当前存在的问题，还能够为"双师型"教师师资队伍的长远发展奠定坚实的基础。

制度文化的不完善对"双师型"教师师资队伍的发展具有显著的阻碍作用。通过完善制度文化并辅以其他手段，我们可以有效解决这些问题，推动"双师型"教师师资队伍的健康发展。

第二节 "双师型" 教学团队建设条件

一、"双师型" 教师教学创新团队的演变历程

(一) 起步阶段

在教育的历史长河中，那些勇敢追求教学创新的教师们，总是扮演着引领潮流、启迪后人的重要角色。在早期，由热衷于教育教学改革的教师自发组成的教师教学团队悄然诞生。这些教师，心怀对教育的热忱，怀揣着对教学方法和手段的探索欲望，他们相聚一堂，共同研究、交流心得，试图在这片广袤的教育领域中，开垦出一片新的天地。

虽然这个阶段的团队缺乏明确的组织架构和政策支持，但他们凭借着对教育事业的执着追求和不懈努力，一步步向前。他们时常聚在一起，分享彼此的教学经验和感悟，探讨如何更好地激发学生的学习兴趣，提高教学效果。他们尝试引入各种新颖的教学方法，如项目式学习、合作学习、情境教学等，力求打破传统的教学模式，为学生提供更加多元化、个性化的学习体验。

在这个过程中，这些先锋教师也面临着诸多挑战。他们需要不断学习新的知识和技能，以适应快速变化的教育环境。他们还需要面对来自传统教育观念的质疑和阻力，坚定自己的信念和决心。然而，正是这些困难和挑战，磨炼了他们的意志和能力，也让他们更加坚定了对教学创新的追求。

这些教师的努力并非徒劳。他们的创新尝试不仅激发了学生的学习热情，提高了教学效果，也为后续的教学创新奠定了坚实基础。随着时间的推移，越来越多的教师加入这个创新团队，共同为教育事业的发展贡献自己的力量。他们通过定期组织教学研讨会、开展教学实验、推广优秀教学案例等方式，不断推动教育教学改革的深入发展。同时，他们也积极与国内外其他教育机构合作交流，引进先进的教育理念和教学方法，为我国的教育事业注入了新的活力。

（二）发展阶段

随着全球教育改革浪潮的不断推进，教育的核心价值和目标正经历着前所未有的变革。在这一大背景下，越来越多的学校和地区开始深刻认识到，教师教学团队的发展对于提升教育质量、推动教育进步具有举足轻重的意义。这些教学团队正逐渐崭露头角，以其独特的组织架构和高效的运作机制，吸引着越来越多有志于教育创新的教师加入其中。

这些教师教学团队的形成并非一蹴而就，它们经历了从初步构思到组织建设，再到运作机制完善的漫长过程。在这个过程中，团队成员们不断探索、尝试，积累了丰富的教学改革经验。他们通过分享彼此的教学方法和策略，交流教学心得，共同面对挑战，形成了一种积极向上的工作氛围。这种氛围不仅激发了团队成员的创新精神，也为他们提供了宝贵的学习机会。

随着教师教学创新团队的不断发展壮大，它们在教育领域的影响力也日益凸显。这些团队致力于探索新的教学方法和理念，推动教育资源的优化配置，提高教育教学的针对性和实效性。他们通过组织各种形式的教研活动、教学研讨会等，将最新的教育理念和教学方法传播给更多的教师，从而推动整个教育行业的进步。

政府和教育部门对教师教学创新团队的发展给予了高度重视和大力支持。2017 年 11 月，中共中央、国务院出台《全面深化新时代教师队伍建设改革的意见》，强调了教师队伍建设对于国家富强、民族振兴、人民幸福的重要意义。文件提出了一系列改革措施，包括加强师德师风建设、提升教师教育教学能力、完善教师职业发展通道等，旨在造就党和人民满意的高素质专业化创新型教师队伍。鼓励团队开展跨校、跨地区的合作与交流，推动教育资源的共享和互补。这些政策措施的实施，为教师教学创新团队的发展注入了强大的动力。

（三）成熟阶段

进入 21 世纪，随着信息技术的快速发展，教师教学创新团队迎来了全新的发展机遇。他们开始积极拥抱新技术，将信息技术与教学创新紧密结合，探索出了一系列具有创新性和实效性的教学模式。这些模式的成功实践不仅提升了教学效果，也进一步激发了教师的创新热情。

2019 年 5 月，教育部关于印发《全国职业院校教师教学创新团队建设方案》（教师函〔2019〕4 号），同时正式启动国家级职业教育教师教学创新团队建设项目。截至 2023 年底，教育部面向全国中职、高职和职业本科院校，在全国先后分三批遴选了 511 个团队，其中 2019 年遴选了 120 个建设团队和 2 个培育团队；2021 年遴选了 360 个建设团队和 4 个培育团队；2023 年遴选了 125 个建设团队和 22 个培育团队，涵盖了高职高专 19 个专业大类。

为推动教师创新团队建设，教育部建立了完善的教师创新团队组织管理体系。

教育部发布的《关于进一步加强全国职业院校教师教学创新团队建设的通知》为教师创新团队的建设指明了方向。该通知不仅强调了教师创新团队在提升教学质量、推动教育改革中的核心作用，还详细阐述了团队建设的目标、原则、任务及实施步骤。这一文件的出台，为各级职业院校教师创新团队的建设提供了明确的指导。

为了确保教师创新团队建设的质量，教育部还制定了《国家级职业教育教师教学创新团队建设质量验收指标》。该指标体系涵盖了团队建设的各个方面，包括团队成员结构、创新能力、教学成果等多个维度。通过严格的验收程序，确保国家级教师创新团队具备较高的教学水平和创新能力，为职业教育的发展注入新的活力。

在制度保障的基础上，教育部还积极推动教师创新团队的实践探索。通过组织各类教学创新大赛、研讨会等活动，为教师创新团队提供展示才华、交流经验的平台。同时，教育部还积极鼓励校企合作，推动产教融合，为教师创新团队提供更多的实践机会和资源支持。

据统计，自教育部 2019 年出台相关文件以来，全国职业院校教师创新团队的数量和质量均得到了显著提升。许多优秀的教师创新团队在教学改革、课程开发、实践教学等方面取得了显著成果，为提升职业教育质量、培养高素质人才作出了积极贡献。

总之，教育部通过建立完善的教师创新团队组织管理体系，为教师创新团队的建设提供了有力的制度保障。在制度保障的基础上，教育部还积极推动教师创新团队的实践探索，为教师创新团队提供了更多的机会和资源支持。未来，随着教师创新团队建设的不断深入，相信我国职业教育将迎来更加美好的明天。

二、国家级职业教育教师教学创新团队建设要求

2019 年 5 月，教育部关于印发《全国职业院校教师教学创新团队建设方案》（教师函〔2019〕4 号）。方案提出了"经过 3 年左右的培育和建设，打造 360 个满足职业教育教学和培训实际需要的高水平、结构化的国家级团队，通过高水平学校领衔、高层次团队示范，教师按照国家职业标准和教学标准开展教学、培训和评价的能力全面提升，教师分工协作进行模块化教学的模式全面实施，辐射带动全国职业院校加强高素质'双师型'教师队伍建设，为全面提高复合型技术技能人才培养质量提供强有力的师资支撑"的建设目标，明确要求深化产教融合、校企合作，推动学校与行业企业合作共建、共享人才、共用资源，形成命运共同体，支持企业深度参与教师能力建设和资源配置，建立学校优秀教师与产业导师相结合的"双师"结构团队。

教育部明确提出了中等职业学校、高等职业学校和应用型本科高校三种不同类型学校的立项条件和专业基础，从团队教师能力建设、协作共同体建设、对接职业标准的课程体系构建、模块化教学模式等方面建设进行了要求。

要求把教师能力提升作为核心任务，加强专项培训，形成符合创新团队建设需求和发展规律的培训模式和课程体系。要重点围绕师德师风、"三全育人"、教学标准、职业技能等级标准、课程体系重构、课程开发技术、模块化教学设计实施等内容，突出创新团队自身建设和共同体协作的方法路径，通过全程伴随式培训和指导帮带，全方位提高创新团队教师能力素质。要优先保障创新团队教师企业实践，充分利用各级企业实践基地和对口企业，通过参加技能培训、兼职锻炼、参与产品研发和技术创新不断提升实习实训指导和技术技能创新能力，每年累计时长不少于 1 个月，且尽量连续实施。

创新团队建设要突出模式方式、制度机制、构成分工等内涵建设，形成团队自身的建设范式。创新团队成员应包括公共课、专业课教师（含实习指导教师）和具有丰富工作经验的企业兼职教师，"双师型"教师占比不低于50%。成员构成要科学合理且相对稳定，充分考虑职称、年龄、专业等因素，调整比例不应超过30%。创新团队负责人应为专业带头人，具有较强的课程开发能力和丰富的教改经验，不得随意更换。国家级创新团队负责人调整，需经省级教育行政部门同意后报教育部备案。要指导学校利用好校内外资源，全过程参与，逐段明确目标任务和责任分工，探索形成创新团队建设机制、运行模式和管理制度。

创新团队建设要打破学科教学传统模式，把模块化教学作为重要内容，探索创新项目式教学、情境式教学。要将行业企业融入建设周期，全过程参与人才培养方案制订、课程体系重构、模块化教学设计实施等。要适应产业转型升级和经济高质量发展，按照职业岗位（群）能力要求和相关职业标准，不断开发和完善课程标准。要打破原有的专业课程体系框架，基于职业工作过程重构。要积极将职业技能等级标准，行业企业新技术、新工艺、新规范和优质课程等资源纳入专业课程教学。

要求各单位将创新团队建设纳入教育教学改革和学校整体发展规划，加强支持保障。加强项目信息化管理，基于互联网+、大数据、人工智能等新技术，建立覆盖项目过程管理、数据采集、资源共享、绩效评价等环节的项目管理系统。采取专家评估、第三方评估等方式开展绩效评价，形成诊断改进报告和绩效评估报告。加强项目督查指导，实行动态调整机制，强化成果产出导向，对未按进度完成建设任务、达不到绩效考核要求的，取消项目承担资格。

三、"双师型"教学团队建设路径

（一）专业符合行业发展需求

在当下这个飞速发展的时代，团队的专业建设方向已经成为决定一个组织能否紧跟时代步伐、实现长远发展的关键所在。特别是在我国，随着国家战略的深入实施和区域经济的蓬勃发展，对各类专业技术人才的需求日益迫切。因此，团队的专业建设方向必须紧密贴合国家战略发展需求，并与区域经济发展及产业布局实现深度融合。团队的专业建设方向应紧跟时代步伐与国家战略发展需求，与区域经济发展及产业布局紧密契合，选取热门的重点专业群或紧缺专业组建教学创新团队，如建筑工程技术专业群、道路桥梁工程技术专业群等，涵盖该专业（或专业群）的主要课程（含公共基础课、专业基础课、专业核心课、专业拓展课等），构建基于大专业、大学科的"双师型"教师创新团队。同时，团队成员应来源于同一专业或相近专业，在知识与技能方面可实现优势互补，共同完成团队复合型技术技能型人才培养的任务。

从建设教学创新团队的角度来看，应优先选取那些热门的重点专业群或紧缺专业来组建教学创新团队。以建筑工程技术专业群为例，随着城市化进程的加速和基础设施建设的不断完善，该领域的人才需求持续增长。同样，道路桥梁工程技术专业群也是我国基础设施建设不可或缺的一部分，其发展前景广阔。在构建这样的教学创新团队时，我们需要确保团队成员涵盖该专业（或专业群）的主要课程，包括公共基础课、专业基础课、专业核心课以及专业拓展课等。这样的团队结构能够确保团队成员在各自擅长的领域内发挥专长，同时又能相互协作，共同应对复杂的教学任务。团队提出了构建基于大专业、大学科的"双师型"教师创新团队。这里的"双师型"指的是团队成员既具备扎实的专业理论知识，又拥有丰富的实践经验和技能。这样的团队能够为学生提供更加全面、深入的教学体验，帮助他们更好地掌握专业知识和技能。

（二）优化团队结构

团队的成员应具备扎实的专业功底和优秀的综合素质，应及时关注行业发展的热点难点问题，密切联系行业企业，有丰富的企业实践经验。成员专业结构、年龄结构合理，涵盖公共基础课、专业基础课、专业核心课、实习指导教师和企业兼职教师，"双师型"教师占比超过50%。

1. 团队负责人

团队负责人在团队建设中起到引领作用，要有高度的敏感性和责任心，有相关专业背景和丰富的企业实践经历（经验），熟悉相关专业教学标准、职业技能等级标准和职业标准，具有课程开发经验。在团队建设的过程中，团队负责人作为引领者和灵魂人物，他们不仅要有高度的敏感性和责任心，还需要具备深厚的专业背景和丰富的企业实践经历。这样的背景使团队负责人在面对复杂多变的工作环境时，能够迅速捕捉问题的本质，并做出明智的决策。

团队负责人应具备高度的行业敏感性。在快速变化的市场环境中，一个微小的变化都可能对团队产生深远的影响。因此，团队负责人需要时刻保持警觉，对外部环境、内部氛围以及团队成员的心理变化有敏锐的洞察力。这种敏感性不仅能够帮助他们及时发现潜在的风险，还能在关键时刻给予团队有力的支持和引导。

团队负责人应具有极强的工作责任心。作为团队的领导者，他们需要对自己的决策和行为负责，对团队的目标和成果负责。在团队遇到困难和挑战时，团队负责人需要挺身而出，承担起应有的责任，带领团队共同面对并解决问题。这种责任心不仅能够增强团队的凝聚力和向心力，还能为团队创造更加和谐、积极的工作氛围。

团队负责人还需要具备丰富的专业背景和企业实践经历。这些经验和知识能够帮助他们更好地理解团队成员的需求和困惑，为他们提供更加精准、有效的指导。同时，团队负责人还需要熟悉相关专业教学标准、职业技能等级标准和职业标准，以确保团队的工作质量和效率符合行业要求。

团队负责人需要具备课程开发经验。在团队建设的过程中，培训和教育是非常重要的一环。团队负责人需要根据团队成员的实际情况和需求，制定有针对性的培训计划，并开发相应的课程。这种能力不仅能够提升团队成员的专业素养和技能水平，还能为团队的长期发展打下坚实的基础。

一个优秀的教学创新团队离不开优秀的团队负责人，其需要具备多方面的素质和能力。既需要有高度的敏感性和责任心，能够洞察团队的变化和需求，也需要具备丰富的专业背景和企业实践经历，能够为团队提供精准的指导和支持，熟悉相关标准和规范，确保团队的工作质量和效率符合行业要求，更需要具备课程开发能力，为团队的长期发展提供有力保障。

2. "双师型" 教师团队成员

创新团队往往承担多个项目建设任务，团队负责人要有效地管理协调这些项目，确保它们保质保量完成。包括制定项目工作目标、安排任务、监督进度等，负责人还需合理统筹分配资源，包括资金、时间、人力等方面资源，确保项目顺利进行。负责人应关注团队成员的成长和发展。要通过培训、经验交流分享等方式提升团队成员的专业水平和综合素养。作为团队领导者，负责人不仅需要引领团队完成建设任务，更需要激发团队成员的热情和潜力，使他们愿意为团队建设目标努力。在教学创新团队的构建与发展中，成员所展现的素质对于推动教育改革、提升教学质量具有至关重要的意义。

创新团队成员需要具备创新思维，团队成员应秉持前瞻性和开放性的理念，勇于挑战传统，积极探索和实践新的教学方法、技术和策略，为教育创新贡献智慧和力量。团队成员应具备深厚的学科专业知识，确保为学生提供准确、前沿的学习内容。同时，还应加强对教育心理学、教育技术等相关领域的学习与研究，以提升专业素养。

优秀的沟通能力是对团队成员的基本要求。他们需要能够与学生、家长、同事及外部利益相关者进行清晰、准确的沟通，确保教学创新项目的顺利实施。团队成员应树立大局意识，强化团队协作精神，能够共同协作、分享知识和经验，形成合力，共同推动教学创新的发展。在面对教育问题和挑战时，团队成员应展现出严谨的批判性思维，能够客观分析问题、提出合理解决方案，并不断完善和调整教学策略。

团队成员应树立终身学习的理念，不断更新自己的知识和技能，以适应不断变化的教育环境，为提升教学质量和效果贡献力量。团队成员应牢记职责使命，以高度的责任心对待工作和学生。他们应关注学生的学习进展，及时给予反馈和指导，确保教学质量的稳步提升。

在实施教学创新过程中，团队成员应具备高度的适应性和灵活性，能够迅速调整策略、应对变化，确保教学创新工作的顺利进行。团队成员应怀揣对教育事业的热情和专注，全身心投入到教学创新工作中，为学生提供优质的教育服务，助力学生全面发展。

（三）深化创新团队校企合作

2021 年，国务院印发《国家职业教育改革实施方案》（职教 20 条）第十二条明确规定：实施职业院校教师素质提高计划，落实教师 5 年一周期的全员轮训制度。

首先，高职院校应有计划、分批次、高质量地安排教师到企业和基地进行挂职锻炼。这种锻炼不仅能帮助教师了解企业的实际运作，更能在实践中提升教师的职业技能和教育教学能力。例如，通过参与企业的生产流程、技术研发和市场推广等活动，教师可以深入了解行业发展趋势，将最新的技术和市场动态融入教学之中。同时，这种实践锻炼还能促进教师之间的交流与合作，形成一支既有理论深度又有实践经验的"双师型"教师队伍。

高职院校应加大激励政策力度以激发教师参与企业实践的积极性和主动性。如：可以将教师企业实践成效与教师职称评聘、评优等方面工作紧密挂钩。这种制度化的激励措施不仅能提升教师的职业认同感和荣誉感，更能激发教师不断进取、追求卓越的精神风貌。

其次，高职院校可以通过校企线上线下联动合作的方式来加强对团队教师的培养。例如，学校可以与企业合作录制企业生产工作流程的视频，并制作成教学资源库，供教师学习和参考。这种教学资源库不仅能丰富教师的教学素材，还能拓展教师的眼界和思路，帮助教师更好地了解企业的实际需求和发展方向。同时，学校还可以定期组织教师参加企业的现场教学活动和研讨会，增强教师的实践经验和专业素养。

在推进校企合作的过程中，高职院校还应注重促进校企命运共同体的形成。具体而言，可以从共同建设、共用资源、共同管理等方面多措并举。例如，学校可以与企业共同建设实训基地和研发中心等实践平台，实现资源共享和优势互补；同时，学校还可以邀请企业参与学校的教学管理和课程开发等工作，共同制定人才培养方案和教学大纲。此外，学校还可以建立校企人员双向流动机制，鼓励企业技术人员和管理人员到学校兼职任教或参与学校的科研项目，同时学校的教师也可以到企业挂职锻炼或参与企业的技术革新和产品开发等活动。这种双向流动机制不仅能丰富学校的兼职教师库，增加企业人才在创新团队中的比例，还能促进校企之间的深入交流和合作，提升团队的综合竞争力。

（四）系统构建成员自我发展体系

一个成功的团队是由一群优势互补、相互支持的成员组成的，他们各自拥有独特的技能和知识，但也可能存在某些方面的不足。为了提升团队的整体实力，我们必须深入挖掘并加强每一位成员在各方面的能力。专业教学创新团队的建设并非一蹴而就，它需要设立明确的成员准入门槛。这不仅仅是对成员学历和经验的简单要求，更是对其学习态度、团队精神和创新意识的考量。在选拔团队成员时，应当注重他们的综合素质，确保他们能够融入团队文化，为团队的发展贡献力量。

制定具体的培养目标。这需要根据团队成员的实际情况，结合团队的整体需求，量身定制个性化的培养方案。例如，对于年轻教师，可以重点培养他们的教学技能、科研能力和团队协作能力；而对于经验丰富的教师，则可以关注他们的教学创新、课程建设和行业对接能力。

充分利用校企合作资源，搭建学习交流平台。这包括邀请企业兼职教师来校授课、组织团队成员赴企业实践、开展产学研合作项目等。通过这些活动，团队成员可以深入了解行业前沿动态，拓宽视野，提升实践能力。同时，也可以借鉴企业的先进管理理念和教学方法，推动团队的教学改革和创新。

为团队成员成为"双师型"教师创造更多的学习和发展机会。例如，可以鼓励团队成员赴知名本科院校访学，学习先进的教学理念和教学方法；也可以组织他们参加知名企业实践，了解行业发展趋势和市场需求。通过这些活动，团队成员可以不断提升自己的专业素养和综合能力，实现个人与专业的共同成长。

为团队成员的成长建立档案和立案制度。这包括记录他们的学习经历、实践成果、科研成果等信息，以便对他们进行全面的评估和指导。同时，我们还要建立退出机制，对于那些无法适应团队发展或无法满足团队需求的成员，我们要及时进行调整和补充。这样可以确保团队的活力和竞争力始终保持在一个较高的水平。

（五）完善团队保障机制

在当今日益激烈的教育竞争中，高职院校要想立于不败之地，就必须拥有一支高素质、专业化的教师团队。其中，"双师型"教师团队以其独特的优势，成为众多学校争相追求的目标。所谓"双师型"教师，即指那些既具备深厚的学科专业知识，又具备丰富的实践经验和教学技能的教师。他们不仅能够传授学生理论知识，更能够引导学生将所学应用于实践，培养学生的综合素质。

为了加强"双师型"教师团队的建设，学校应首先从思想上高度重视，将其视为提升教学质量、培养创新人才的关键所在。结合本校的实际情况，学校应制定一套切实可行的团队建设实施方案，明确团队建设的目标、任务、步骤和具体措施方法。同时，为了确保团队建设的顺利进行，学校还应制定完善的团队建设、管理、激励和奖惩办法，确保每个成员都能够明确自己的职责和权利，积极参与团队的建设和发展。

在人才引进方面，学校应加大力度，积极引进具有丰富实践经验和教学技能的"双师型"教师。同时，学校应注重培养本校教师，通过组织各类培训、研讨和实践活动，提高教师的专业素养和实践能力。此外，学校还应建立科学的评价体系，对教师的教育教学成果进行全面、客观、公正的评价，为教师的成长和发展提供有力支持。

在团队管理方面，学校应明确负责部门和分管领导，确保团队建设的各项任务得到及时、有效的落实。同时，学校应建立健全的沟通机制，加强团队成员之间的交流和合作，促进团队内部的和谐与稳定。此外，学校还应关注团队成员的心理健康和职业发展，为他们提供必要的支持和帮助，确保他们能够在工作中保持积极向上的心态和状态。

在奖惩方面，学校应建立完善的奖惩机制，对表现优异的成员给予及时的表彰和奖励，以激发他们参与教师团队建设的积极性和主动性。同时，对于工作不力、表现不佳的成员，学校也应给予必要的批评和帮助，促使他们及时改进和进步。通过奖惩机制的建立和实施，学校可以进一步激发团队成员的工作热情和创造力，推动"双师型"教师团队的不断发展和壮大。

（六）加强督导评价

学校必须精心制订一套全面而系统的"双师型"教师团队评价标准，以确保教师队伍的持续发展与创新。

在制订评价标准时，应充分考虑多个维度，确保评价体系的全面性和客观性。具体而言，师德师风、教师教学能力、教师专业水平、校企合作成效、社会服务水平、模块化教学模式运用以及专业建设成果等方面，都应成为团队建设考核评价的重要依据。

师德师风是评价教师的首要标准。教师应以身作则，为学生树立榜样，传递正能量。同时，学校应建立健全师德师风考核机制，对违反师德师风的行为进行严肃处理。

教师教学能力的提升是评价"双师型"教师团队的重要指标之一。学校应鼓励教师参加各种教学培训、研讨和实践活动，提高教师的教学技能和创新能力。同时，学校还应建立教师教学能力评估机制，定期对教师的教学水平进行评估和反馈。

教师专业水平是评价教师团队质量的关键。学校应鼓励教师积极参与学术研究、项目合作和技术创新等活动，提高教师的专业水平和综合素质。此外，学校还应加强教师团队建设，通过团队建设活动促进教师之间的交流和合作。

校企合作是"双师型"教师团队建设的重要方向。学校应与企业建立紧密的合作关系，共同制定人才培养方案、课程设置和教学方法等。同时，学校还应积极组织教师到企业实践、学习和交流，增强教师的实践经验和职业素养。

社会服务水平是衡量教师团队价值的重要标准。学校应鼓励教师积极参与社会服务活动，为社会作出贡献。同时，学校还应建立社会服务评价机制，对教师参与社会服务的情况进行评估和奖励。

模块化教学模式是职业教育的重要特色之一。学校应鼓励教师积极探索和应用模块化教学模式，将教学内容划分为若干个相对独立的模块，方便学生根据自己的兴趣和需求进行选择和学习。同时，学校还应加强模块化教学模式的推广和应用，提高教学效果和人才培养质量。

专业建设成果是评价教师团队工作成果的重要指标之一。学校应关注专业的建设和发展情况，对专业的课程设置、教学方法、教材建设等方面进行定期评估和改进。同时，学校还应加强专业建设的宣传和推广，提高专业的知名度和影响力。

在评价过程中，还应注重定量评价与定性评价的结合。通过收集和分析数据、听取师生和企业的意见和反馈等方式，形成全面客观的评估报告和团队建设的改进举措。各院校还应加强教师的数字素养能力提升和信息化管理水平提高，以适应信息化时代的教育需求。

第三节　国家级教学创新团队条件研究

国家级教学创新团队的建设始于 2019 年，并计划分批次进行建设。第一批国家级职业教育教师教学创新团队立项建设单位有 120 个，培育建设单位有 2 个；第二批立项建设单位有 240 个，培育建设单位有 2 个；第三批立项建设单位有 125 个，培育建设单位有 22 个。三批合计立项建设单位达到 485 个，培育建设单位达到 26 个。

根据教育部的规划，这一工作旨在打造一批高水平的职业院校教师教学创新团队，以示范引领高素质"双师型"教师队伍的建设，并深化职业院校教师、教材和教法的改革。具体来说，教育部计划通过择优遴选、培育建设一批优秀的团队，并在这些团队中进一步优中选优、考核认定一批国家级团队。这一工作面向中等职业学校、高等职业学校和应用型本科高校，并聚焦战略性重点产业领域和民生紧缺领域专业进行。

具体建设指标体系表如表 2-1。

表 2-1　教师教学创新团队指标体系表

一级指标	二级指标	观测点
A1 建设载体	B1 学校品牌	1. 国家优质专科高等职业院校
		2. 中国特色高水平高职学校和专业建设计划建设单位
		3. 全国重点建设职业教育师资培训基地、职业院校教师素质提高计划优质省级基地
	B2 学校荣誉	4. 全国教育系统先进集体或全国职业教育先进单位
		5. 全国高职院校思想政治工作创新优秀案例
		6. 省级及以上思想政治工作先进集体
	B3 改革试点	7. 教育部现代学徒制试点单位
		8. 教育部"三全育人"综合改革试点单位
		9. 申报专业为"1+X"试点专业且完成本省核定的证书考取指标

高职院校『双师型』教学团队建设的探索与实践

一级指标	二级指标	观测点
A2 建设基础	B4 专业特色	10. 中国特色高水平高职学校和专业建设计划建设单位中高水平专业（群），中央财政支持建设的国家重点建设专业或国家级特色专业
		11. 申报专业近五年重大科技攻关项目，自然科学基金、社会科学基金立项情况
		12. 申报专业"十三五"期间承担职业院校教师素质提高计划国家级培训情况
		13. 教育部备案的中外合作办学项目或招收留学生情况
		14. 申报专业毕业生对口就业率及毕业生跟踪情况
	B5 工学结合	15. 行业企业参与专业建设情况
		16. 世界500强或行业龙头企业作为校外实训实习基地
		17. 省级及以上应用技术协同创新中心，省部共建协同创新中心、发改委"十三五"产教融合发展工程规划项目
		18. 省级及以上高技能人才培训基地、专业技术人员继续教育基地
	B6 实训实习	19. 实训实习制度制定与执行情况
		20. 中央财政支持的职业教育实训基地
		21. 本专业学生校内、校外实习实训总体情况
	B7 教学资源	22. 课程体系建设情况
		23. 信息化教学平台及资源建设使用情况
		24. 精品在线开放课程使用情况
	B8 教学方法	25. 教学方法应用情况
		26. 理实一体化教学模式应用情况
		27. 教学评价方法
	B9 行业影响	28. 省级及以上职教集团牵头单位
		29. 行业指导委员会委员及以上成员单位
		30. 中国职业教育学会常务理事及以上成员单位
	B10 社会服务	31. "1+X"证书考核站点
		32. 申报专业具备省级以上职业技能鉴定资质
		33. 申报专业开展非学历培训等社会服务等情况

一级指标	二级指标	观测点
A3 团队水平	B11 师德师风	34. 全国高校黄大年式教师团队、全国劳动模范、模范教师、先进工作者等
		35. 省级及以上优秀教师、师德标兵、教育工作先进个人等
	B12 结构梯队	36. 团队专业结构、年龄结构及成员数量
		37. "双师型"教师、高级专业技术职称（职务）教师、持有高级以上职业资格证书的教师
		38. 行业企业高级技术人员
	B13 负责人能力	39. 团队负责人年龄不超过 50 岁
		40. 具有改革创新意识、组织协调能力、合作精神
		41. 课程开发经验、学术成就、行业影响、社会认知等
	B14 团队成员水平	42. 国家"万人计划"教学名师
		43. 省级及以上教学成果奖或科技奖励情况
		44. 参与省级及以上课题
		45. 参与制定相关专业领域职业教育国家教学标准
		46. 职业院校教师素质提高计划国家级培训项目负责人
		47. 省级及以上"双师型"名师工作室、教师技艺技能传承创新平台、技能大师工作室主持人
		48. 全国职业院校教学能力比赛获奖
		49. 全国职业院校技能大赛优秀指导教师（学生获一、二等奖）
		50. 本专业方向发明专利
		51. 承担国家职业教育专业教学资源库和国家在线开放课程（含资源共享课程、精品视频公开课程等）

一级指标	二级指标	观测点
A4 建设方案	B15 建设目标1000	52. 目标定位
		53. 建设目标
	B16 建设任务	54. 团队运行机制
		55. 师德师风建设长效机制
		56. 校企、校际协同工作机制
		57. 团队教师能力提升方案
		58. 团队教师能力发展路径及能力标准
		59. 团队教师能力提升测评方案
		60. 团队管理制度建设与落实
		61. 团队成员分工协作情况
		62. 团队教师考核评价制度
		63. 思想政治教育与技术技能融合的育人模式探索
		64. 校企共建教师发展中心或实习实训基地
		65. 校企共同制订人才培养方案
		66. 按职业岗位（群）能力要求制订完善课程标准
		67. 基于职业工作过程构建课程体系
		68. 课证融通的探索
		69. 新教法及模块化教学模式的探索及预期
	B17 质量控制	70. 目标设计论证
		71. 全过程质量控制方案
	B18 成果应用	72. 成果转化及推广方案
		73. 成果创新、特色、示范性及预期成效

一级指标	二级指标	观测点
A5 保障措施	B19 组织保障	74. 学校成立项目领导小组
		75. 建立教师发展中心（机构）
	B20 制度保障	76. 教师教学创新团队建设保障制度
		77. 教师专业化发展管理制度
	B21 条件保障	78. 地方政府经费配套情况
		79. 学校经费配套情况
		80. 学校相关行政机构、后勤服务机构等支持配合情况
		81. 教学创新团队建设所需软硬件设施情况

教师教学创新团队指标体系表共包括一级指标 5 个，二级指标 21 个，观测点 81 个。一级指标分别为建设载体、建设基础、团队水平、建设方案和保障措施。下面分别逐一进行解读。

一、建设载体

建设载体的二级指标共 3 个，分别为学校品牌、学校荣誉和改革试点。

（一）学校品牌

学校品牌共包括 2 个三级指标，分别从高职院校前两轮院校建设，即国家级优质校、"双高计划"建设单位中来遴选，由于是教学团队的项目，所以再加上国家级重点建设的职教师资培训基地和职业院校教师素质提高计划优质基地等资格综合考量。通过优质校和"双高计划"这 2 个职业院校近年来含金量最高的认可，是对团队所在学校办学实力的综合考察，也侧重于学校已经具备的师资培训的实力，即通过各级的师资培训基地和师资素质提升计划基地来考核。

1. 国家优质专科高等职业院校

国家优质专科高等职业院校的认定，是教育部为了贯彻落实高等职业教育创新发展行动计划而推出的一项重要举措。这一行动计划的出台，标志着我国高等职业教育进入了新的发展阶段，强调了高等职业教育在国民经济和社会发展中的重要地位。在这一背景下，为了推动高职院校的内涵式发展，提升整体办学水平，教育部于 2019 年开展了优质专科高等职业院校的认定工作。经过层层筛选、严格评估，最终认定了 200 所高职院校，这些院校在办学理念、教育质量、师资力量、社会服务等各方面都表现卓越，成为国家优质专科高等职业院校的典范。

国家优质专科高等职业院校是经过严格认定的高水平高职院校，它们在办学理念、人才培养、师资力量、教学设施、科研水平和社会服务等方面都展现出了强大的实力和优势，为我国高等职业教育的发展作出了重要贡献。

（1）在办学理念上体现高度的前瞻性和创新性

它们紧密围绕国家和地方经济社会发展的实际需求，不断调整和优化专业设置和人才培养方向，积极探索与产业深度融合的办学模式，努力为社会培养更多高素质、高技能的应用型人才。

（2）在人才培养方面取得显著的成绩

它们注重学生的实践能力和创新精神的培养，通过实施素质教育、创新教育等多元化的教育手段，不断提升学生的综合素质和就业竞争力。同时，它们还积极与企业、行业合作，共同开展校企合作、工学结合等人才培养模式，为学生提供更广阔的实践平台和就业机会。

（3）在师资力量、教学设施、科研水平等方面具备明显的优势

它们拥有一支高水平的师资队伍，具备丰富的教学经验和实践能力；同时，它们还配备了先进的教学设施和实验室，为学生提供了良好的学习环境和实践条件。在科研方面，这些院校也取得了多项重要成果，为地方经济社会的发展提供了有力的技术支持和智力保障。

（4）在地方经济社会发展中发挥举足轻重的作用

它们紧密结合地方产业需求，为地方经济发展提供技术支持和人才保障；同时，它们还积极参与社会公益事业，为社区提供文化、教育、医疗等方面的服务，成为地方社会发展的重要力量。

2. 中国特色高水平高职学校和专业建设计划建设单位

教育部和财政部于 2019 年 12 月 10 日公布的《中国特色高水平高职学

校和专业建设计划建设单位名单》，其中首批"双高计划"建设名单共计197所，包括高水平学校建设高校和高水平专业群建设高校。这一计划旨在为建设一批引领改革、支撑发展、中国特色、世界水平的高等职业学校和骨干专业（群）提供重大决策支持，是推进中国教育现代化的重要决策，也被称为"高职双一流"。该计划的目标是培养发展一批高水平职业院校和品牌专业，以引领职业教育服务国家战略、融入区域发展、促进产业升级。

"双高计划"建设单位作为中国特色高水平高职学校和专业建设计划的重要组成部分，凭借其卓越的实力和深厚的底蕴，在推动职业教育发展、提升国家竞争力等方面发挥了重要作用。这一计划的实施，不仅为职业教育学校和专业的发展注入了新的活力，更成为推动国家经济社会发展的强大引擎。

（1）"双高计划"的诞生源自国家对职业教育发展的深刻洞察和长远规划

自2014年全国职业教育工作会议以来，职业教育作为培养高素质技术技能人才的重要途径，得到国家层面的高度关注。特别是在习近平总书记的重要指示精神指引下，职业教育迎来了前所未有的发展机遇。随后，《国务院关于加快发展现代职业教育的决定》的印发，更是为职业教育的快速发展指明了方向，也为"双高计划"的提出奠定了坚实的政策基础。

随着时间的推移，职业教育的发展需求日益迫切，国家急需一批具备国际竞争力的高水平高职学校和专业群来引领和带动整个职业教育领域的发展。正是在这样的背景下，"双高计划"应运而生。这一计划旨在通过集中资源、优化布局、强化内涵建设等措施，打造一批具有中国特色、世界水平的高水平高职学校和专业群，进而提升我国职业教育的整体水平和国际影响力。

（2）"双高计划"建设单位可谓硕果累累、成就斐然

这些学校和专业群不仅在教育教学方面取得了显著成绩，而且在科学研究、社会服务等方面也取得了突出进展。它们拥有一支由高水平教师组成的师资队伍，这些教师不仅具有深厚的学术造诣和丰富的教学经验，还能够紧密结合产业发展需求开展科学研究和技术创新。此外，这些学校和

专业群还配备了先进的教学设施和实践基地，为学生提供了良好的学习和实践环境。

（3）"双高计划"建设单位在产学研合作方面取得显著成效

它们积极与企业开展深度合作，共同推动技术创新和成果转化，为产业发展提供了有力支持。同时，这些学校和专业群还注重培养学生的实践能力和创新精神，为他们未来的职业发展奠定了坚实的基础。

（4）"双高计划"建设院校的专业教师教学团队实力强大

第一，这些教学团队由一批具有丰富教学经验和专业背景的教师组成，他们不仅具备深厚的理论知识，还拥有实践经验和行业背景，能够为学生提供高质量的教学和指导。第二，这些教学团队注重教学方法的创新和改革，采用多种教学手段和方式，如线上线下结合、理论与实践相结合等，以激发学生的学习兴趣和积极性，提高教学效果。第三，这些教学团队还积极与企业合作，开展产学研合作，为学生提供实践机会和就业渠道，帮助他们更好地适应市场需求和行业发展。第四，这些教学团队还注重自身建设和发展，不断提高自身的专业素养和综合能力，为学校的教学和科研工作提供有力支持。

3. 全国重点建设职业教育师资培训基地、职业院校教师素质提高计划优质省级基地

（1）全国重点建设职业教育师资培训基地

全国重点建设职业教育师资培训基地的设立源于多个教育部的通知和文件。1999年1月，教育部印发了《面向21世纪教育振兴行动计划》，其中明确提出了"依托普通高等学校和高等职业技术学院，重点建设50个职业教育专业教师和实习指导教师培养培训基地"。这一计划标志着基地建设正式成为我国职教师资队伍建设的一项重要内容。同年7月，教育部办公厅下发了《关于组织推荐全国重点建设职业教育师资培训基地的通知》，这标志着全国重点建设职教师资培养培训基地选拔工作的正式启动。

2000年8月，教育部印发了《关于进一步加强中等职业教育师资培训基地建设的意见》，对进一步加强中等职业教育师资培养培训基地提出了全面而细致的要求。在这些文件的指导下，教育部陆续批准了一些高校作为全国重点建设职业教育师资培养培训基地。例如，在2007年，教育部批

准了清华大学和北京理工大学作为这样的基地。教育部还通过其他方式推动职业教育师资培训基地的建设，如公布国家级职业教育"双师型"教师培训基地名单，以及召开全国职业教育教师企业实践基地建设推进会等，以进一步加强职教师资的培养和培训工作。

全国重点建设职业教育师资培训基地的设立是一个持续的过程，涉及多个教育部的文件和通知，旨在通过重点建设一批基地，优化布局，提高职业教育的师资培养质量。

获批全国重点建设职业教育师资培训基地的高等职业院校其全国重点建设职业教育师资培训基地是在国家政策的强力推动下逐步建立起来的，它们凭借雄厚的教育资源储备、创新而高效的培训模式以及突出的科研与创新能力，为职业教育师资的培养与培训注入了强大的动力，其具备以下师资和资源优势：

第一，雄厚的教育资源储备。全国重点建设职业教育师资培训基地汇聚了众多优质的教育资源。这些基地拥有一支经验丰富、专业素养高的师资队伍，他们不仅具有深厚的理论功底，还拥有丰富的实践经验。此外，基地还拥有先进的教学设施和完善的教学体系，能够为学员提供全面、系统的培训服务。

第二，创新而高效的培训模式。这些基地在培训模式上不断创新，以适应职业教育发展的新形势和新要求。他们采用线上线下相结合的教学方式，利用现代信息技术手段提升教学效果；同时，注重实践环节的设置，通过企业实习、行业调研等方式，让学员深入了解行业需求和职业特点，提升实践能力和职业素养。

第三，突出的科研与创新能力。全国重点建设职业教育师资培训基地还具有较强的科研能力和创新能力。他们紧密围绕职业教育发展的热点和难点问题，开展了一系列有针对性的科学研究，形成了一批具有创新性、实用性的研究成果。这些成果不仅为基地自身的发展提供了有力支撑，也为职业教育的发展提供了宝贵的借鉴和参考。

（2）职业院校教师素质提高计划优质省级基地

职业院校教师素质提高计划的优质省级基地的建立，是源于国家对职业教育改革和发展的深刻认识与坚定决心。随着社会对高技能人才的需求日益旺盛，职业教育在人才培养体系中的地位越发凸显，而作为职业教育核心力量的教师队伍的素质提升，更是成为重中之重。因此，各级政府和教育部门高度重视，纷纷出台政策，明确提出要构建高水平的教师培训体系，推动教师队伍整体素质的提升。

在这一背景下，各省级教育部门积极响应，深入调研本地职业教育发展实际，结合教师队伍建设的需求，制定了一系列切实可行的措施。其中，建立优质省级教师培训基地便是其中的重要一环。这些基地在经过严格的筛选、评估、认定后，成为本地区乃至全国范围内具有示范引领作用的高水平教师培训基地，承担着推动职业院校教师素质提升的重要使命。

职业院校教师素质提高计划的优质省级基地是在国家政策支持下、结合本地职业教育发展实际而建立起来的高水平教师培训基地。它们凭借丰富的培训资源、雄厚的师资力量、显著的培训效果和突出的示范引领作用，在推动职业院校教师素质提升方面发挥着不可或缺的重要作用，具体体现在以下几个方面。

第一，培训资源丰富多样。这些基地不仅配备了先进的培训设施和设备，还拥有大量的培训教材和案例资源，为参训教师提供了广阔的学习平台和丰富的实践机会。同时，基地还积极引进国内外先进的培训理念和教学方法，为教师们带来了前沿的教育理念和教学实践。

第二，培训师资力量雄厚。优质省级基地汇聚了一大批优秀的职业教育专家和学者，他们具有丰富的教学经验、深厚的专业背景和前瞻的教育视野。这些专家们能够结合职业教育的特点和教师们的实际需求，为参训教师提供高水平的培训指导和专业支持。

第三，培训效果显著突出。通过多年的实践探索和不断创新，优质省级基地形成了一套行之有效的培训体系和方法。参训教师在这里不仅能够系统地学习职业教育理论知识，还能够通过实践教学、案例分析、课题研究等多种方式，提升自己的专业素养和教学能力。许多参训教师在培训结束后都表示，自己的教学水平得到了显著提升，能够更好地适应职业教育的发展需求。

第四，示范引领作用显著。优质省级基地不仅在本地职业教育领域具有广泛的影响力和知名度，还通过举办研讨会、分享会等活动，向全国范围内的职业院校推广先进的培训理念和实践经验。同时，基地还积极开展校企合作、产学研结合等工作，推动职业教育与产业发展的深度融合，为职业教育的发展注入了新的活力和动力。

（二）学校荣誉

学校荣誉共包括3个三级指标，分别从集体荣誉、优秀事迹案例、个人荣誉及团队荣誉来分别进行全方位的总体评估。

4. 全国教育系统先进集体或全国职业教育先进单位

全国教育系统先进集体和全国职业教育先进单位这两个荣誉称号，是对我国教育事业中出类拔萃的学校和职业教育机构的极高认可，也是激励更多教育机构追求卓越的重要动力。全国教育系统先进集体源于我国教育事业蓬勃发展的历史。多年来，我国的教育系统一直在探索创新，追求卓越。为了表彰那些在教育事业中作出杰出贡献、展现卓越风范的集体，国家教育部门每年都会精心组织评选，遴选出一批具有引领作用的先进集体。这些先进集体不仅在教学理念、教学方法上走在全国前列，而且在教育管理水平、师资队伍建设、教育资源整合等方面也展现出了卓越的实力和创新能力。

全国职业教育先进单位则是针对我国职业教育领域设立的一项特殊荣誉。随着我国经济的快速发展和产业结构的不断升级，职业教育在培养技能型人才、推动经济社会发展中的作用越发凸显。为了表彰那些在职业教育领域敢于创新、勇于实践、成果显著的单位，国家设立了全国职业教育先进单位这一荣誉称号。这些先进单位在职业教育改革、教学模式创新、校企合作、社会服务等方面取得了令人瞩目的成绩，为我国职业教育的快速发展和质量的提升作出了重要贡献。

它们在教学质量上追求卓越，注重培养学生的创新精神和实践能力，为学生提供多样化的学习机会和发展空间。同时，这些先进集体在师资队伍建设上也下足了功夫，吸引和培养了一批高水平的教师团队，他们不仅具有深厚的学术背景和丰富的教学经验，而且能够紧跟时代步伐，不断更新教育理念和方法。此外，这些先进集体还注重与企业、社会的紧密联系，积极开展校企合作和社会服务活动，为地方经济社会发展提供了有力的人才支持和智力保障。

5. 全国高职院校思想政治工作创新优秀案例

全国高职院校思想政治工作创新优秀案例的诞生，源自国家对高职教育领域思想政治工作的高度重视与系统化推进。在当前社会变革和技术革新的大背景下，高职院校思想政治工作面临着一系列新的挑战与机遇。为了有效应对挑战，把握机遇，进一步提升高职教育的质量与水平，相关部门精心组织了高职院校思想政治工作创新案例的征集与评选活动。

这些优秀案例不仅集中展现了高职院校在思想政治工作领域的创新实践成果，更成为引领行业发展的典范。它们的特点主要体现在以下几个方面。

首先，在理念层面，这些案例展现了前瞻性与创新性的融合。它们坚持以生为本的核心理念，将立德树人作为根本任务，紧密结合高职院校的办学特色与人才培养目标，积极探索符合时代要求的思想政治工作新模式。它们不仅注重学生的专业知识学习和技能培养，更强调学生的思想道德修养、人文素养提升和创新创业能力培育，致力于培养具备社会责任感、创新精神和实践能力的全面发展的高素质人才。

其次，在教学组织层面，这些案例呈现出多样化与科学化的特点。它们灵活运用线上线下相结合的教育方式，充分利用现代信息技术手段，推动思想政治工作与现代科技的深度融合。同时，它们注重理论与实践的有机结合，鼓励学生积极参与社会实践活动，将所学知识运用到实际中，增强学生的实践能力和社会责任感。此外，这些案例还积极探索课内课外相结合的育人模式，通过丰富多彩的校园文化活动和社会实践项目，为学生提供更加广阔的成长空间和发展平台。

最后，在机制建设方面，这些案例展现了系统性与规范性的优势。它们建立了完善的思想政治工作体系和工作机制，确保各项工作的有序开展和高效运行。同时，它们注重发挥党组织的领导核心作用，加强党团组织和师生之间的联系与互动，形成全员育人、全程育人、全方位育人的良好氛围。此外，这些案例还积极与企业、社区等外部资源建立合作关系，拓展育人的空间和渠道，为学生提供更多的实践机会和就业资源。

6. 省级及以上思想政治工作先进集体

省级及以上思想政治工作先进集体的荣誉，不仅是对其在思想政治工作领域所取得显著成就的认可，更是对其长期以来坚定信念、扎实工作、勇于创新精神的褒奖。这些先进集体紧密围绕党和国家的中心工作，全面贯彻落实党的指导方针与政策，展现出团队强烈的政治责任感和使命感。

在思想政治工作方面，这些先进集体始终坚持正确的政治方向，准确把握时代发展脉搏，确保思想政治工作始终与党和国家的战略目标保持高度一致。他们不断创新思想政治工作理念和方法，勇于探索实践，形成了一系列具有独特性和实效性的思想政治工作模式，为其他地区和单位提供了宝贵的经验和借鉴。

他们拥有健全的组织领导体系，领导干部具备高度的政治觉悟和业务能力，能够发挥模范带头作用，引领全体成员共同推动思想政治工作的开展。同时，他们注重与群众的紧密联系和深入沟通，深入了解群众的思想动态和需求，积极解决群众的实际问题，赢得了广泛的群众认可和支持。此外，他们还建立了完善的工作机制，包括科学的决策机制、有效的执行机制和严格的考核机制等，确保思想政治工作的有序开展和高效推进。他们注重团队建设，通过定期的培训、交流等活动，提升成员的专业素养和综合能力，为思想政治工作的开展提供了有力的人才保障。

（三）改革试点

改革试点共包括3个三级指标，分别为职业院校现代学徒制、"三全育人"和"1+X"试点来考评专业教学团队在教学模式上的改革创新。

7. 教育部现代学徒制试点单位

教育部现代学徒制试点单位的出处可以追溯到2014年国务院和教育部发布的一系列文件和决定。2014年5月国务院印发《关于加快发展现代职业教育的决定》，明确提出"开展校企联合招生、联合培养的现代学徒制试点，完善支持政策，推进校企一体化育人"的要求。这一决定标志着现代学徒制已经成为国家人力资源开发的重要战略。同年8月，教育部进一步印发《关于开展现代学徒制试点工作的意见》，并制定相应的工作方案。这一意见的出台，为现代学徒制的具体实施提供了明确的指导和规范。此后，教育部在2015年、2017年和2018年分别遴选了多批次的现代学徒制试点单位和行业试点牵头单位。这些试点单位的选定，旨在深化产教融合、校企合作，进一步完善校企合作育人机制，创新技术技能人才培养模式。

教育部现代学徒制试点单位的特色主要体现在以下几个方面：

①深化产教融合、校企合作。试点单位旨在通过学校和企业的深度合作，打破传统教育与企业需求之间的隔阂，实现专业设置与产业需求的对接，课程内容与职业标准的对接，教学过程与生产过程的对接，毕业证书与职业资格证书的对接，从而提高人才培养的针对性和适用性。

②分类推进，多方参与。试点工作注重顶层设计，坚持系统谋划，按照牵头单位性质分为地市级政府牵头、行业牵头、企业牵头、职业院校牵头四种类型。这种多元化的参与方式有助于从多个角度探索现代学徒制的实施路径和有效模式。

③激发创新活力，尊重基层首创精神。试点单位在政策、保障、模式、机制、标准等多个方面进行了创新尝试，实现了点上的突破，为解决学校教育与企业用人"两张皮"的问题提供了实践经验。

④注重人才培养质量。通过现代学徒制的实施，试点单位力求提高人才培养质量，使学生能够更好地适应市场需求，具备更强的职业竞争力和创新能力。

8. 教育部"三全育人"综合改革试点单位

教育部"三全育人"综合改革试点单位的出处主要源自中共中央、国务院《关于加强和改进新形势下高校思想政治工作的意见》，该意见明确提出了坚持全员全过程全方位育人（简称"三全育人"）的要求。

"三全育人"即全员育人、全程育人、全方位育人，旨在构建内容完善、标准健全、运行科学、保障有力、成效显著的高校思想政治工作体系，使思想政治工作体系贯通学科体系、教学体系、教材体系、管理体系，形成全员全过程全方位育人格局。

2018年，教育部办公厅发布了《关于开展"三全育人"综合改革试点工作的通知》（教政厅函〔2018〕15号），决定委托部分省（区、市）、高校和院（系）开展"三全育人"综合改革试点工作。经过多方面的审查推荐，教育部公布了首批"三全育人"综合改革试点单位名单，包括5个综合改革试点区、10个综合改革试点高校以及50个综合改革试点院（系）。

此后，教育部又陆续发布了后续批次的"三全育人"综合改革试点单位名单，进一步推动了"三全育人"工作的深入发展。这些试点单位在各自的领域和范围内，积极探索和实践"三全育人"的理念和方法，为提升高校思想政治工作质量、培养德智体美劳全面发展的社会主义建设者和接班人作出了积极贡献。

教育部"三全育人"综合改革试点单位的特色如下：

①在全员育人方面，这些试点单位坚持教师队伍的优化与提升，致力于提升教师的育人能力与专业素养。同时，积极整合校内外多方资源，形成育人合力，共同为学生的全面发展提供有力支持。

②在全程育人方面，试点单位注重学生成长的全过程管理，从入学教育到毕业指导，从课堂学习到实践锻炼，均纳入育人体系之中。通过科学规划、系统安排，确保学生在各个成长阶段都能得到充分的关注和培养。

③在全方位育人方面，试点单位不仅关注学生的知识学习，还注重提升学生的思想品德、身心健康、实践能力和创新精神等多方面素养。通过丰富多样的教育活动和实践项目，为学生搭建全面发展的平台。

④在育人模式创新方面，试点单位结合自身特色和专业优势，积极探索具有创新性的育人模式。通过产学研结合、校地合作、国际交流等途径，拓宽学生的视野和知识面，增强其综合素质和竞争力。

⑤在制度建设和机制创新方面，试点单位注重完善育人制度，建立激励机制和质量监控体系，确保"三全育人"综合改革试点工作的有效实施和持续改进。

济宁职业技术学院实施"思想铸魂、固本强基、匠心实践、多元文化"四大育人工程，建设包括 13 个展厅的"中国精神"思政数字教育馆，挖掘各类课程、活动、场所等的育人功能，形成"文化引领实践躬行"的"三全育人"新格局。网络领域、网络赋能、教育融合、思政育人成果获职业教育国家级教学成果二等奖。无锡科技职业学院建设"学习强国"线下体验馆，构建"课堂+基地"线上线下相结合的学习教育模式，线下体验与线上学习同频共振，以沉浸式、互动式、一站式学习方式推动"学习强国"更好地走近师生，形成有温度、有黏度的教育平台，帮助学生更好地理解理论热点与难点，增强了学生获得感。

9. 申报专业为"1+X"试点专业且完成本省核定的证书考取指标

"1+X"试点专业的出处主要源自国家对职业教育改革和发展的推动。这一制度是国家职业教育的一项基本制度，也是构建职教发展模式的一项制度创新。

具体来说，2019 年 4 月，教育部会同国家发展改革委、财政部、市场监管总局制定了《关于在院校实施"学历证书+若干职业技能等级证书"制度试点方案》，旨在深入贯彻党的十九大精神，按照全国教育大会部署和落实《国家职业教育改革实施方案》要求，启动"学历证书+若干职业技能等级证书"（简称 1+X 证书）制度试点工作。

该制度的设计初衷在于通过学历证书与职业技能等级证书的有机结合，全面提升职业教育质量和效益，拓展学生就业创业本领，缓解结构性就业矛盾。试点专业涵盖了多个领域，包括但不限于现代移动通信技术、物联网应用技术、大数据技术、汽车制造与试验技术、护理、智慧健康养老服务与管理等，这些专业均被选中作为试点，以探索和实践"1+X"证书制度的有效实施。

因此，"1+X"试点专业的出处可以追溯到国家职业教育改革的相关政策和文件中，它是国家为了推动职业教育发展、提升人才培养质量而采取的一项重要举措。

二、建设基础

建设基础的二级指标共 7 个，分别为专业特色、工学结合、实训实习、教学资源、教学方法、行业影响和社会服务。

（一）专业特色

专业特色包括 4 个三级指标，分别从专业获得的科研成果性指标、师资队伍培训参训情况、对外交流和专业毕业生就业情况来展开考评。

10. 中国特色高水平高职学校和专业建设计划建设单位中高水平专业（群），中央财政支持建设的国家重点建设专业或国家级特色专业

这些专业（群）在学科设置、师资力量、实践教学、经费保障和就业

市场等方面都表现出显著的优势和实力。这些优势不仅提升了我国职业教育的整体水平，也为国家的经济社会发展提供了有力的人才支撑。

第一，这些高水平专业（群）在学科设置上具有显著优势。它们紧密结合国家战略需求、行业发展趋势和经济发展方向，设置了独具特色的专业，具有较强的针对性和实用性。这使得学生能够学习到最前沿的知识和技能，为未来的职业发展奠定坚实的基础。

第二，师资力量是这些高水平专业（群）的又一重要优势。它们汇聚了国内一流的师资队伍，包括众多国家级人才和教学名师。这些教师具有丰富的教学经验和深厚的专业知识，能够为学生提供优质的教学和指导。同时，他们积极参与科研活动，推动了专业领域的创新和发展。

第三，实践教学是这些高水平专业（群）的又一亮点。它们注重培养学生的实践能力和创新精神，通过实习、实训、创新创业等实践教学活动，帮助学生更好地适应社会需求和提高综合素质。这种实践教学的方式不仅提升了学生的实际操作能力，还增强了他们的创新意识和团队协作能力。

第四，这些高水平专业（群）还享有中央财政的支持。中央财政的资金投入为这些专业提供了充足的经费保障，使得学校能够购买先进的教学设备和仪器，改善教学条件，提高教学质量。同时，中央财政的支持也鼓励了学校与企业之间的合作，推动了产学研一体化的发展。

第五，这些高水平专业（群）在就业市场上也表现出色。由于其独特的学科设置和优质的教学质量，这些专业的毕业生在就业市场上具有很高的竞争力。许多毕业生都能够顺利找到满意的工作，甚至有机会进入知名企业或机构。

11. 申报专业近五年重大科技攻关项目，自然科学基金、社会科学基金立项情况

申报专业近五年重大科技攻关项目、自然科学基金以及社会科学基金立项情况，无疑是衡量教学团队实力和优势的重要指标。该教学团队在科研实力、学科优势、人才培养以及科研合作等方面均表现出色。这些优势和成果为团队未来的发展奠定了坚实基础，也为培养更多优秀科研人才和推动科技进步提供了有力保障。

从三类项目所属的不同类型层面，教学团队具备的科研基础不同。从重大科技攻关项目的申报与立项情况来看，教学团队展现出了卓越的研发实力。重大科技攻关项目往往涉及前沿技术和关键领域的突破，对研究团队的科研水平、创新能力以及组织协调能力有着极高的要求。近五年内，该团队成功申报并立项了多个重大科技攻关项目，充分证明了其在相关领域的深厚积累和领先地位。这些项目的成功实施，不仅推动了科技进步，也为教学团队提供了宝贵的实践经验和成果积累。从自然科学基金的立项情况看，进一步体现了教学团队在基础研究领域的深厚实力。自然科学基金是我国支持基础研究的重要渠道，其立项情况反映了研究团队在学科前沿的探索能力和原始创新能力。该教学团队在自然科学基金方面取得了显著成绩，多个项目获得资助，涵盖了多个学科领域。这些项目的成功立项和实施，不仅提升了团队的研究水平，也为培养高水平科研人才奠定了坚实基础。从社会科学基金的立项情况看，展示了教学团队在社会科学领域的研究实力和应用价值。社会科学基金主要支持对社会现象、社会问题以及社会发展规律的研究，对于推动社会进步和文明发展具有重要意义。该教学团队在社会科学基金方面也取得了不俗的成绩，多个项目获得资助并产生了广泛的社会影响。这些项目的研究成果不仅丰富了社会科学理论体系，也为政策制定和社会治理提供了有力支持。

三类项目立项情况也充分证明了教学团队在人才培养方面的优势。团队成员通过参与这些高水平的科研项目，能够不断提升自身的科研能力和创新能力，为培养更多优秀的科研人才提供有力支撑。此外，团队在项目实施过程中积累的经验和成果也可以转化为教学内容和案例，丰富教学内容和形式，提高教学效果和质量。特别值得注意的是，教学团队在科研合作方面表现出色。在重大科技攻关项目、自然科学基金和社会科学基金的申报与实施过程中，团队积极与其他高校、科研机构和企业开展合作与交流，共同推进项目进展和成果转化。这种合作与交流不仅有助于拓宽团队的学术视野和研究领域，还能够提升团队的影响力和竞争力。

12. 申报专业"十三五"期间承担职业院校教师素质提高计划国家级培训情况

在"十三五"期间，申报专业积极响应国家关于提升职业教育教师素质的要求，深度参与并承担了职业院校教师素质提高计划的国家级培训任务。这一期间，申报专业在国家级培训方面取得了显著成效，充分反映了其专业教师团队的实力与优势。

①申报专业的国家级培训项目覆盖广泛，内容丰富。这些培训项目不仅涵盖了职业教育领域的最新理论成果和实践经验，还结合申报专业的特色优势，为参训教师提供了全面、系统的学习体验。通过培训，参训教师能够深入了解职业教育的发展趋势，掌握先进的教育教学理念和方法，提高教育教学水平和实践能力。

②申报专业的教师团队具备较高的专业素养和教学能力。这些教师不仅具有深厚的学科背景和丰富的实践经验，还具备较强的教育教学能力和团队合作精神。在培训过程中，他们能够根据参训教师的实际需求和水平差异，制定个性化的培训方案，采用灵活多样的教学方法和手段，确保培训效果的最大化。

③申报专业还注重与国内外知名企业和行业的合作与交流。通过与这些企业和行业的合作，申报专业能够及时了解行业发展的最新动态和人才需求，为参训教师提供更为贴近实际的培训内容和实践机会。同时，这种合作与交流也有助于提升申报专业的社会影响力和行业认可度。

④申报专业在国家级培训方面取得了显著的成果和反响。通过培训，参训教师的教育教学水平和实践能力得到了显著提升，他们的教学理念和方法也更加符合职业教育的发展趋势。同时，这些教师也在培训中积极交流经验、分享成果，进一步促进了职业教育领域的合作与发展。

13. 教育部备案的中外合作办学项目或招收留学生情况

教育部备案的中外合作办学项目或招收留学生情况不仅体现了专业在教学质量和国际认可度方面的表现，还展示了其在国际交流与合作方面的活跃程度和开放程度。因此，在选择专业时，可以关注这些方面的信息，以便更全面地了解专业的实力和优势。

第一，教育部备案的中外合作办学项目是经过严格筛选和评估的，这些项目通常涉及国内知名高校与国外高水平大学之间的合作。这些合作不仅带来了先进的教育理念和教学方法，还促进了中外教育资源的共享和互补。因此，能够参与这些项目的专业，通常具有较强的教学实力和国际视野。

第二，招收留学生情况也是衡量一个专业实力与优势的重要指标。留学生来自不同的国家和地区，他们的选择和认可反映了一个专业的国际声誉和吸引力。如果一个专业能够吸引大量优秀的留学生前来就读，那么说明该专业在教学质量、研究水平以及国际交流方面具有较高的水平。

第三，中外合作办学项目和留学生招收情况还可以反映一个专业的课程设置、师资力量和实践教学等方面的优势。这些项目通常会引入国外先进的课程体系和教学模式，同时配备具有国际背景的师资力量，为学生提供更加广阔的学习视野和实践机会。这些都有助于提升学生的综合素质和竞争力，进一步彰显专业的实力与优势。

14. 申报专业毕业生对口就业率及毕业生跟踪情况

专业毕业生对口就业率及毕业生跟踪情况，能够很好地反映专业教学团队的实力和优势。通过不断优化教学内容和方法，提升教学质量和水平，专业教学团队可以培养出更多高素质、高能力的专业人才，为社会的发展和进步作出更大的贡献。

首先，专业毕业生对口就业率的高低是衡量专业教学团队实力的重要指标之一。高对口就业率意味着该专业的毕业生在就业市场上具有较高的竞争力和较强的专业能力，这往往与专业教学团队的教学水平、课程设置、实践教学以及就业指导等方面的努力密不可分。如果教学团队能够紧密关注行业动态和市场需求，及时调整课程设置和教学内容，注重培养学生的实践能力和创新精神，那么毕业生的专业素养和综合能力就会得到显著提升，从而更容易找到与所学专业对口的就业岗位。

其次，毕业生跟踪情况可以进一步反映专业教学团队的优势和不足。通过对毕业生的跟踪调查，可以了解他们在工作岗位上的表现、职业发展情况以及对专业教学的反馈意见。这些信息对于教学团队来说具有重要的参考价值，可以帮助他们发现教学中存在的问题和不足，及时进行调整和改进。同时，毕业生的成功经验和职业发展案例也可以为教学团队提供宝贵的素材和案例，用于丰富教学内容和提升教学质量。

（二）工学结合

工学结合共包括 3 个三级指标，分别从行业企业与专业建设、校外实习实训基地的合作企业实力及各类技术技能培训基地的水平来总体考量。

15. 行业企业参与专业建设情况

行业企业参与专业建设的情况，是评估专业教学团队实力的重要参考指标之一。这种参与不仅体现了企业对专业教育的认可和支持，同时也为专业教学团队带来了实践经验、行业动态和实际需求等方面的宝贵资源，有助于提升教学团队的专业素养和实践能力。

行业企业的参与可以带来丰富的教学资源。企业可以根据自身的实践经验和发展需求，为专业教学团队提供案例、项目和实践基地等，使教学更加贴近实际，增强学生的实践能力和职业素养。同时，企业还可以提供先进的设备和技术支持，帮助教学团队更新教学内容和方法，提高教学质量。

行业企业的参与有助于专业教学团队了解行业动态和市场需求。企业可以分享行业发展趋势、技术革新和人才需求等方面的信息，帮助教学团队调整教学计划和课程设置，使教育更加符合市场需求。同时，企业还可以为教学团队提供实习和就业机会，促进学生的职业发展，提高教育的社会效益。

行业企业的参与还可以促进专业教学团队的科研创新。企业可以为教学团队提供研究课题和资金支持，推动教师开展应用研究和技术创新。通过与企业合作开展科研活动，教学团队可以更好地将科研成果转化为教学资源，提升教育的创新性和实用性。

16. 世界500强或行业龙头企业作为校外实训实习基地

将世界500强或行业龙头企业作为校外实训实习基地，对于专业教学团队的实力提升具有多方面的积极作用。通过与这些企业的合作，可以提高学生的实践能力、教师的专业素养和教学水平，以及拓展教学资源，为培养高素质的专业人才提供有力保障。

这些优质企业拥有先进的技术、丰富的实践经验和广阔的市场视野，能够为学生提供最前沿的实训机会。学生可以在这些企业中接触到真实的业务场景，了解行业最新动态，从而更好地掌握专业知识和技能。通过与这些企业的合作，学生可以更深入地了解行业的运作模式和发展趋势，为未来的职业生涯奠定坚实的基础。

世界 500 强或行业龙头企业通常拥有优秀的管理团队和先进的技术水平，这为专业教学团队提供了宝贵的学习机会。教师可以深入企业内部，了解企业的运作机制和管理理念，借鉴企业的成功经验，进一步提升自己的专业素养和教学水平。同时，通过与这些企业的合作，教师还可以与企业共同开展科研项目，推动产学研一体化发展，提高教学团队的科研创新能力。

与这些企业建立紧密的合作关系，还有助于专业教学团队拓展教学资源。企业可以提供先进的实训设备、真实的业务数据和丰富的案例资源，为教学团队提供更加丰富多样的教学手段和内容。这不仅可以激发学生的学习兴趣和积极性，还可以提高教学效果和质量。

17. 省级及以上应用技术协同创新中心，省部共建协同创新中心、国家发展改革委"十三五"产教融合发展工程规划项目

省级及以上应用技术协同创新中心、省部共建协同创新中心以及国家发展改革委"十三五"产教融合发展工程规划项目都是体现专业教学团队实力的重要标志。这些项目不仅要求团队具备强大的科研实力和创新能力，还要求他们具备跨界合作的能力和对产业发展趋势的敏锐洞察力。因此，能够参与这些项目的团队，通常都具备较高的教学水平和行业影响力。

省级及以上应用技术协同创新中心通常是由省级政府或更高层级的政府机构支持建立，旨在推动高校与产业界的深度合作，共同研发并推广具有实际应用价值的技术和解决方案。这样的中心通常汇聚了高校内部的高水平科研团队和来自产业界的专家，通过产学研合作，共同解决行业内的关键技术问题。因此，能够参与这样的中心建设，本身就说明了专业教学团队在技术应用和创新方面的实力。

省部共建协同创新中心是由省级政府和相关部门共同支持建设的创新平台，旨在推动跨地区、跨行业的协同创新。这样的中心不仅要求团队具有强大的科研实力，还要求他们具备跨界合作的能力，能够整合各方资源，共同推动技术创新和产业升级。因此，拥有这样的平台，也体现了专业教学团队在协同创新方面的实力。

国家发展改革委"十三五"产教融合发展工程规划项目是国家层面推

动职业教育发展的重要举措。这样的项目通常关注职业教育与产业发展的紧密结合，旨在通过产教融合的方式，提高职业教育的质量和水平。能够参与这样的项目，说明专业教学团队不仅具备扎实的专业知识和技能，还能够紧密结合产业发展需求，培养出符合市场需求的高素质技术技能人才。

18. 省级及以上高技能人才培训基地、专业技术人员继续教育基地

省级及以上高技能人才培训基地和专业技术人员继续教育基地的建设与运营，确实能够反映出一个地区或机构在专业教学团队方面的实力。这些基地往往集中了大量的优秀教育资源，包括高水平的师资队伍、先进的教学设施以及丰富的教学经验，从而能够为高技能人才和专业技术人员提供高质量的培训和继续教育服务。

从师资队伍的角度来看，这些基地通常会吸引一批具有丰富实践经验和深厚理论素养的专业人才。这些教师或培训师不仅具备扎实的专业知识，而且能够结合实际需求，为学员提供有针对性的指导和建议。他们的教学水平和实践经验往往能够直接影响到培训的质量和效果。

教学设施也是衡量一个基地实力的重要方面。这些基地通常会配备先进的教学设备、实验室以及实践基地，为学员提供充足的学习资源和实践机会。这些设施不仅能够提升学员的学习兴趣和积极性，还能够帮助他们更好地掌握相关技能和知识。

基地的长期有效运营，积累了丰富的教学经验和管理经验。他们能够根据学员的实际情况和需求，制定合理的教学计划和课程设置，确保培训内容的针对性和实用性。同时，他们还能够及时总结教学经验，不断改进教学方法和手段，提升培训的质量和效果。

（三）实训实习

实训实习共包括 3 个三级指标，其在高职院校"双师型"教师团队建设中作用显著。它有助于教师提升实操能力，实现理论与实践的结合；同时，通过与企业的紧密合作，教师能深入了解行业趋势，优化教学内容。此外，实训实习还能加强团队内部的合作与交流，共同提升教学水平，培养更多高素质技术技能人才。

19. 实训实习制度制定与执行情况

实训实习制度的制定与执行情况，是反映专业教学团队实力的重要方面。一个优秀的专业教学团队会制定合理、科学的实训实习制度，并严格执行，从而确保学生能够在实践中有效地应用所学知识，提升专业技能，并为未来的职业生涯打下坚实的基础。

在制度制定方面，专业教学团队应深入了解行业需求和专业特点，结合学校实际情况，制定符合专业特色的实训实习制度。这包括明确实训实习的目标、内容、形式、时间安排、指导教师职责等方面的规定，确保实训实习活动有序、规范地进行。

在制度执行方面，专业教学团队应确保每位学生都能严格按照制度要求进行实训实习。这要求团队具备高效的组织管理能力和良好的沟通协调能力，能够为学生提供充足的实训实习资源和优质的指导服务。同时，团队还应加强对实训实习过程的监督与评估，确保实训实习的效果和质量。实训实习制度的执行情况还可以反映出专业教学团队在行业内的影响力和认可度。如果一个团队的实训实习制度得到了行业的广泛认可和支持，那么这也从侧面证明了该团队在专业教学领域的实力和水平。

通过实训实习制度的制定与执行，专业教学团队能够充分展示其在教学理念、教学方法、教学资源等方面的实力。一个实力雄厚的专业教学团队，不仅能够为学生提供丰富多样的实训实习机会，还能够通过制度化的管理和规范化的操作，确保实训实习活动的顺利进行，从而提高学生的专业素养和实践能力。

20. 中央财政支持的职业教育实训基地

中央财政支持的职业教育实训基地，不仅反映了国家在职业教育领域的重视和投入，更体现了对提升职业教育质量的坚定决心。这些实训基地的建设，不仅涉及硬件设施的完善，还包括软件资源的丰富，以及专业教学团队的建设等多个方面。其中，专业教学团队的实力，是判断实训基地建设水平高低的重要指标之一。

中央财政支持的职业教育实训基地，通常能够吸引一批具有丰富教学经验和专业技能的优秀教师加入。这些教师不仅具备扎实的专业理论知识，还拥有丰富的实践经验，能够为学生提供更为贴近实际的教学和指导。他们的参与，无疑为实训基地的教学质量和效果提供了有力保障。

专业教学团队在实训基地的建设和运行过程中，发挥着至关重要的作用。他们不仅需要负责实训基地的日常教学和管理工作，还需要参与实训基地的规划建设、设备采购、课程设计等多个环节。因此，专业教学团队的实力，直接关系到实训基地的建设水平和教学质量。

中央财政支持的职业教育实训基地，还会通过引进和培养高水平的专业教学人才，来不断提升团队的整体实力。例如，通过与高校、企业等合作，引进具有丰富实践经验和创新能力的优秀人才；同时，也会加强对现有教师的培训和提升，提高他们的教学水平和专业素养。

21. 本专业学生校内、校外实习实训总体情况

本专业学生校内、校外实习实训的总体情况，是反映专业教学团队实力的重要窗口。通过深入剖析实习实训环节的设置、实施效果以及学生的反馈，我们可以一窥专业教学团队的深厚底蕴和强大实力。他们不仅具备扎实的专业知识和丰富的实践经验，还能够紧跟行业发展动态，为学生提供优质的教育资源和实习机会。

在校内实习实训方面，本专业的教学团队精心设计了丰富的实践课程和实验项目，旨在帮助学生将理论知识与实际操作相结合，提高解决实际问题的能力。实验设备先进、齐全，能够满足各类实践课程的需求。同时，教师团队具备丰富的实践经验和专业知识，能够为学生提供有效的指导和帮助。

校外实习实训方面，本专业与多家知名企业建立了深度合作关系，为学生提供了广阔的实习平台和机会。在实习期间，学生能够接触到真实的工作环境和业务流程，深入了解行业的前沿动态和发展趋势。同时，企业导师和学校教师的联合指导，能够使学生在实习过程中得到全方位的指导和支持。

从实习实训的总体情况来看，本专业的学生普遍表现出较高的专业素养和实践能力。他们在实习过程中能够迅速适应工作环境，独立完成工作任务，并得到了实习单位的高度评价。这些成绩的取得，离不开专业教学团队的辛勤付出和精心指导。

（四）教学资源

教学资源共包括 3 个三级指标，其对高职院校"双师型"教师团队建设至关重要。它提供了实践教学所需的素材、案例和平台，有助于教师提升专业能力和教学水平。同时，丰富的教学资源能够增强教师团队的协作与创新，推动教育教学改革，从而培养出更多高素质的技术技能人才。

22. 课程体系建设情况

课程体系建设情况是反映专业教学团队实力的重要指标之一。一个优秀的专业教学团队会致力于构建科学、系统、实用的课程体系，会注重课程内容的更新和完善、课程之间的衔接和融合，以及课程资源的建设和利用，为学生提供高质量的教育和培养具有创新精神和实践能力的专业人才，以培养学生的综合素质和专业能力为核心目标。

在课程体系中融入先进的教育理念和教学方法。他们会紧跟行业发展趋势和前沿技术，不断更新和完善课程内容，确保学生能够接触到最新、最实用的知识和技能。同时，他们还会注重培养学生的创新思维和实践能力，通过设计具有挑战性和实践性的课程项目，让学生在实践中学习和成长。

注重课程之间的衔接和融合。他们会根据专业特点和人才培养目标，合理设置课程模块和学时分配，确保各门课程之间的逻辑关系清晰、内容连贯。此外，他们还会加强跨学科课程的设置，鼓励学生拓宽知识面和视野，培养综合素质和跨领域合作能力。

强化课程资源的建设和利用。他们会积极开发在线课程、教学资源库等数字化教学资源，为学生提供多样化的学习途径和方式。同时，他们还会与企业、行业等合作，引入实际案例和实践经验，丰富课程内容和实践环节，提高学生的职业素养和实践能力。

23. 信息化教学平台及资源建设使用情况

信息化教学平台及资源建设使用情况，能够直接反映出专业教学团队的实力。一个具备前瞻性视野、深厚专业素养、良好组织协调能力和积极推广使用态度的专业教学团队，必然能够打造出优质的信息化教学平台及资源，为师生的教学活动提供有力支持。

信息化教学平台的建设是一个系统工程，需要教学团队具备前瞻性的视野和深厚的专业素养。一个优秀的专业教学团队会深入了解学科特点和教学需求，精心设计平台架构和功能模块，确保平台能够满足教学的实际需求。在平台建设过程中，团队还需要充分考虑用户体验和交互性，使得平台不仅功能齐全，而且操作便捷、界面友好。

资源建设是信息化教学平台的重要组成部分，也是体现教学团队实力的重要方面。教学团队会积极搜集、整理、制作和更新教学资源，包括课件、视频、音频、习题库等，确保资源的丰富性、准确性和时效性。同时，团队还会注重资源的分类和标签化，方便师生快速查找和使用。这些工作的完成需要团队成员具备扎实的专业知识和良好的组织协调能力。

信息化教学平台及资源的使用情况也是反映教学团队实力的一个重要指标。一个优秀的专业教学团队会积极推广和使用信息化教学平台，鼓励师生充分利用平台资源和功能进行教学活动。通过平台的在线学习、互动讨论、作业提交等功能，师生之间的交流与合作得以加强，教学效果也会得到显著提升。同时，团队还会根据使用情况进行平台的优化和升级，不断提高平台的稳定性和用户体验。

24. 精品在线开放课程使用情况

精品在线开放课程的使用情况无疑能够深刻地反映出专业教学团队的卓越实力。这种课程不仅汇聚了教师们精湛的专业知识、独到的教学见解，还体现了他们在教学技术上的精湛运用以及与时俱进的创新精神。精品在线开放课程的使用情况不仅是对专业教学团队实力的全面检验，更是对他们在教学理念、方法和技术应用上的创新与突破的高度认可。这些优秀的教师团队通过精心打造和持续优化精品在线开放课程，为广大学生提供了更加优质、便捷的学习资源，为推动教育教学的改革与发展作出了积极贡献。

精品在线开放课程的设计与实施是专业教学团队实力的集中展现。这些课程通常由具有丰富教学经验和深厚学科背景的教师领衔打造，他们深入挖掘学科内涵，巧妙设计教学方案，使得课程内容既系统完整又生动有趣。同时，他们还能够根据在线教育的特点，灵活运用各种教学方法和手段，营造出一种互动、开放、高效的学习氛围，从而有效激发学生的学习兴趣和主动性。

在精品在线开放课程的制作与推广方面，专业教学团队同样展现出了高超的技术水平和创新能力。他们熟练掌握各种在线教学平台的操作技巧，能够利用先进的录制设备、编辑软件等工具，将课程内容以高清、流畅的视频形式呈现出来。同时，他们还能够巧妙地运用动画、音效等多媒体元素，使得课程内容更加直观、生动。此外，在课程的推广方面，他们也能够积极利用社交媒体、学习社区等渠道，吸引更多的潜在学习者关注和参与。

精品在线开放课程的互动与评价环节也是展示专业教学团队实力的重要窗口。这些教师始终保持着对学生学习情况的关注，他们会及时回应学生的疑问，提供个性化的学习建议。同时，他们还会通过课程评价、学习数据分析等手段，不断了解学生的学习需求和反馈，以便进一步优化课程内容和教学方法。这种对学生学习过程的持续关注和不断改进，无疑体现了专业教学团队高度的责任感和敬业精神。

（五）教学方法

教学方法共包括 3 个三级指标，其对高职院校"双师型"教师团队建设至关重要。它直接影响教学质量，是提升教师实践能力和理论水平的关键。合理的教学方法有助于教师团队更好地协作，实现资源共享和优势互补，推动专业发展和创新。因此，重视教学方法的改进与创新，对建设高效、优质的"双师型"教师团队具有重要意义。

25. 教学方法应用情况

教学方法的应用情况确实能够反映一个专业教学团队的实力。一个实力强大的专业教学团队通常会采用多种教学方法，以适应不同学生的学习需求，提高教学效果。一个实力强大的团队会积极探索和应用多种教学方法，以提高教学效果和学生的学习体验。

互动教学方法的应用是衡量团队实力的重要指标。通过小组讨论、问题回答等形式，教师能够激发学生的思考能力和参与度。一个优秀的团队会设计富有启发性的讨论主题，引导学生深入思考和交流，从而培养他们的分析能力和解决问题的能力。

案例教学方法也是体现团队实力的重要方面。通过引入真实案例或情境，教师可以让学生在实际问题中学习，培养问题解决能力和实践能力。一个实力强大的团队会精选具有代表性、贴近实际的案例，引导学生进行分析和讨论，帮助他们将理论知识与实际应用相结合。

社交化教学方法和游戏化教学方法的应用也能反映团队的创新能力。社交化教学方法鼓励学生之间的合作学习和团队合作，培养学生的交流能力和团队精神。而游戏化教学方法则能够激发学生的学习兴趣，增加学习动力。一个具有创新精神的团队会积极探索这些新兴的教学方法，并将其融入教学中，以提升学生的学习体验和效果。

个性化教学方法的应用也是团队实力的重要体现。根据学生的学习特点和需求，教师会采用个性化的教学方式和策略，以提高学生的学习效果和积极性。一个优秀的团队会关注每个学生的个体差异，为他们提供量身定制的学习方案，帮助他们充分发挥自己的潜力。

26. 理实一体化教学模式应用情况

理实一体化教学模式的应用情况是反映专业教学团队实力的重要指标之一。通过评估这种教学模式的实施效果，可以全面了解教学团队在理论水平、实践经验、教学方法和手段、资源整合和协调等方面的能力和水平。

理实一体化教学模式要求教师具备深厚的理论知识以及丰富的实践经验。这样的教学模式强调理论与实践的紧密结合，需要教师在传授理论知识的同时，能够引导学生进行实践操作，并及时解决学生在实践中遇到的问题。因此，能够成功应用理实一体化教学模式的团队，其成员必然具备较高的专业素养和丰富的教学经验。

理实一体化教学模式的应用情况也反映了教学团队在教学方法和手段上的创新能力。这种教学模式需要不断探索和实践，以适应不同专业和课程的特点，提高教学效果。一个实力强大的教学团队会积极尝试新的教学方法和手段，如案例分析、模拟实验等，以激发学生的学习兴趣和积极性，提升他们的实践能力和创新精神。

理实一体化教学模式的应用情况还可以反映出教学团队在资源整合和协调方面的能力。实施这种教学模式需要充分利用校内外的各种教学资源，如实验室、实训基地、企业等，以提供给学生更多的实践机会。一个优秀的教学团队会积极与各方合作，整合各种资源，为学生创造一个良好的学习环境。

理实一体化教学模式的应用效果也是评价教学团队实力的重要依据。通过对比传统教学模式和理实一体化教学模式下的学生成绩、实践能力、创新能力等方面的表现，可以评估出教学团队在教学模式改革中的成果和贡献。

27. 教学评价方法

对学生课程的评价方法，不仅是对学生学习效果的考量，更是对专业教学团队实力的重要反映。一个优秀的专业教学团队，往往会采用多元化、科学化的评价方法，以确保教学质量和效果的最大化。以下是一些能够反映专业教学团队实力的学生课程评价方法。

目标评价模式是一种重要的评价方法。在这种模式下，教学团队会明确课程目标，并根据这些目标来设计课程内容和评价方式。这种评价模式强调课程目标与实际教学效果之间的匹配度，能够直观地反映教学团队对课程目标的把握和实现能力。

过程性评价模式也是一种有效的评价方法。与目标评价模式不同，它更注重课程计划的过程性，而非期末效应。这种评价模式要求评价者不受预设目标的影响，关注学生在课程学习中的实际收获和成长。这能够反映出教学团队在课程设计和实施过程中的灵活性和创新性。

还有一些具体的评价指标和方法，如学习效果、学习成果、实践活动、专业能力和就业能力等。这些指标和方法涵盖了学生在课程学习中的各个方面，能够全面反映教学团队的教学质量和效果。例如，学习效果可以通过学生的参与度、听课率、评课率等指标来衡量；学习成果则可以通过学生的作业、论文、设计等成果的质量来评价；实践活动可以考查学生在实习、竞赛等实际场景中的表现；专业能力则可以通过学生的技能掌握程度和解决问题的能力来评估；而就业能力则可以通过学生的就业情况来反映教学团队对市场需求和行业动态的把握能力。

一个优秀的专业教学团队还会注重评价方法的科学性和可操作性。他们会采用多种评价方法相结合的方式，以确保评价结果的客观性和准确性。同时，他们还会关注评价结果的反馈和应用，及时调整教学策略和方法，以不断提升教学质量和效果。

（六）行业影响

行业影响共包括3个三级指标，其对高职院校"双师型"教师团队建设至关重要。它有助于教师把握行业动态，提升实践教学能力，培养符合市场需求的高素质人才，增强学校与企业的合作，推动高职教育的创新发展。

28. 省级及以上职教集团牵头单位

作为职业教育的牵头单位，它们具备较高的教育水平和专业实力，拥有丰富的教育资源和先进的教育理念，能够引领职业教育的发展方向，推动行业的技术进步和人才培养。同时，它们还与众多企业和机构建立了广泛的合作关系，为学生提供了更多的实践机会和就业渠道，促进了职业教育与产业发展的深度融合。因此，我们应该更加重视牵头单位在职业教育中的重要作用，并加强与它们的合作与交流，共同推动职业教育的持续健康发展。

作为职业教育的牵头单位，它们往往具备较高的教育水平和专业实力，能够为职业教育提供坚实的理论支持和实践指导。这些单位通常拥有一批经验丰富的教师团队，他们不仅具备深厚的专业知识，还具备丰富的实践经验和教育教学方法。这些教师团队能够针对职业教育的特点和需求，制定出更加科学、合理的教育方案，并为学生提供更加有效的学习指导。

牵头单位还往往拥有丰富的教育资源和先进的教育理念。它们不仅拥有各种现代化的教学设施和设备，还注重培养学生的实践能力和创新精神。这些单位通常采用多元化的教育手段和方法，如项目式学习、实践教学、在线学习等，以激发学生的学习兴趣和积极性，帮助他们更好地掌握知识和技能。

作为行业内的领军单位，牵头单位还具备较高的声誉和地位，能够与众多企业和机构建立广泛的合作关系。这些合作关系不仅为学生提供了更多的实践机会和就业渠道，还为职业教育与产业发展的深度融合提供了有力支持。牵头单位通过与企业和机构的紧密合作，能够及时了解行业发展的最新动态和需求，调整和优化职业教育方案，确保职业教育的针对性和实效性。

牵头单位还积极参与行业标准的制定和推广工作，推动职业教育与行业标准的对接。它们通过组织各种形式的学术交流和研讨活动，分享最新的教育理念和研究成果，促进行业内外的交流与合作。这种交流与合作不仅有助于提升整个行业的水平和影响力，还能够为职业教育的发展提供更多的思路和方向。

29. 行业指导委员会委员及以上成员单位

行业指导委员会委员及以上成员单位在行业中的影响力是全方位的，他们通过贡献专业知识、提高行业知名度、整合资源、推动合作与交流以及制定和推广行业标准和规范等方式，为行业的健康发展作出了积极的贡献。

这些单位往往具有深厚的行业背景和专业知识，他们了解行业的最新动态、发展趋势以及面临的挑战。因此，他们的意见和建议对于行业的健康发展具有重要的参考价值。通过参与行业指导委员会的工作，这些单位能够将自己的经验和智慧贡献给整个行业，推动行业的进步和发展。

行业指导委员会委员及以上成员单位通常具有较高的社会地位和影响力。他们的参与和发声能够引起行业内外的广泛关注，提高行业的知名度和影响力。这些单位的支持和推动，有助于形成行业共识，凝聚行业力量，推动行业的改革和创新。

这些单位往往具有较强的资源整合能力和网络影响力。他们能够利用自身的资源和优势，为行业内的其他单位提供支持和帮助，促进行业内的合作与交流。通过搭建平台、组织活动等方式，他们能够促进信息的共享和资源的互补，推动行业的协同发展。

行业指导委员会委员及以上成员单位在行业中的影响力还体现在其对行业标准和规范的制定和推广上。他们积极参与行业标准和规范的制定工作，推动行业标准的更新和完善，提高行业的整体水平和竞争力。同时，他们还通过宣传和推广行业标准和规范，引导行业内的其他单位遵守规范、提高质量，推动行业的健康发展。

30. 中国职业教育学会常务理事及以上成员单位

中国职业教育学会常务理事及以上成员单位在行业中具有广泛而深远的影响力。它们通过参与政策制定、人才培养、技术创新和社会责任履行等方面的工作，推动职业教育行业的持续健康发展，为经济社会的进步作出重要贡献。

在政策和标准制定方面，这些常务理事及以上成员单位常常发挥着关键作用。它们凭借丰富的实践经验和对行业的深入理解，积极参与职业教育相关政策和标准的制定过程，为行业的规范化和健康发展提供有力支持。这些政策和标准不仅有助于提升职业教育的整体质量，还能为行业内的其他单位提供明确的指导和规范。

在人才培养和就业服务方面，常务理事及以上成员单位也发挥着重要作用。它们通过与企业和行业的紧密合作，了解行业对人才的需求趋势，为职业教育提供有针对性的课程设置和教学内容。同时，这些单位还积极搭建人才供需对接平台，为毕业生提供广阔的就业渠道和优质的就业服务，帮助他们顺利融入社会、实现个人价值。

常务理事及以上成员单位还在技术创新和产业升级方面发挥着积极作用。它们紧跟时代步伐，关注行业发展趋势，积极推动新技术、新工艺、新方法的研发和应用。通过与企业、高校等机构的合作，共同开展科研项目和技术攻关，为行业的技术创新和产业升级提供有力支持。

常务理事及以上成员单位还在社会责任履行方面发挥着表率作用。他们积极参与社会公益事业，为弱势群体提供职业教育和培训服务，帮助他们提升自身素质和就业能力。同时，这些单位还通过开展各种公益活动，传递正能量、弘扬社会主义核心价值观，为社会和谐稳定作出积极贡献。

成员单位在职业教育领域具有显著的引领和示范作用。它们通常是行业内的领军企业或具有深厚教学经验的职业院校，拥有先进的教育理念、教学方法和教学资源。这些单位通过分享经验、交流成果，推动职业教育行业的创新与发展，为其他单位提供可借鉴的成功案例和实践经验。常务理事及以上成员单位在推动产学研用深度融合方面发挥着重要作用。它们积极与企业、行业组织等合作，共同开展技术研发、人才培养、职业培训等活动，促进职业教育与产业发展的紧密结合。这不仅有助于提升职业教育的实用性和针对性，还能为行业培养更多高素质、高技能的人才，推动行业的持续健康发展。

（七）社会服务

社会服务共包括 2 个三级指标，其对高职院校专业"双师型"教师团队建设至关重要。它不仅能提升教师的实践能力和职业素养，增强团队的行业影响力，还有助于优化师资队伍结构，提高教育教学水平。同时，社会服务也是检验和提升教师"双师"素质的有效途径，有助于推动团队建设与行业发展的紧密对接。

31."1+X"证书考核重点

"1+X"证书考核制度旨在使学生在获得学历证书的同时，也能取得多类职业技能等级证书，从而增强其职业竞争力和适应能力。而考核站点的建设和运营，需要依托具有专业背景和丰富教学经验的教学团队，是展示专业教学团队实力的重要窗口之一。通过加强考核站点的建设和运营，可以进一步推动专业教学团队的发展和提升，为培养更多高素质、高技能的人才提供有力保障。

团队具备丰富的专业知识和教学经验。团队成员具备深厚的学科背景和丰富的教学经验，能够准确把握行业发展趋势和职业技能需求，为学生提供高质量的教学和指导。

团队具备高效的教学组织和实施能力。团队能够科学合理地设计教学计划和课程体系，确保教学内容与职业技能等级标准紧密对接。同时，团队还具备高效的教学组织和实施能力，能够确保教学过程的顺利进行和教学效果的达成。

团队校企合作和产学研结合紧密。团队积极与企业合作，共同开发教学资源和实践项目，使学生能够在实践中学习和掌握职业技能。此外，团队还注重产学研结合，将科研成果转化为教学资源，推动教学质量的不断提升。

通过考察"1+X"证书考核站点的建设和运营情况，可以间接了解专业教学团队的实力。一个优秀的考核站点通常能够反映出教学团队在专业知识、教学经验、教学组织、校企合作等方面的优势和特点。同时，考核站点的运营情况也能够反映出教学团队在职业技能培训、实践教学、学生管理等方面的能力和水平。

32. 申报专业具备省级以上职业技能鉴定资质

具备省级以上职业技能鉴定资质的专业教学团队在专业性、实力、资源、创新能力、教学质量监控以及社会声誉等方面都表现出色。

省级以上职业技能鉴定资质是对教育机构在某一职业技能领域的专业性的高度认可。拥有这样的资质意味着该机构的教学团队在相关领域具有深厚的理论知识和丰富的实践经验，能够为学生提供高质量的教学和培训。

具备这样的资质意味着教学团队具备较高的专业素养和技能水平。他们通常具有丰富的行业经验、良好的教学方法和较高的教学能力，能够为学生提供有针对性的教学指导，帮助他们掌握职业技能，提升职业竞争力。

拥有省级以上职业技能鉴定资质的机构通常拥有较为完善的教学资源和设施，包括先进的教学设备、丰富的教材资料以及与企业合作建立的实训基地等。这些资源能够为学生提供更加全面、系统的学习和实践机会，有助于提升他们的综合素质和实践能力。

对于学生而言，选择具备省级以上职业技能鉴定资质的机构进行学习和培训，意味着他们能够获得更加权威、专业的认证和证书。这些证书在求职过程中具有较高的认可度和竞争力，能够为学生提供更好的就业前景和发展机会。

具备省级以上职业技能鉴定资质的机构通常建立了一套严谨的教学质量监控体系。这个体系包括教学过程的监督、学生反馈的收集与处理、教学效果的评估等方面。通过这套体系，教学团队能够及时了解学生的学习情况和需求，不断改进教学方法和策略，确保教学质量和效果。

拥有省级以上职业技能鉴定资质的机构和教学团队，通常也具有良好的社会声誉和影响力。他们在行业内具有较高的知名度和认可度，能够吸引更多的优秀学生和合作伙伴。同时，他们也会积极参与社会公益活动，为社会培养更多高素质的技能人才，推动行业的发展和进步。

33. 申报专业开展非学历培训等社会服务等情况

高职专业教学团队通过开展非学历培训等社会服务，不仅能够提升团队成员的专业能力和综合素质，还能够为社会和学员带来实际的效益和价值，从而充分展示团队的实力和水平。

　　能开展非学历培训的专业教学团队具备丰富的专业知识和实践经验。高职专业教学团队通常由一批具有深厚学科背景和丰富实践经验的教师组成，他们不仅掌握本专业的最新理论知识，还具备将理论知识应用于实际工作的能力。因此，他们能够针对非学历培训的需求，设计并开发出符合行业发展和市场需求的培训课程，为学员提供实用、有效的知识和技能。

　　该专业教学团队拥有良好的教学能力和教学方法。高职专业教学团队的教师通常经过严格的教育教学培训，掌握多种教学方法和手段，能够根据不同的学员特点和培训需求，灵活采用案例教学、实践操作、互动讨论等教学方式，激发学员的学习兴趣和积极性，增强培训效果。

　　该专业教学团队具备紧密的行业联系和合作能力。高职专业教学团队通常与相关行业和企业保持紧密的联系和合作，了解行业的发展动态和市场需求，能够及时调整培训内容和方式，确保培训内容与行业实际需求紧密相连。同时，他们还能够积极争取行业企业的支持和参与，为学员提供更多的实践机会和就业渠道。

　　该专业教学团队能够取得显著的社会效益和学员满意度。高职专业教学团队开展的非学历培训等社会服务，能够为社会培养更多的技能型人才，提升人才的综合素质和就业竞争力，为经济社会发展注入新的活力。同时，通过学员的反馈和评价，也能够反映出高职专业教学团队的教学质量和培训效果，进一步提升团队的知名度和影响力。

三、团队水平

　　团队水平共包括4个二级指标，分别从首位的师德师风、团队结构化水平、团队负责人能力水平及团队各成员的水平来多维度考量。团队水平对高职院校"双师型"教师团队建设至关重要。高水平团队能提升教学质量，促进产学研结合，增强实践创新能力，进而提升人才培养质量，推动高职教育的持续发展。

（一）师德师风

师德师风包括 2 个三级指标，其对高职院校"双师型"教师团队建设至关重要。它不仅是教师个人素养的体现，更是提升教学质量、培养高素质技术技能人才的关键。师德师风建设有助于增强教师团队的凝聚力和向心力，提升教师教育教学水平，从而推动高职院校教育事业的健康发展。

34. 全国高校黄大年式教师团队、全国劳动模范、模范教师、先进工作者等

获得全国高校黄大年式教师团队、全国劳动模范、模范教师、先进工作者等荣誉的专业教学团队，无疑具备了一流的实力和教育水平。这些荣誉是对他们在教学、科研、社会服务等方面所取得显著成就的认可。

专业团队通常拥有强大的师资力量。他们不仅具备深厚的学科知识和丰富的教学经验，而且能够不断创新教学方法和手段，提高教学效果。他们注重培养学生的创新精神和实践能力，致力于为社会培养出更多优秀的人才。

专业团队在科研方面也取得了显著成果。他们紧跟学科前沿，积极开展科学研究，取得了多项重要成果，为学科发展和社会进步作出了重要贡献。同时，他们还注重将科研成果转化为实际应用，服务于社会经济发展。

专业团队还具有良好的社会服务意识和能力。他们积极参与社会公益活动，为社会提供专业的知识和技能支持，为社会发展和进步作出了积极贡献。

专业团队还具备高度的凝聚力和合作精神。他们团结协作、密切配合，共同致力于教学和科研工作的发展。这种良好的团队合作精神是他们能够取得如此多荣誉的重要原因之一。

35. 省级及以上优秀教师、师德标兵、教育工作先进个人等

获得省级及以上优秀教师、师德标兵、教育工作先进个人等荣誉的高职院校专业教学团队，在师德师风方面表现出了高尚的职业操守、深厚的爱国情怀、对学生无私的关爱、严谨的教学态度、团队合作与共享精神以及持续的自我提升等特点。这些特点不仅为他们赢得了荣誉和尊重，更为

高职院校的师德师风建设树立了典范和标杆。

①具备高尚的职业操守。这些专业教师始终遵守教师的职业道德规范，以身作则，为学生树立良好的榜样。他们对待工作认真负责，对待学生公平公正，用实际行动诠释着教育者的责任和使命。

②胸怀深厚的爱国情怀。他们热爱社会主义祖国，全面贯彻党的教育方针，坚持正确的政治方向，将个人的教育事业与国家的发展紧密联系在一起。他们具有强烈的事业心和责任感，为培养社会主义事业的建设者和接班人而不懈努力。

③对学生无私地关爱。这些教师不仅关注学生的学业成绩，更关心学生的身心健康和全面发展。他们尊重学生的人格，平等、公正地对待每一位学生，用爱心和耐心去引导、帮助学生成长。

④教学态度严谨。他们对待教学工作严谨认真，注重教学方法的创新和实践，不断提高教学质量和效果。他们善于激发学生的学习兴趣和潜能，帮助学生掌握专业知识和实践技能。

⑤有较强的团队合作与共享精神。这些教师注重与同事之间的合作与交流，共同研讨教学方法和技巧，分享教学经验和资源。他们团结协作，共同为提升学校的整体教学水平和声誉而努力。

⑥能持续地自我提升。他们具有强烈的学习意识和进取心，不断更新教育观念和知识体系，提高自身的专业素养和教育能力。他们积极参加各种培训和学术活动，努力成为学生心目中的"学者型"教师。

（二）结构梯队

结构梯队共包括 3 个三级指标，分别从团队成员的数量、专业结构、年龄、职称水平和行业企业技术人员水平来考量。合理的梯队结构能确保团队中既有经验丰富的资深教师，又有充满活力的中青年教师，形成有效的知识传承与技能接力。这种结构有助于提升团队整体的教学水平和实践能力，促进教师之间的合作与交流，从而推动高职院校的专业发展和教学质量提升。同时，教师梯队的建设还有助于激发教师的创新精神和团队凝聚力，为高职院校的可持续发展提供有力的人才保障。

36. 团队专业结构、年龄结构及成员数量

团队专业结构、年龄结构及成员数量都对专业教学团队实力产生重要

影响。为了提升团队实力，首先应优化团队专业结构，确保团队成员具备多元化的专业背景；其次，合理搭配不同年龄段的教师，实现教学经验的传承和创新思维的碰撞；最后，根据教学任务的需求合理确定成员数量，确保团队的高效运作。

团队专业结构是指团队成员在专业知识、技能和经验方面的构成。一个优秀的专业教学团队应具备多元化的专业背景，以便能够应对不同领域的教学需求。团队成员之间的专业互补性有助于提升团队的整体教学水平和创新能力。例如，在某些综合性较强的课程中，需要团队成员共同协作，各自发挥自己的专业优势，以达到更好的教学效果。

年龄结构也是影响团队实力的重要因素。合理的年龄结构可以确保团队既有经验丰富的老教师，又有充满活力和创新精神的青年教师。老教师通常具有丰富的教学经验和深厚的学术造诣，能够为团队提供稳定的指导和支持；而青年教师则更具创新精神，能够推动团队在教学方法和内容上不断更新和进步。这种老少搭配的模式有助于实现教学经验的传承和创新思维的碰撞，从而提升团队的整体实力。

成员数量也是影响团队实力的一个关键因素。适当的成员数量可以确保团队在运作过程中的高效性和协作性。人数过少可能导致团队在资源和能力上受到限制，难以应对复杂的教学任务；而人数过多则可能导致沟通成本上升，协作效率下降。因此，需要根据教学任务的复杂程度和团队的目标来合理确定成员数量。

37. "双师型"教师、高级专业技术职称（职务）教师、持有高级以上职业资格证书的教师

"双师型"教师、高级专业技术职称（职务）教师以及持有高级以上职业资格证书的教师的数量和质量，对专业教学团队的影响主要体现在提升教学质量、推动学科发展、增强实践操作能力等方面。因此，在构建专业教学团队时，应注重引进和培养这三类教师，以优化团队结构，提升整体效能。

"双师型"教师是指既具备理论教学能力又具备实践教学能力的教师。他们的存在使得教学团队能够更好地将理论与实践相结合，为学生提供更为全面和深入的学习体验。这类教师通常具有丰富的行业经验和实际操作

能力，能够将最新的行业动态和技术趋势融入教学中，使学生更好地适应市场需求和职业发展。因此，"双师型"教师的数量和质量是衡量一个专业教学团队综合实力的重要指标之一。

高级专业技术职称（职务）教师通常具有深厚的学术背景和丰富的教学经验。他们在专业领域具有较高的知名度和影响力，能够为学生提供高水平的学术指导。这类教师的存在不仅有助于提升教学团队的整体学术水平，还能够激发学生的学术兴趣和潜力，推动学科的发展和创新。

持有高级以上职业资格证书的教师则意味着他们具备了在特定领域进行高水平实践操作的能力。这类教师能够将实际工作中的经验和技能传授给学生，帮助学生更好地掌握专业技能和职业素养。他们的加入使得教学团队更加贴近行业实际，提高了教育的针对性和实用性。

38. 行业企业高级技术人员

行业企业高级技术人员在专业教学团队中起到的作用至关重要，他们凭借丰富的实践经验和深厚的行业背景，为教学团队注入了新的活力和动力。他们的加入不仅丰富了教学内容和形式，还提高了教学质量和效果，为学生的成长和发展提供了有力的支持。

一是行业企业高级技术人员提供实践经验和行业洞察。高级技术人员具备丰富的实践经验，了解行业的最新动态和发展趋势。他们能够将实际工作中的案例和经验引入课堂，使学生更直观地了解行业现状，增强学习的针对性和实用性。同时，他们还能提供行业洞察，帮助学生更好地把握行业发展的脉搏，为未来的职业规划提供指导。

二是促进校企合作与产学研相结合。高级技术人员作为企业与学校之间的桥梁，有助于促进校企合作和产学研结合。他们可以与学校共同开发课程、制定教学计划，确保教学内容与行业需求紧密对接。此外，他们还可以协助学校与企业建立实习基地、实训基地，为学生提供更多的实践机会，培养学生的实际操作能力和职业素养。

三是提升教学团队的整体水平。高级技术人员的加入，可以提升教学团队的整体水平。他们可以与团队成员分享自己的经验和技能，帮助其他教师提高教学水平。同时，他们还能为学校引进新的教学方法和理念，推动教学改革和创新，提升教学质量。

四是指导学生职业规划与就业。高级技术人员在职业规划与就业方面具有丰富的经验。他们可以为学生提供个性化的职业规划和就业指导，帮助学生明确职业方向，提高就业竞争力。此外，他们还可以为学生推荐合适的实习和工作机会，帮助学生顺利进入职场。

（三）负责人能力

负责人能力共包括 3 个三级指标，分别从年龄、组织能力、专业学术能力和行业影响等方面进行考量。一个优秀的团队负责人需具备卓越的专业素养、组织协调能力和前瞻视野，以引导团队发展、提升教学质量，促进产学研深度融合，培养更多高素质技术技能人才。

39. 团队负责人年龄不超过 50 岁

高职专业教学团队负责人的年龄不超过 50 岁这一规定，主要是为了确保团队负责人具备足够的活力、适应能力和创新潜力，以应对高职教育的挑战和需求。但这并不意味着年纪稍大的负责人就无法胜任这一职务，而应结合实际情况进行综合考虑。

年龄在一定程度上代表了经验和成熟度，并不意味着年纪稍大的人就无法胜任这一职务。然而，在高职教育的环境中，由于技术和知识的快速更新，以及学生群体的不断变化，团队负责人需要具备一定的活力和适应能力来应对这些挑战。年轻的团队负责人可能更容易接受新的教育理念和教学方法，更容易与学生建立沟通和联系。

年龄较轻的负责人可能更具创新潜力。他们可能更愿意尝试新的教学方法和教学手段，推动教学改革的进行。这种创新精神对于高职教育来说是非常宝贵的，因为高职教育需要不断更新教学内容和教学方法，以适应社会和行业的发展。但这并不意味着年纪稍大的负责人就无法胜任这一职务。事实上，年纪稍大的负责人可能拥有更丰富的教学经验和更深厚的教育背景，能够提供更稳定的教学质量和更全面的教学指导。因此，在选择高职专业教学团队负责人时，除了考虑年龄因素外，还应综合考虑其教学经验、教育背景、领导能力、创新能力等多个方面。

40. 具有改革创新意识、组织协调能力、合作精神

高职专业教学团队负责人具有改革创新意识、组织协调能力和合作精

神等优秀品质，这些特质在他们的工作中发挥着显著的优势。这些优势不仅有助于提升团队的教学水平和质量，还能够促进学生的全面发展和社会适应能力的提升。因此，我们应当高度重视并充分发挥高职专业教学团队负责人的这些优势，为培养更多优秀人才作出更大的贡献。

改革创新意识是高职专业教学团队负责人的一大优势。在快速发展的教育领域中，传统的教学方法和模式已难以满足现代社会的需求。因此，团队负责人需要具备敏锐的洞察力，能够及时发现教学中的问题并提出创新的解决方案。他们勇于尝试新的教学方法和手段，不断推动教学改革，使教学内容更加贴近实际，提高学生的学习兴趣和效果。这种改革创新意识有助于团队在激烈的竞争中保持领先地位，为培养更多高素质人才奠定坚实基础。

组织协调能力也是高职专业教学团队负责人的重要优势。作为团队的核心人物，他们需要协调各方面的资源，确保教学工作的顺利进行。团队负责人需要与学校、企业和其他相关部门建立良好的合作关系，争取更多的支持和资源。同时，他们还需要协调团队成员之间的关系，激发团队成员的积极性和创造力。通过有效的组织和协调，团队负责人能够确保教学工作的顺利进行，提高教学效果和质量。

合作精神是高职专业教学团队负责人的另一大优势。在现代社会中，团队合作已成为一种重要的工作方式。团队负责人需要具备强烈的团队意识和合作精神，能够带领团队成员共同完成任务。他们需要与团队成员保持密切的沟通和协作，充分发挥每个人的优势，形成合力。通过团队合作，团队负责人能够汇聚更多智慧和力量，推动教学团队不断发展和进步。

41. 课程开发经验、学术成就、行业影响、社会认知等

高职专业教学团队负责人在课程开发、学术成就、行业影响和社会认知等方面所体现的优势，为团队的教学质量和专业发展提供了有力保障，有助于培养更多优秀的技术技能人才，为社会经济发展作出积极贡献。

在课程开发方面，团队负责人通常具有丰富的经验，能够准确把握行业发展趋势和人才需求，结合学校的教学资源和条件，制定出符合实际、切实可行的课程开发计划。他们能够针对专业特点，整合和优化教学资

源，设计具有创新性、实用性和前瞻性的课程体系，为培养高素质的技术技能人才奠定坚实基础。

在学术成就方面，团队负责人往往具有较高的学术水平和研究能力，能够在专业领域内发表高质量的学术论文、参与重大科研项目或获得重要学术奖项。这些学术成果不仅提升了团队的整体学术水平，也为学生提供了更为广阔的学习视野和深入的专业指导。

在行业影响方面，团队负责人通常具有广泛的行业联系和影响力，能够与企业界、行业组织等建立紧密的合作关系，为团队的教学实践、实习实训和就业创业等方面提供有力支持。他们能够及时了解行业最新动态和人才需求，为团队的教学改革和专业发展提供有针对性的建议和指导。

在社会任职方面，团队负责人可能担任多个社会职务，如行业协会理事、企业顾问等，这些职务使他们能够更好地了解社会需求，为团队的教学和科研工作提供更为广阔的视野和更为丰富的资源。同时，他们的社会任职也为学生提供了更多的实践机会和就业渠道，有助于提升学生的综合素质和就业竞争力。

（四）团队成员水平

团队成员水平包括 8 个三级指标，分别从产、学、研、用、创、赛等方面进行考量。高水平教学团队能提升教学质量，促进产学研融合，增强实践创新能力，提升专业竞争力，为学生成长提供坚实支撑。

42. 国家"万人计划"教学名师

国家"万人计划"教学名师是国家"万人计划"这一重大人才工程中的一个子项。该计划由党中央、国务院批准，旨在面向国内高层次人才进行重点支持。自 2012 年启动实施以来，它致力于在自然科学、工程技术和哲学社会科学等领域遴选并支持杰出人才、领军人才和青年拔尖人才。

教学名师作为"万人计划"的一个重要组成部分，是唯一一个侧重考察教师教书育人实绩的国家级人才项目。它最初主要面向高等教育领域，后来逐渐扩展到各级各类学校的在职专任教师。这一项目的设立充分体现了国家对一线教师从事教书育人工作的重视和认可，旨在激发广大教师坚守岗位职责，潜心教书，精心育人，为国家培养更多优秀人才。通过这一计划，国家不仅希望提升教育教学的质量和水平，还期望通过支持优秀的教学名师，推动整个教育行业的进步和发展。因此，国家"万人计划"教学名师的出处可以追溯到国家层面实施的这一重大人才工程，它旨在通过选拔和支持优秀教师，推动教育事业的繁荣和发展。

国家"万人计划"教学名师在专业教学团队中发挥着至关重要的作用。他们不仅具备深厚的学科知识和丰富的教学经验，而且在教学风格、教学态度以及持续学习和创新的精神等方面都表现出色。

第一，在专业教学团队中起到引领与示范作用。教学名师以其卓越的教学能力和成果，为团队中的其他教师树立了榜样。他们通过展示先进的教学方法和手段，激发团队成员对教学的热情和投入，推动整个团队教学水平的提升。

第二，有助于课程建设与优化。教学名师通常负责核心课程的规划和设计。他们根据专业的培养目标和市场需求，制定明确的教学目标，设计富有创新性的教学计划。同时，他们还会关注课程内容的更新与优化，确保学生能够掌握最新、最实用的知识和技能。

第三，组织团队协同与指导。教学名师积极参与团队的协同工作，与其他教师共同开展教学研究和学术研讨。他们通过组织教学观摩、轮值接受学生咨询等活动，促进团队成员之间的交流与合作。同时，他们还会针对年轻教师的特点和需求，提供个性化的指导和帮助，促进他们的成长和发展。

第四，主持教学资源开发与共享。教学名师注重课程资源的开发与共享。他们积极倡导课程资源共享与集体备课，推动团队成员共同开发在线课程资源等，为学生提供更加优质的教学资源和服务。

第五，监督教学质量监控与提升。教学名师对教学质量有着严格的把控。他们会对团队成员的教学实施过程进行了解和跟踪，对课堂教学和独立实践环节提出指导性建议。通过定期的教学研讨活动和教学观摩，他们能够及时发现问题并提出改进措施，从而不断提升整个团队的教学质量。

43. 省级及以上教学成果奖或科技奖励情况

省级及以上教学成果奖或科技奖励情况是反映高职专业教学团队实力的重要指标之一，但并不是唯一的标准。在评估高职专业教学团队的实力时，还需要综合考虑团队成员的学术背景、教学经验、实践能力以及团队的协作和创新能力等方面。

获得省级及以上教学成果奖意味着该教学团队在教育教学改革、课程建设、教材编写、教学方法创新等方面取得了显著成果。这些成果反映了团队对教育教学规律的深刻理解和把握，也体现了团队在教育教学实践中的不断探索和创新。这些成果不仅可以提升教学质量和效果，也能够为其他教学团队提供借鉴和参考，推动整个高职教育的进步和发展。

科技奖励情况也是衡量高职专业教学团队实力的重要方面。获得科技奖励意味着该团队在科学研究、技术创新、成果转化等方面取得了突出成绩。这些奖励不仅证明了团队在科技领域的实力和水平，也体现了团队在推动产学研结合、服务地方经济社会发展等方面的积极作用。通过科技研究和技术创新，高职专业教学团队可以不断提升自身的学术水平和创新能力，为培养更多高素质技术技能人才提供有力支撑。

高职专业教学团队的实力还体现在团队成员的学术背景、教学经验、实践能力等方面。一个优秀的教学团队应该具备结构合理、素质优良、协作默契等特点，能够共同推动教学质量的提升和科研水平的提高。团队成员之间的合作和交流也是团队实力的重要体现，通过共同研究和探讨，可以不断提升团队的整体实力和创新能力。

44. 参与省级及以上课题

参与高级别的课题研究意味着教学团队在学术和专业领域具有相当的造诣。这些课题往往涉及行业的前沿技术和知识，需要团队具备扎实的理论基础和实践经验。因此，能够参与并完成这些课题，是团队实力和专业水平的有力证明。

高级别的课题研究通常对团队的研究能力、创新能力和团队协作能力提出了更高的要求。在课题研究过程中，团队成员需要共同合作，攻克各种技术难题，这种经历对于提升团队的凝聚力和战斗力非常有益。同时，通过参与课题研究，团队成员还能够不断拓宽知识视野，提高专业素养和创新能力。

参与省级及以上课题的数量还能够体现教学团队在行业内的认可度和影响力。这些课题的完成往往能够产生一定的学术成果和社会效益，为团队赢得更多的声誉和荣誉。这也能够吸引更多的优秀人才和资源加入团队中来，进一步提升团队的实力和水平。

但是，参与课题的数量并不是衡量团队实力的唯一标准。还需要考虑课题的质量、团队的研究方向、团队成员的学术背景等多个因素。同时，教学团队在教育教学、社会服务等方面的表现也是评价其综合实力的重要依据。

45. 参与制定相关专业领域职业教育国家教学标准

参与制定相关专业领域职业教育国家教学标准，无疑是高职专业教学团队实力与卓越性的重要体现。这一行为不仅彰显了团队在专业领域内深厚的学术积淀和丰富的实践经验，更凸显了其对职业教育事业发展的高度责任感和使命感。

参与制定国家教学标准的高职专业教学团队，必然拥有扎实而全面的专业知识体系。他们深入研究和了解行业的发展趋势，敏锐洞察企业的人才需求，准确把握学生的学习特点与潜能。在此基础上，团队能够精准定位教学目标，制定出符合时代要求和行业发展趋势的教学标准。同时，他们的丰富实践经验也使得这些教学标准更具针对性和可操作性，能够有效地指导教学实践，培养出更多符合市场需求的高素质技能人才。

制定国家教学标准的过程本身就是一个高度复杂且需要高度协作的过程。这要求高职专业教学团队不仅要有卓越的组织协调能力和团队合作精神，还需要有开放包容的心态和勇于创新的精神。在团队内部，成员们需要充分沟通、深入讨论，共同确定教学标准的基本框架和具体内容。在与外部单位、企业和行业专家的合作中，团队也需要展现出积极的合作态度和高效的沟通能力，以确保教学标准的科学性、实用性和前瞻性。

参与制定国家教学标准也是高职专业教学团队不断提升自身实力的重要途径。通过这一过程，团队能够接触到最新的教育理念和教学方法，了解行业发展的最新动态和技术进步。这有助于教学团队更新教育观念、优化教学内容、改进教学方法，进而提升教育教学质量。同时，这一经历也将成为团队成员个人职业发展的重要资本，有助于提升他们的专业素养和职业发展前景。

46. 职业院校教师素质提高计划国家级培训项目负责人

职业院校教师素质提高计划国家级培训项目负责人在高职专业教学团队

中起到了至关重要的作用。他们是整个培训项目的核心领导者，负责规划、组织、实施和评估培训活动，以提高教师的教育教学水平和专业素养。

具备高级职称，专业背景强。原则上，项目负责人应具备副高以上的职称。如果近三年曾主持过国家级或省级的教师培训项目，职称要求可放宽至中级以上。对于面向中高职专业带头人的培训项目，项目负责人原则上应具有正高职称。这样的职称要求确保了项目负责人在其专业领域内有深厚的理论基础和实践经验。

有丰富的项目经验。项目负责人应具备丰富的教师培训项目经验，能够熟悉并掌握项目申报、实施、管理和评估的各个环节。此外，对于面向中职和高职的不同培训项目，应能够明确区分，并分别制定针对性的培训方案。

组织和协调能力优秀。项目负责人需要具备优秀的组织和协调能力，能够统筹协调各方资源，确保培训项目的顺利进行。这包括与参训教师、培训师资、相关机构等各方面的沟通与协作。

深入运用培训理念和方法。项目负责人应具备先进的培训理念和方法，能够根据教师的实际需求和职业发展规划，设计并实施具有针对性的培训方案。同时，还需关注行业动态和教育发展趋势，不断更新培训内容和方法。

具备良好的团队合作和领导能力。项目负责人需要组建和管理一支高效、专业的培训团队，能够激发团队成员的积极性和创造力，共同推动培训项目的成功实施。此外，还应具备良好的领导能力，能够引导和激励团队成员不断成长和进步。

47. 省级及以上"双师型"名师工作室、教师技艺技能传承创新平台、技能大师工作室主持人

省级及以上"双师型"名师工作室、教师技艺技能传承创新平台以及技能大师工作室的主持人在高职教学团队中发挥着至关重要的作用。他们不仅是团队的引领者和推动者，还是团队成员成长和发展的重要支撑和保障。

这类主持人具备丰富的教育教学经验和深厚的专业知识背景，能够准确把握行业发展趋势和人才培养需求。他们通过参与"双师型"名师工作

室的活动，不仅可以不断提升自身的教学水平和实践能力，还可以将最新的教育理念和教学方法引入到团队中，带动团队成员共同成长。

教师技艺技能传承创新平台为这些主持人提供了一个展示和交流的平台。他们可以在平台上分享自己的教学经验、成果和创新实践，同时也可以学习和借鉴其他优秀教师的经验和做法。通过平台的资源共享和合作交流，主持人能够不断拓宽自己的视野和思路，提高团队的创新能力和教学质量。

技能大师工作室的主持人往往是行业内的专家和能手，他们具备高超的技能水平和丰富的实践经验。他们能够针对行业内的实际问题和需求，为团队成员提供具体的指导和帮助。同时，他们还可以通过开展技能培训和传承活动，将自己的技能和经验传授给更多的年轻教师和学生，促进技艺的传承和发展。

这类主持人在高职教学团队中还发挥着示范引领的作用。他们通过自己的实际行动和成果展示，激发团队成员的积极性和创造力，引导团队成员形成积极向上的学习氛围和团队合作精神。在他们的带领下，教学团队能够更好地实现教育目标，提升人才培养质量。

48. 全国职业院校教学能力比赛获奖

全国职业院校教学能力比赛的获奖成果，无疑是对高职专业教学团队实力的一次有力证明。这不仅仅是一块奖牌或一项荣誉，它背后所蕴含的是教学团队深厚的专业素养、严谨的教学态度、高效的创新能力以及卓越的团队协作精神。

从教学理念与教学方法层面来看，获奖的教学团队无疑走在了职业教育的前列。他们不仅拥有前瞻性的教学视野，而且能够灵活运用多种先进的教学方法和技术手段，使学生们能够在轻松愉快的氛围中学习到实用的知识和技能。他们注重实践教学与理论教学的有机结合，注重培养学生的实际操作能力和解决问题的能力，从而实现了教学质量的显著提升。

从课程设置和教学内容方面来看，获奖团队同样展现出了高超的水平。他们紧密关注行业动态和职业发展趋势，及时调整和更新课程内容，确保所教授的知识与技能能够紧跟时代的步伐。同时，他们还积极引入行业内的优质教学资源和技术手段，为学生们提供更加广阔的学习视野和更加深入的学习体验。

团队合作精神和创新能力也是获奖团队的重要特质。在备赛过程中，团队成员们紧密协作、互相支持，共同攻克了一个又一个教学难题。他们敢于尝试新的教学方法和手段，勇于挑战传统的教学模式，不断探索更加适合职业教育的教学路径。这种勇于创新和不断探索的精神，不仅让他们在比赛中脱颖而出，也为整个职业教育领域带来了新的启示和思考。

获奖团队的职业素养和敬业精神也值得我们高度赞扬。他们不仅具备扎实的专业知识和技能，更有着对教育事业的深厚热爱和高度责任感。他们始终坚持以学生为本的教学理念，用心用情地投入教学工作中，为学生们的成长和发展付出了巨大的努力和心血。

49. 全国职业院校技能大赛优秀指导教师（学生获一、二等奖）

全国职业院校技能大赛优秀指导教师不仅代表着个人的卓越成就，更反映了其所在高职专业教学团队的实力与水准。这些优秀的指导教师通常是团队中的核心力量，他们的成功离不开团队的协作与支持，同时他们的表现也进一步提升了团队的声誉和影响力。

优秀指导教师的存在证明了高职专业教学团队拥有丰富的教学经验和深厚的教学实力。这些教师通常具备高超的专业技能、扎实的理论素养和丰富的实践经验，能够为学生提供优质的教学和指导。他们在教学中注重培养学生的实践能力、创新精神和团队协作能力，为学生的全面发展奠定了坚实的基础。

优秀指导教师的成功也反映了高职专业教学团队在选拔和培养人才方面的成功。团队通过严格的选拔机制，选拔出具有潜力和才华的教师进行重点培养，并为他们提供充分的成长空间和资源支持。同时，团队还注重教师的专业发展，鼓励他们参加各种培训会、研讨会和学术交流活动，不断提升自己的教学水平和专业素养。

高职专业教学团队在团队协作和资源整合方面也表现出色。团队成员之间分工明确、协作紧密，能够充分发挥各自的专业优势，共同为提升学生的综合素质和技能水平而努力。同时，团队还积极与行业企业合作，整合社会资源，为学生提供更多的实践机会和就业渠道。

50. 本专业方向发明专利

本专业方向的发明专利不仅充分展现了团队在相关领域内深厚的专业

知识，更是他们卓越创新能力与精湛实践能力的直接体现。本专业方向的发明专利是高职专业教学团队实力的重要体现。它们不仅代表着团队在创新、实践、社会服务等方面的综合实力，也是团队不断追求卓越、服务社会的有力证明。

一方面，高职专业教学团队通过持续探索和研究，成功申请并获得了多项发明专利，这无疑是对他们坚持不懈追求创新和卓越的最好回报。这些专利的取得不仅彰显了团队在技术创新方面的突出成就，也反映了他们在解决实际问题、推动行业进步方面的积极作用。

另一方面，这些发明专利也是高职专业教学团队实力的有力证明。它们代表着团队在学术研究、技术开发等方面的成果，同时也是他们与企业合作、推动产学研结合的结晶。这些专利的获得不仅能够为团队带来更多的荣誉和赞誉，还能够为他们的教学工作提供更为丰富的实践案例和教学资源，进一步提升教学质量和效果。

此外，发明专利的申请和获得过程也是高职专业教学团队提升自我、不断超越的过程。通过深入调研、分析市场需求、优化技术方案等一系列工作，团队不仅能够提升自己的专业素养和创新能力，还能够更好地适应市场需求和社会发展趋势，为学生提供更为优质的教育服务。

51. 承担国家职业教育专业教学资源库和国家在线开放课程（含资源共享课程、精品视频公开课程等）

承担国家职业教育专业教学资源库和国家在线开放课程（含资源共享课程、精品视频公开课程等）是高职专业教学团队实力的重要体现。这些资源库和在线开放课程的建设和运营，需要团队成员具备丰富的专业知识、先进的教育理念和良好的团队协作能力。

高职专业教学团队在承担这些国家级项目时，需要深入研究和理解职业教育的发展趋势和需求，以确保资源库和在线开放课程的内容与时俱进，能够满足行业和社会的发展需求。这要求团队成员具备扎实的专业知识和广泛的行业视野。

在资源库和在线开放课程的建设过程中，团队成员需要运用先进的教育技术和方法，设计和开发高质量的教学内容和学习资源。这包括课程大纲的制定、教学素材的收集与整理、视频课程的录制与剪辑等工作。这些工作的完成需要团队成员具备创新精神和扎实的技术能力。

高职专业教学团队还需要与校内外其他机构和企业进行合作，共同推进资源库和在线开放课程的建设与应用。通过与行业企业合作，团队可以更好地了解行业的需求和变化，从而及时调整和优化教学资源。同时，与其他教育机构的合作可以促进资源共享和优势互补，提升教学质量和效益。

高职专业教学团队在承担这些国家级项目时，还需要注重成果推广和应用。通过举办培训、研讨会等活动，向更多的教育工作者和学生推广这些优质的教学资源和学习平台。同时，团队成员还需要对资源库和在线开放课程的使用情况进行跟踪和评估，以便及时发现问题并进行改进。

四、建设方案

建设方案包括 4 个二级指标，分别从建设目标、建设任务、质量控制和成果应用来考量，它有助于明确团队目标、优化资源配置、提升创新能力，确保团队建设的系统性、科学性和前瞻性。

（一）建设目标

建设目标包括 2 个三级指标，分别为目标的定位和具体的建设目标。通过目标定位来对应建设专业教学团队，以此突出教学创新团队的专业特色，与区域经济和行业接轨的重要性；通过具体目标的制定，明确团队整体和团队成员的发展阶段性目标，确保系统、科学地开展团队建设。

52. 目标定位

高职院校专业教学创新团队的目标定位应以提高教学质量和效果为核心，推动专业教学改革与创新，加强师资队伍建设，促进产学研用深度融合，服务地方经济社会发展。通过这些目标的实现，团队可以不断提升自身的综合实力和影响力，为高职院校的可持续发展和社会的进步作出更大的贡献。

一是提升教学质量与效果。专业教学创新团队的首要目标是提升教学质量和效果，确保学生能够掌握扎实的专业知识和技能。这包括优化课程体系，更新教学内容，采用先进的教学方法和手段，提高学生的学习兴趣和积极性，从而培养出更多符合社会需求的高素质技能人才。

二是推动专业教学改革与创新。团队应致力于推动专业教学的改革与创新，不断探索适应新时代要求的教学模式和路径。这包括研究职业教育的发展趋势，关注行业企业的最新需求，引入新的教学理念和技术，推动专业教学的现代化和个性化发展。

三是加强师资队伍建设。专业教学创新团队还应注重师资队伍的建设和发展。通过引进和培养高水平的教师，提高教师的专业素养和教学能力，形成一支结构合理、素质优良、充满活力的教学团队。同时，鼓励教师开展科研活动，提升教师的学术水平和创新能力，为教学提供有力的支撑。

四是促进产学研用深度融合。专业教学创新团队应加强与行业企业的合作与交流，推动产学研用的深度融合。通过与企业合作开展实践教学、实习实训等活动，使学生能够更好地了解行业企业的实际情况和需求，提高学生的实践能力和就业竞争力。同时，团队还可以与企业共同开展技术研发和创新活动，推动技术成果的转化和应用。

五是服务地方经济社会发展。高职院校作为地方经济社会发展的重要支撑力量，专业教学创新团队应紧密结合地方经济社会发展的需求，为地方提供人才培养、技术支持和智力服务等方面的支持。通过开展社会服务活动，团队可以更好地了解社会的需求和变化，为教学提供更为丰富的素材和案例，提高教学的针对性和实效性。

53. 建设目标

高职院校专业教学创新团队的建设目标具有深远意义，它旨在全方位提升教育教学水平，打造一批富有活力与创新精神的教学力量，为新时代培养具备专业素养和创新能力的优秀人才。

第一，提高教学质量是创新团队建设的核心目标。团队致力于通过精心设计和不断优化课程体系，使教学内容更加贴合行业发展前沿和市场需求。同时，引入先进的教学理念和方法，如翻转课堂、混合式学习等，以提升学生的学习兴趣和效果。此外，加强实践教学环节，为学生提供更多的实践机会和平台，帮助他们将理论知识转化为实践能力。

第二，推动教学改革是创新团队的重要使命。团队积极探索适应职业教育发展趋势的教学模式，推动教学从传统的以教师为中心向以学生为中心转变。同时，注重跨学科知识的融合，培养学生具备解决复杂问题的能力。此外，团队还利用现代信息技术手段，如大数据、人工智能等，提升教学过程的智能化和个性化水平。在培养创新能力方面，创新团队鼓励学生勇于尝试、敢于创新，为他们提供丰富的创新资源和指导。通过组织各类创新活动和比赛，激发学生的创新热情和潜能。同时，加强产学研合作，引导学生参与实际项目，培养他们的创新意识和实践能力。

第三，加强师资队伍建设也是创新团队不可或缺的目标。团队注重引进和培养高水平的教学人才，通过提供培训、交流等机会，提升教师的专业素养和教学能力。同时，建立激励机制，鼓励教师积极参与教学改革和创新活动，为团队的发展贡献智慧和力量。

第四，促进产学研合作是创新团队实现其建设目标的重要途径。通过与企业、行业等合作开展项目研发、技术服务等活动，团队能够深入了解市场需求和行业发展动态，及时调整教学内容和方式。同时，这种合作也有助于提升学生的就业竞争力和职业发展前景，为他们未来的职业发展奠定坚实基础。

（二）建设任务

建设任务包括 16 个三级指标，不仅有助于明确教学方向和目标，还能提升教学质量和实践指导能力。通过任务设定，可以激发教师团队的积极性和创新精神，促进教师间的交流与合作，共同培养出更多符合社会需求的高素质技能型人才。

54. 团队运行机制

高职院校专业教学创新团队的团队运行机制是一个充满活力、富有创新性的系统。通过目标设定、知识共享、项目驱动、评价与激励以及外部合作与资源拓展等多个方面的协同作用，团队能够不断提升教学质量和团队实力，为学院的持续发展贡献力量。

①创新团队具有高度的前瞻性和明确的规划性。团队成员对于团队的共同愿景有深刻的理解和共同的追求，他们不仅能够迅速捕捉到专业发展

的最新趋势，还能够将这些趋势转化为具体的教学目标和改革措施。在分工合作上，团队成员充分发挥各自的专业特长和优势，形成了一种互补效应，使得整个团队的工作能够高效而有序地进行。

②团队成员知识共享，以开放和包容的心态相互学习、相互促进。他们不仅在面对面的研讨会和教学观摩活动中进行深入交流和切磋，还在在线平台上频繁地分享教学资源、教学方法和行业动态。这种知识共享和经验交流不仅有助于提升团队成员的个人能力，还能够为团队的教学改革提供源源不断的动力和创意。

③以项目驱动推动团队建设。团队成员们以具体的教学改革项目或课程建设项目为载体，通过共同研究、共同实践来推动团队建设的深入发展。这种以项目为核心的工作方式，使得团队成员能够更加深入地理解彼此的角色和需求，同时也能够更好地发挥自己的专长和潜能。在项目实践过程中，团队成员之间的默契程度和合作能力都得到了极大的提升。

④评价与激励机制是团队保持持续动力的关键。高职院校通过建立科学的评价体系和设立奖励机制，对团队成员在教学创新、团队建设等方面的表现进行客观、公正的评价和激励。这种评价方式不仅能够激发团队成员的积极性和创造性，还能够促进团队内部的良性竞争和合作氛围的形成。

⑤积极开展外部合作与资源拓展。高职院校专业教学创新团队积极寻求与行业企业、其他高校等外部机构的合作机会。通过与这些机构的深入合作，团队不仅能够引入更多优质的教学资源和行业信息，还能够为团队成员提供更多的实践机会和职业发展平台。这种合作方式不仅有助于提升团队的教学质量和应用价值，还能够增强团队的社会影响力和竞争力。

⑥持续学习与自我提升是整个运行机制的重要保障。团队成员们始终保持对新知识、新技能的渴求和追求，他们积极参加各种专业培训、学术研讨会等活动，不断更新自己的知识结构和技能水平。同时，团队还定期组织内部培训和学习活动，为成员提供学习和成长的空间和机会。这种持续学习的氛围不仅有助于团队成员个人的成长和发展，还能够为团队的长远发展提供有力的支持。

55. 师德师风建设长效机制

建立师德师风建设长效机制不仅能够提升教学质量和团队氛围，还能够增强教师的职业认同感并推动教学改革与创新。因此，高职院校应该高度重视师德师风建设长效机制的建设和完善工作，这一机制在推动教师个人成长和团队整体进步方面发挥着不可替代的作用。

从教学质量的提升来看，通过这一机制，教师可以更加深刻地理解教书育人的崇高使命，以更加饱满的热情和更加专业的能力投身于教学工作。这样的教师会更加注重课堂效果，精心备课，积极创新教学方法，从而显著提升教学质量。同时，他们的师德风范也会潜移默化地影响学生，激发学生的学习兴趣和动力，形成良好的师生互动关系。

师德师风建设长效机制有助于塑造团结和谐、积极向上的团队氛围。在这样的氛围中，教师之间会相互尊重、相互学习、相互支持，形成强大的凝聚力和向心力。他们可以一起探讨教学方法，分享教学经验，共同解决教学难题，从而提升整个团队的综合素质和能力水平。这样的团队氛围不仅能够提高教师的教学效率，还能够增强团队的向心力和稳定性。

师德师风建设长效机制对于增强教师的职业认同感具有显著作用。通过这一机制，教师可以更加深刻地认识到自己所从事的职业的重要性和价值所在，从而更加珍惜自己的职业身份，增强职业自豪感和归属感。这种认同感能够激发教师的工作热情和积极性，使他们更加全身心地投入教学和科研工作中去，为高职教育的发展贡献自己的力量。

师德师风建设长效机制也是推动教学改革与创新的重要动力。这一机制鼓励教师不断探索新的教学方法和手段，敢于尝试新的教学理念和模式，从而推动教学改革向纵深发展。在这样的背景下，教师可以更加积极地参与教学研究和实践活动，为高职教育的创新发展提供源源不断的动力。

56. 校企、校际协同工作机制

建立校企、校际协同工作机制不仅能够提升教学质量和创新能力，还能够促进资源共享和优势互补，增强团队的凝聚力和向心力。因此，高职院校应积极推动校企、校际合作，构建更加紧密和高效的协同育人机制，为培养更多高素质技能型人才贡献力量。

校企协同机制的建立，使高职专业教学团队得以深入洞察行业的最新动态和企业的实际需求。通过与企业的紧密沟通和合作，教学团队能够及时了解行业发展趋势，掌握企业所需人才的核心技能和素质要求。这使得教学内容更加贴近实际，教学方法更加灵活多样，有助于培养出更符合市场需求的高素质技能型人才。这样的教学成果不仅提升了学生的就业竞争力，也为企业输送了源源不断的人才资源，实现了教育与企业双赢的局面。

校际协同工作机制的推行，极大地促进了不同高职院校之间的资源共享和优势互补。各校在专业特色、师资力量、教学设施等方面存在差异，通过校际合作，可以实现资源的优化配置和最大化利用。例如，共同开发教学资源、共享实践教学基地、互派优秀教师进行交流等，都使得各校的教学团队在相互学习中不断进步，教学水平得到了显著提升。这种合作不仅有助于提升教学质量，还能够推动整个高职教育领域的创新发展。

校企、校际协同工作机制还有助于激发教学团队的创新活力。在与企业的合作过程中，教学团队可以接触到更多的创新理念和前沿技术，将其融入教学之中，推动教学模式和教学方法的改革与创新。同时，通过与其他高校的合作与交流，教学团队也可以学习到更多先进的教学经验和管理理念，不断提升自身的专业素养和创新能力。这种创新能力的提升，使得教学团队在面对新的教育挑战时更加从容和自信。

建立校企、校际协同工作机制还极大地增强了高职专业教学团队的凝聚力和向心力。在合作的过程中，团队成员需要共同面对挑战、解决问题，这有助于增强团队之间的信任和合作精神。同时，通过共同取得的合作成果和荣誉，教学团队成员也会更加珍惜这份合作关系，为团队的长远发展贡献自己的力量。这种凝聚力和向心力的提升，为教学团队的稳定发展和持续进步提供了有力保障。

57. 团队教师能力提升方案

制定团队教师能力提升方案不仅能够显著提升教学质量，促进教师的专业发展，增强团队的凝聚力和向心力，还能推动高职专业教学的改革和发展。因此，我们应该高度重视并积极推进这一方案的制定和实施，为高职专业教学团队的持续发展和进步提供有力的支持和保障。

教师能力提升方案有助于显著提升团队的教学质量。通过精心设计和实施的教师能力提升计划，我们可以帮助教师系统地掌握并运用先进的教学方法和手段。这样不仅能够让教师更好地激发学生的学习兴趣，还能使教学过程更加生动、有趣，从而提高教学效果。同时，教师能力提升方案还能促进教师对学科知识和教育规律的深入理解，使他们能够更准确地把握教学中的重点和难点，进一步提升教学质量。

教师能力提升方案对于促进团队教师的专业发展具有积极作用。通过提供丰富多样的培训和学习资源，教师可以不断拓宽知识视野，增强实践能力和创新能力，从而在专业领域内取得更好的成就。此外，教师能力提升方案还能激发教师的学习热情，鼓励他们积极参与学术研究和教学实践，推动个人职业发展的同时，也为团队的整体进步贡献力量。

制定教师能力提升方案有助于增强团队的凝聚力和向心力。一个充满活力和学习氛围的团队，往往能够更好地吸引和留住优秀教师。通过共同学习和合作，教师之间可以形成紧密的合作关系，共同解决教学中的问题，分享经验和知识。这种积极向上的团队氛围不仅能够提升教师的教学水平，还能够增强团队的凝聚力和向心力，使团队更加稳定、高效。

教师能力提升方案对于推动高职专业教学的改革和发展具有深远意义。随着教育理念的更新和教学技术的发展，高职专业教学也需要不断进行改革和创新。而高水平的教师团队则是教学改革的关键力量。通过提升教师的教育教学能力，我们可以推动教学内容、教学方法和教学手段的创新，从而提高教学质量和效率。同时，优秀的教师团队还能为学校和学院树立良好的形象和声誉，吸引更多的优秀学生和资源，为未来的发展奠定坚实的基础。

58. 团队教师能力发展路径及能力标准

团队教师能力发展路径及能力标准的制定对高职专业教学团队具有极其重要且深远的影响，它不仅有助于明确教师的发展方向和目标、促进教师专业化发展、提升团队整体实力，还能够保障教学质量与效果、推动高职教育改革与发展。

（1）从教师个人层面看

明确的发展方向与目标为教师提供了清晰的职业生涯蓝图。这一发展路径不仅描绘了教师成长的各个阶段，而且用详尽的形容词和具体指标刻画了每个阶段应达到的能力和水平。这样，教师就能够更加有针对性地规划自己的职业发展，从而实现个人价值的最大化。

能力标准的制定使教师的能力评价更加科学、客观。这些标准不仅包括了教学、科研、社会服务等方面的具体要求，而且通过详细地描述和量化指标，使教师能够清楚地了解自己在专业能力上的优势和不足。这有助于教师发现自身的短板，从而制定更加精准的能力提升计划。

在促进教师专业化发展方面，发展路径和能力标准发挥着举足轻重的作用。通过遵循这一路径，教师可以系统地提升自己的专业素养和实践能力，逐步成为行业内的专家和领军人物。能力标准作为教师自我评价和他人评价的依据，有助于形成良性竞争的氛围，激励教师不断提升自己的专业能力。

（2）从教学团队层面来看

当每位教师都按照发展路径和能力标准来提升自己的能力时，整个教学团队的实力将得到显著提升。这不仅能够提高团队的教学质量和效果，还能够增强团队的凝聚力和向心力，使团队在面对各种挑战时能够更加从容应对。

教师能力的提升还直接关系到教学质量和效果。通过制定严格的能力标准，可以确保教师具备足够的专业知识和教学技能，从而为学生提供更加优质的教学服务。这种优质的教学不仅能够帮助学生更好地掌握专业知识和技能，还能够激发他们的学习兴趣和创造力，为他们的未来发展奠定坚实的基础。

从更宏观的角度来看，团队教师能力发展路径及能力标准的制定也是推动高职教育改革与发展的重要举措。通过提升教师的专业能力和教学水平，可以推动高职教育的教学内容和教学方法不断创新和完善，使高职教育更加符合社会经济发展的需求，为培养更多高素质的技术技能人才作出积极贡献。

59. 团队教师能力提升测评方案

团队教师能力提升测评方案的制定对高职专业教学团队具有多方面的好处，包括明确教师能力提升方向、激发教师个人成长动力、提升团队凝聚力和协作能力以及提高教学质量和水平等。因此，各高职院校应积极探索和完善教师能力提升测评方案，为提升教师队伍整体素质和专业能力提供有力支持。

制定测评方案有助于明确教师能力提升的方向和目标。测评方案通常基于教育教学、科研能力、师德师风等多个维度来设定具体的考核内容和标准，这样教师就能清楚地了解自己在哪些方面需要提升，从而有针对性地制定个人发展计划。

测评方案能够激励教师不断提升自身能力。通过定期的测评，教师可以了解自己在团队中的位置和水平，进而产生提升自我、超越自我的动力。这种激励机制有助于激发教师的内在潜能，促进教师个人的成长和进步。

测评方案有助于提升团队的凝聚力和协作能力。在测评过程中，教师之间需要相互合作、互相学习，共同探讨教育教学和科研工作中的问题。这种合作与交流的过程有助于增进教师之间的了解和信任，促进团队内部的和谐与稳定。同时，通过共同面对挑战和解决问题，团队的整体协作能力也会得到进一步提升。

测评方案还有助于提高高职专业教学的质量和水平。通过对教师能力的全面评估，学校可以更加准确地了解教师队伍的整体素质和能力水平，进而有针对性地优化教学资源配置、改进教学方法和手段。这样不仅可以提升学生的学习效果，还能为高职教育的可持续发展提供有力保障。

60. 团队管理制度建设与落实

团队管理制度的规范化建设与有效落实对于高职专业教学团队的发展具有重要意义。高职院校应高度重视此项工作，不断完善与优化管理制度，为教学团队的发展提供坚实保障。

团队管理制度的规范化建设与有效落实有助于提升团队整体的协作效率与凝聚力。通过建立健全的管理制度，能够明确每位成员的职责与角色定位，减少工作中的摩擦与误解，确保教学任务的顺利完成。同时，制度化的管理能够促进团队成员之间的信息沟通与资源共享，形成合力，共同推动教学工作的顺利进行。

团队管理制度的完善有助于促进教师个人的专业成长与职业发展。制度中明确的晋升路径与发展规划，能够激发教师的积极性与进取心，推动他们不断提升自身的业务能力与综合素质。此外，制度还能够保障教师的合法权益，为他们提供公平、公正的工作环境，有助于教师队伍的稳定与发展。

团队管理制度的建设与落实有助于优化教学资源的配置与利用。通过制度化的管理，可以更加科学、合理地分配教学资源，避免教学资源的浪费与重复建设。同时，制度还能够促进跨学科、跨专业的合作与交流，推动教学资源的共享与互补，提升教学质量与效益。

团队管理制度的建设还能够推动高职专业教学团队的教学改革与创新。在制度的引领下，团队成员可以共同探索新的教学理念与方法，推动教学内容的更新与优化。同时，制度还能够为教学改革提供有力的支持与保障，确保改革能够取得实效，推动教学质量的持续提升。

61. 团队成员分工协作情况

团队成员分工协作在高职专业教学团队中确实占据着举足轻重的地位，它不仅是团队高效运作的基石，更是反映团队实力的关键指标。以下将从多个方面探讨团队成员分工协作在高职专业教学团队中的重要性。

首先，合理的分工能够充分发挥每个团队成员的专业优势。高职专业教学团队通常涵盖了多个学科领域的专家和教师，他们各自拥有独特的专业知识和技能。通过合理的分工，可以将任务分配给最适合的团队成员，从而确保每个任务都能得到高效、专业的完成。这不仅有助于提升教学质量，还能增强学生对专业的认同感和兴趣。

其次，协作紧密的团队能够形成合力，共同应对教学挑战。高职专业教学团队在面对复杂的教学任务时，往往需要团队成员之间的密切协作。通过共同讨论、分享经验和资源，团队成员可以相互学习、取长补短，共同提升教学水平。这种协作精神不仅能够提高团队的凝聚力和战斗力，还能为学生营造一个积极、向上的学习氛围。

最后，分工协作还有助于提高团队的创新能力和应变能力。在高职专业教学中，新的教学理念、方法和手段不断涌现，需要团队成员具备创新意识和应变能力。通过分工协作，团队成员可以共同研究、探讨新的教学方法和策略，不断尝试、改进和创新，以适应不断变化的教学环境和需求。

然而，要实现高效的分工协作，高职专业教学团队还需要注意以下几点：一是建立明确的分工机制，确保每个团队成员都清楚自己的职责和任务；二是加强团队成员之间的沟通与协作，打破信息壁垒，促进资源共享；三是注重团队建设，营造积极向上的团队氛围，激发团队成员的积极性和创造力。

62. 团队教师考核评价制度

团队教师考核评价制度对高职专业教学团队具有积极的激励作用，有助于提升团队的教学水平、创新能力和凝聚力，推动高职教育的持续发展和进步。

通过明确考核标准和要求，教师能够更清晰地了解自己在专业教学团队中的职责和角色定位，进而增强团队责任感和归属感。这有助于教师将个人发展目标与团队整体目标紧密结合，形成共同的发展愿景。

考核评价制度可以激发教师的内在动力，推动他们不断提升自身的专业素养和教学能力。在考核过程中，教师会关注自己的教学成绩、科研成果、学生评价等方面，从而努力改进教学方法，提高教学效果。这种自我驱动的学习和发展过程，有助于提升整个团队的教学水平和创新能力。

考核评价制度还能促进团队成员之间的交流和合作。在考核过程中，教师会相互学习、相互借鉴，分享教学经验和教学方法，形成良性的竞争和合作氛围。这种氛围有助于提升团队的凝聚力和向心力，推动团队向更高的目标迈进。

通过考核评价制度，可以对表现优秀的教师进行表彰和奖励，进一步激发他们的工作热情和积极性。同时，对于表现不佳的教师，也能及时发现问题并提供有针对性的改进建议，帮助他们提升教学水平和团队协作能力。

63. 思想政治教育与技术技能融合的育人模式探索

思想政治教育与技术技能融合的育人模式，是当前高职教育中备受关注的一个课题。这种育人模式旨在通过结合思想政治教育和技术技能培养，实现学生全面素质的提升，为社会培养出既有高尚品德又具备专业技能的优秀人才。

（1）深厚的思想政治教育理论基础

高职专业教学团队在思想政治教育方面具备深厚的理论基础。他们熟悉党和国家的教育方针和政策，能够准确把握时代精神和社会需求，将思想政治教育贯穿于技术技能培养的始终。通过课堂教学、实践活动等多种形式，引导学生树立正确的世界观、人生观和价值观，培养他们的爱国情怀、社会责任感和职业道德素养。

（2）精湛的技术技能培养能力

高职专业教学团队在技术技能培养方面同样具备出色的能力。他们具备丰富的行业经验和专业知识，能够针对行业发展趋势和市场需求，制定出科学、合理的教学计划和课程体系。通过理实一体化教学、项目驱动式学习等教学方法，帮助学生掌握扎实的专业知识和实践技能，为未来的职业发展奠定坚实的基础。

（3）卓越的育人模式创新能力

高职专业教学团队在育人模式创新方面表现出卓越的能力。他们敢于突破传统教育模式的束缚，积极探索思想政治教育与技术技能融合的新路径。通过跨学科合作、校企合作等方式，搭建起多元化、开放性的育人平台，为学生提供更加广阔的学习和发展空间。同时，他们还注重培养学生的创新意识和实践能力，鼓励他们参与各种创新活动和竞赛，激发他们的创新潜能和创造力。

（4）强大的团队协作和资源整合能力

高职专业教学团队在团队协作和资源整合方面也表现出强大的实力。他们注重团队成员之间的沟通和协作，能够充分发挥每个人的专业特长和优势，形成合力共同推动育人模式的创新和发展。同时，他们还积极整合校内外各种资源，包括企业、行业、社会等方面的资源，为学生提供更加丰富、优质的学习和实践机会。

64. 校企共建教师发展中心或实习实训基地

校企共建教师发展中心或实习实训基地是高职专业教学团队实力与优势的重要体现。通过这样的合作模式，高职专业教学团队能够不断提升自身的教学水平和科研实力，为学生提供更加优质的教育资源和实践机会，为社会培养出更多高素质、高技能的应用型人才。

通过校企共建教师发展中心，可以进一步推动高职专业教学团队的师资队伍建设。这样的合作平台为教师提供了更为广阔的专业成长空间和机会，使他们能够不断更新教学理念，提升教学技能，从而更好地适应行业发展和市场需求。同时，企业的参与也能帮助学校更加精准地了解行业需求，使教师能够针对行业特点进行有针对性的教学，提高人才培养质量。

实习实训基地的建设能够充分展示高职专业教学团队在实践教学方面的实力。通过与企业合作共建实习实训基地，学校可以为学生提供更为真实、贴近职业环境的实训条件，使学生在校期间就能积累丰富的实践经验，提升职业技能。这样的实践教学模式有助于培养学生的职业素养和综合能力，为他们未来的职业发展奠定坚实的基础。

校企共建教师发展中心和实习实训基地还能促进高职专业教学团队与企业之间的紧密合作。这种合作模式有助于双方实现资源共享、优势互补，共同推动人才培养和技术创新。通过与企业合作，高职专业教学团队可以更加深入地了解行业前沿动态和技术发展趋势，为教学和科研提供更加有力的支持。

65. 校企共同制订人才培养方案

校企共同制订人才培养方案时，高职专业教学团队所展现出的严谨、稳重、理性和官方风格，为提升人才培养质量、推动校企深度合作提供了有力保障。

专业教学团队与企业紧密合作，深入研究和掌握企业的实际需求，确保了人才培养方案能够精准对接行业标准和企业发展趋势。这种对接不仅提高了教育的针对性和实用性，也增强了毕业生的就业竞争力和社会适应能力。

团队拥有丰富的实践教学经验，能够结合企业案例和项目，设计具有实际意义的实践教学环节。这种实践教学不仅有助于提升学生的专业技能，更能够培养他们的创新意识和解决问题的能力。

专业教学团队在资源整合方面表现出色，能够充分利用校内外各类教学资源，为学生提供丰富的学习和实践机会。这种资源整合能力有助于提升学生的综合素质，促进学校与企业的深度合作。

专业教学团队具备跨领域合作的优势，能够集合不同学科领域的专业知识，形成全面、系统的教学体系。这种跨领域合作有助于拓宽学生的知识视野，提高他们的综合素质。

面对不断变化的市场需求和行业趋势，专业教学团队展现出强大的创新能力和适应性。他们能够及时调整人才培养方案，更新教学内容和方法，以适应新的市场需求和行业变化。这种创新能力和适应性是专业教学团队的核心竞争力，也是推动高职教育持续发展的重要动力。

66. 按职业岗位（群）能力要求制订完善课程标准

按职业岗位（群）能力要求制订完善课程标准，是高职专业教学团队实力的重要体现。这样的做法不仅有助于确保教学内容与职业需求紧密对接，提升教学质量，还能有效促进学生的职业发展，增强他们的就业竞争力。

高职专业教学团队在制定课程标准时，需要深入调研相关职业岗位（群）的实际需求，了解岗位所需的核心能力、关键技能和职业素养。基于这些调研结果，团队会结合专业特点和教学实际，确定课程目标、内容和方法，确保课程标准与职业岗位（群）能力要求高度契合。

这直接体现了高职专业教学团队对职业教育规律的深刻理解和准确把握。他们知道如何将职业岗位的实际需求转化为具体的教学目标和内容，如何通过有效的教学方法和手段培养学生的职业能力和素养。这种转化和应用能力，是高职专业教学团队实力的重要体现。

按职业岗位（群）能力要求制订完善课程标准，还有助于高职专业教学团队形成鲜明的特色和优势。通过与企业和行业的紧密合作，团队可以及时了解职业发展的新动态和新趋势，不断更新和完善课程标准，使教学内容始终保持与职业需求同步。这种与时俱进、不断创新的精神，也是高职专业教学团队实力的重要体现。

67. 基于职业工作过程构建课程体系

基于职业工作过程构建的课程体系，能够紧密贴合实际职业需求，确保教育内容与职业实践无缝对接。这种课程体系不仅有助于提升学生的职业技能，更能培养他们在实际工作环境中的应变能力和创新精神。对于高职专业教学团队而言，基于职业工作过程的课程体系构建具有以下显著优势。

有助于教学团队深入理解职业需求。在构建课程体系的过程中，教学团队需要深入研究相关职业的工作过程，了解岗位职责、技能要求以及职业发展路径。这一过程有助于教师更加清晰地认识职业教育的目标和方向，从而有针对性地开展教学活动。

促进教学团队与企业行业的紧密合作。基于职业工作过程的课程体系构建需要与企业和行业保持密切联系，以获取最新的职业信息和需求。通过与企业和行业的合作，教学团队可以了解实际工作中的问题和挑战，进而调整和优化课程体系，使其更加符合职业发展的实际需求。

有利于提升教学团队的教学质量和效果。基于职业工作过程的课程体系注重实践性和应用性，强调学生在真实职业环境中的学习和实践。这要求教学团队不仅要具备扎实的专业理论知识，还要具备丰富的实践经验和教学技能。因此，构建这样的课程体系有助于推动教学团队不断提升自身的专业素养和教学能力，从而提高教学质量和效果。

有助于培养学生的综合素质和职业发展能力。基于职业工作过程的课程体系注重学生的全面发展，包括知识、技能、态度和价值观等多个方面。通过参与实际工作过程的学习和实践，学生可以更好地了解职业世界，掌握职业技能，培养团队协作精神和创新能力，为未来的职业发展奠定坚实的基础。

68. 课证融通的探索

课证融通，即将职业资格证书或职业技能等级证的内容融入人才培养方案中，将职业岗位所需要的知识、技能和职业素养融入课堂教学中，实现专业课程和职业资格的一体化。这种教学模式有助于提升教学质量、优化课程结构、促进校企合作以及提升教师素质。因此，高职教学团队应积极探索和实践课证融通的教学模式，以更好地培养符合社会需求的高素质技能型人才。

课证融通有助于高职教学团队明确教学目标和提升教学质量。通过将职业资格标准融入课程，教师可以更加明确课程教学目标，使教学内容更加贴近实际职业需求。这不仅能提高学生的学习积极性和兴趣，还能确保学生在完成学业后具备满足职业岗位需求的能力和技能。

课证融通有利于高职教学团队优化课程结构和教学资源。在课证融通的教学模式下，教师需要根据职业资格证书的考试内容和要求，对课程结构进行相应调整，确保课程内容与职业需求紧密相连。同时，教师还需要积极开发和利用教学资源，如实训设备、教学软件等，以提升学生的实践能力和职业素养。

课证融通还能促进高职教学团队与企业和行业的紧密合作。通过与企业和行业建立合作关系，教学团队可以及时了解职业需求和变化，以便调整教学内容和方式。同时，企业也可以为教学团队提供实践机会和教学资源，帮助学生更好地了解职业环境和提升职业能力。

课证融通有助于提升高职教学团队的综合素质和竞争力。在实施课证融通的过程中，教师需要不断更新自己的知识和技能，提升教学能力。同时，通过与企业和行业的合作，教师还能积累丰富的实践经验和教学资源，为未来的教学和科研工作打下坚实基础。

69. 新教法及模块化教学模式的探索及预期

探索新教法及模块化教学模式在高职专业教学中的优势主要体现在教学团队的多个方面。

新教法的探索有助于教学团队转变传统的教学观念，推动教学模式的创新。例如，项目导向和问题导向学习等新的教学方法，鼓励学生主动学习和寻求问题解决，有助于培养学生的实践能力和创新思维。这种转变不仅提升了学生的学习效果，也增强了教学团队的教学能力和专业素养。

模块化教学模式的引入使教学团队能够更灵活地组织教学内容和安排教学计划。模块化教学打破了传统课程体系的束缚，将知识点和技能点按照实际需求和逻辑关系进行重新组合，使得教学内容更加贴近实际，更加符合高职学生的特点。这种教学模式有助于提高学生的学习兴趣和参与度，也有利于教学团队更好地实现教学目标。

高职专业教学团队在探索新教法和模块化教学模式的过程中，能够不断积累经验和优化教学方法。教学团队通过实践和研究，不断总结经验教训，优化教学策略和教学手段，形成具有自己特色的教学模式和教学方法。这种持续的创新和优化，使得教学团队能够更好地适应时代发展的需求，不断提升教学质量和水平。

新教法和模块化教学模式的应用也有助于提升教学团队的协作能力和合作精神。在探索和实践新的教学方法和教学模式的过程中，教学团队需要共同研究、探讨和解决问题，形成共同的目标和理念。这种协作和合作的精神不仅有助于提升教学团队的整体水平，也有助于营造积极向上的教学氛围。

（三）质量控制

质量控制包括 2 个三级指标，它确保教师团队具备扎实的理论与实践能力，提升教学质量，满足行业需求。有效的质量控制机制有助于打造高素质、专业化的教师团队，推动高职院校的持续发展。

70. 目标设计论证

目标设计论证对于高职专业教学团队的发展具有积极的促进作用。因此，在教学团队建设过程中，应重视目标设计论证的开展，确保团队的目标明确、合理且可行，为团队的发展提供有力的保障和支持。

目标设计论证有助于明确教学团队的发展方向和目标。通过深入论证，可以确保团队的目标与高职教育的整体发展方向相契合，同时满足行业和社会的实际需求。这有助于教学团队在发展过程中保持正确的方向，避免偏离轨道。

目标设计论证有助于提升教学团队的凝聚力和向心力。在论证过程中，团队成员需要充分讨论和协商，共同确定团队的目标和计划。这有助于加强团队成员之间的沟通和合作，促进团队内部的和谐与稳定。

目标设计论证还可以激发教学团队的创新精神和探索意识。在论证过程中，团队成员需要不断思考、探索和实践，以找到最适合团队发展的路径和方法。这种过程有助于培养团队成员的创新能力和实践能力，推动教学团队在教学方法、课程设置等方面取得新的突破。

目标设计论证有助于提升教学团队的社会适应能力和竞争力。通过明确目标和方向，教学团队可以更好地适应社会和行业的发展变化，及时调整教学策略和方案，以满足学生的需求和期望。同时，目标设计论证也有助于提升教学团队在行业内的知名度和影响力，吸引更多的优秀教师和学生加入，进一步推动团队的发展。

71. 全过程质量控制方案

全过程质量控制方案对高职专业教学团队的发展具有积极的影响。通过实施这种方案，教学团队能够不断提升自身的专业素养、创新意识和实践能力，推动高职教育的创新发展，为社会培养出更多高素质的技能人才。

全过程质量控制方案促进了高职专业教学团队的规范化发展。在方案的指导下，教学团队需要制定详细的教学计划、明确的教学目标以及具体的教学措施。这种规范化的操作流程不仅有助于提升教学质量，还能够增强教学团队的协作能力和组织纪律性。

全过程质量控制方案有助于提升高职专业教学团队的专业素养。在质量控制的过程中，教学团队需要不断学习和掌握新的教学理念、教学方法和教学手段，以适应市场需求和教育变革。同时，他们还需要积极参与教学研究、教学反思和教学评价等活动，以不断提升自己的专业素养和教学能力。

全过程质量控制方案还能够增强高职专业教学团队的创新意识和实践能力。在质量控制的过程中，教学团队需要不断探索和实践新的教学模式、教学方法和教学手段，以激发学生的学习兴趣和潜能。这种创新意识和实践能力的提升，有助于教学团队更好地适应市场需求和教育变革，推动高职教育的创新发展。

全过程质量控制方案有助于提升高职专业教学团队的社会认可度。通过实施质量控制方案，教学团队能够不断提升教学质量和效果，培养出更多符合市场需求的高素质技能人才。这将有助于提升高职教育的社会声誉和影响力，增强教学团队的社会认可度。

（四）成果应用

成果应用包括 2 个三级指标，通过实践成果的转化与应用，教师团队能不断提升教学水平和创新能力，实现理论与实践的有机结合。这有助于培养更多具备实际操作能力和创新精神的高素质人才，推动高职院校的持续发展。因此，加强成果应用，促进"双师型"教师团队的建设与发展，是高职院校提升教育质量的重要途径。

72. 成果转化及推广方案

成果转化及推广方案对高职专业教学团队的发展具有积极的推动作用。学院应该重视成果转化和推广工作，为教学团队提供必要的支持和保障，鼓励他们积极参与相关工作，推动学院的教学和科研工作不断向前发展。

提升教学团队的专业能力。成果转化和推广方案要求教学团队与科研、产业界进行更紧密的合作，这不仅可以使教学团队更好地了解行业前沿技术和市场需求，还能够促使他们不断更新专业知识，提升专业能力。通过与企业和科研机构的合作，教学团队可以获取更多的实践机会，将理论知识与实际应用相结合，从而提高教学质量。

推动教学改革与创新。成果转化和推广方案的实施需要教学团队进行教学方法的改革和创新。这包括探索适应行业需求的教学模式、开发符合职业能力培养的课程体系、采用现代化的教学手段等。这些改革和创新不仅可以提高学生的学习兴趣和积极性，还能够培养学生的实践能力和创新精神，为他们未来的职业发展打下坚实的基础。

增强教学团队的社会服务能力。成果转化和推广方案的目的是将科研成果转化为实际应用，推动产业发展。教学团队通过参与成果转化和推广工作，可以与企业和社会建立更紧密的联系，发挥自身的专业优势，为社会提供技术服务、咨询和培训等服务。这不仅可以提升教学团队的社会影响力和知名度，还能够为学院的发展带来更多的资源和机会。

促进教学团队的团结协作。成果转化和推广工作通常需要多个教学团队之间的协作和配合。通过共同开展项目研究、技术推广等工作，教学团队之间可以加强沟通和交流，分享经验和资源，形成合力。这种团结协作的精神可以促进教学团队之间的互相学习和借鉴，提高整个团队的凝聚力和战斗力。

73. 成果创新、特色、示范性及预期成效

成果创新、特色、示范性及预期成效对高职专业教学团队的发展具有重要影响。通过不断推动这些方面的发展和完善，可以不断提升高职教育的质量和水平，为社会培养更多高素质、高技能人才。

成果创新是高职专业教学团队发展的核心动力。通过不断探索和实践，团队能够在教学理念、方法、内容等方面取得创新性成果，进而提升教学质量和水平。这些创新成果不仅能够激发学生的学习兴趣和积极性，还能够培养学生的创新思维和实践能力，为他们的未来发展奠定坚实

基础。

教学团队特色是其核心竞争力的重要体现。在高职教育中，拥有鲜明特色的教学团队往往能够脱颖而出，吸引更多优秀学生和教师加入。团队特色可以体现在多个方面，如专业方向、课程设置、教学模式等。通过深入挖掘和凝练团队特色，可以形成独特的教学风格和品牌效应，进一步提升团队的影响力和竞争力。

示范性教学团队在高职教育中具有引领和带动作用。通过展示先进的教学理念、方法和成果，可以激发其他教学团队的积极性和创新精神，推动整个高职教育领域的改革和发展。同时，示范性教学团队还可以为其他团队提供可借鉴的经验和做法，促进教学资源的共享和优化配置。

预期成效是高职专业教学团队发展的目标和动力源泉。通过设定明确的目标和预期成效，可以激发团队成员的积极性和创造力，推动团队不断向前发展。同时，预期成效的实现也可以为团队带来荣誉和认可，进一步提升团队的凝聚力和向心力。

五、保障措施

保障措施包括 3 个二级指标，是为确保教师团队具备扎实的专业理论知识和丰富的实践经验，提升教学质量和水平。同时，保障措施有助于优化教师结构，促进教师之间的合作与交流，形成协同育人的良好氛围。因此，加强保障措施建设是高职院校推进"双师型"教师团队建设的必由之路。

(一) 组织保障

组织保障包括 2 个三级指标，它为确保团队结构稳定，优化资源配置，为教师专业发展提供有力支持。同时，良好的组织保障能激发教师的积极性，促进团队合作，提升教学质量。因此，高职院校应重视组织保障建设，为专业教师团队发展创造良好条件，推动教育教学工作的顺利开展。

74. 学校成立项目领导小组

学校成立项目领导小组。高职院校专业"双师型"教师团队的保障，不仅体现在宏观的战略规划与目标设定上，更在微观的资源调配与制度落实中展现出深远且积极的影响。通过制定明确的发展规划、优化整合资源、完善政策制度、加强沟通与协调以及强化监督与评估等措施，领导小组为团队的发展提供了全方位的支持和保障，有力推动了"双师型"教师团队的建设和发展。

领导小组以高瞻远瞩的视角，制定了系统且富有前瞻性的发展规划，确保了"双师型"教师团队建设的明确方向和稳定步伐。他们深入分析当前教育行业的发展趋势，结合学校实际情况，为团队制定了切实可行的短期目标和长远规划，为团队发展提供了清晰的方向指引。

在资源优化与整合方面，领导小组发挥了强大的组织协调功能。他们精准对接校内外的优势资源，不仅优化了师资队伍的结构和素质，还为团队提供了先进的教学设备和充足的实训场地。通过资源整合，领导小组成功构建了资源共享、优势互补的良性机制，为"双师型"教师团队的发展提供了坚实的物质基础。

领导小组在政策与制度保障方面也作出了显著贡献。他们紧密结合团队发展的实际需求，制定了一系列激励政策和保障措施。例如，通过设立专项基金、提供进修机会等方式，鼓励教师积极参与企业实践、提升专业技能；同时，建立健全的考核评价和激励机制，确保团队成员能够充分发挥自身潜能，实现个人价值与团队发展的双赢。

在沟通与协调方面，领导小组展现了极强的组织能力和协调能力。他们定期召开会议，听取团队成员的意见和建议，及时解决团队发展过程中遇到的问题和困难。通过有效的沟通和协调，领导小组促进了团队成员之间的团结与合作，形成了积极向上、充满活力的团队氛围。

领导小组在监督与评估方面也发挥了关键作用。他们通过定期检查、考核和评估，确保团队建设的质量和效果符合预期目标。同时，针对发现的问题和不足，领导小组及时提出改进意见和建议，推动团队不断完善和提升。

75. 建立教师发展中心（机构）

建立教师发展中心对高职院校专业"双师型"教师团队具有显著的保障优势。这一举措不仅有助于提升教师的整体素质和能力，还能促进教师团队的专业发展，进而为高职院校的教育教学质量提供有力保障。建立教师发展中心对高职院校专业"双师型"教师团队的保障优势主要体现在提供系统培养与培训、建立科学激励机制以及构筑培育平台等方面。这些优势将有助于提升教师的整体素质和能力，促进教师团队的专业发展，进而为高职院校的教育教学质量提供有力保障。

教师发展中心可以为"双师型"教师团队提供系统的培养与培训。通过制定有针对性的培训计划，中心可以帮助教师提升专业素养、教学能力和实践经验，使其更好地适应高职院校的教学需求。同时，中心还可以组织各类教学研讨会、经验分享会等活动，促进教师之间的交流与合作，形成共同提升的良好氛围。

教师发展中心有助于建立科学的激励机制，激发教师的内在动力。中心可以设立奖励机制，对在教育教学、课程改革、校企合作等方面表现突出的教师进行表彰和奖励，从而激发教师的积极性和创造性。此外，中心还可以为教师提供职称评定、职业发展规划等方面的指导，帮助教师实现个人价值的最大化。

教师发展中心可以构筑"双师型"教师培育平台，提升教师培养质量。通过与企业合作，中心可以组织教师参与企业实践、实习实训等活动，使教师更好地了解行业发展和企业需求，从而提升教学的针对性和实用性。同时，中心还可以依托各类教学资源，开展教师教学研究、教学改革等活动，推动教师团队的专业化、特色化发展。

（二）制度保障

制度保障包括 2 个三级指标，它是完善的制度能够明确团队建设的目标和要求，确保教师发展有章可循。它有利于优化教师资源配置，提升教学质量，促进教师间的合作与交流。同时，制度保障还能激发教师的积极性和创新精神，推动团队不断向前发展，为高职院校培养更多优秀人才奠定坚实基础。

76. 教师教学创新团队建设保障制度

教师教学创新团队建设保障制度对高职院校专业"双师型"教师团队的保障优势，有助于提升团队的整体素质和教学水平，推动高职院校的专业建设和人才培养质量实现持续提升。

促进教师专业素养的持续提升。该保障制度旨在确保"双师型"教师团队能够不断接受专业培训和深造，从而使其专业素养与行业发展保持同步。这不仅有助于提升教师个人的专业技能和知识水平，更能推动整个教师团队的专业成长，进而提升高职院校的教学质量。

强化团队协作与沟通机制。制度化的团队建设有助于加强团队成员之间的协作与沟通，促进信息共享和经验交流。通过组织团队活动、定期培训等形式，能够加深团队成员间的了解与合作，形成互补优势，共同提升整体教学水平。

提升教师教学实践与创新能力。保障制度重视培养教师的实践能力和创新能力。通过鼓励教师参与企业实践、校企合作等活动，促进教师将理论知识与实践操作相结合，提升其实践能力。同时，制度还鼓励教师进行教学创新，探索新的教学方法和手段，以激发学生的学习兴趣和积极性。

完善教师激励机制与工作动力。保障制度能够为"双师型"教师团队提供稳定而合理的激励机制，确保教师能够在付出努力后获得应有的回报。通过明确的工作分工、计划以及评价体系，能够激发教师的工作热情和创造力，推动其在教学和科研方面取得更加优异的成绩。

保障团队稳定性与持续发展。健全的保障制度有助于增强团队的凝聚力和稳定性，降低教师流失率。同时，制度还能够为团队的持续发展提供有力保障，确保团队能够不断适应行业发展和教育改革的需要，保持其竞争优势和影响力。

77. 教师专业化发展管理制度

教师专业化发展管理制度对高职院校专业"双师型"教师团队具有显著的保障优势，有助于提升教师团队的教学水平和实践能力，促进团队合作与交流，为教师团队的发展提供必要的支持和保障。

教师专业化发展管理制度为"双师型"教师团队提供了明确的发展路径和指导。该制度通常包括岗位职责和职业道德要求、专业发展规划、教育教学能力培养、绩效考评和奖惩激励等多个方面，这些内容为"双师型"教师团队提供了清晰的发展方向和目标。特别是专业发展规划部分，它能够帮助教师团队明确自身的发展方向和目标，制定个性化的发展计划，从而更好地适应高职院校的教学需求。

教师专业化发展管理制度有助于提升"双师型"教师团队的教学水平和实践能力。通过教育教学能力培养和绩效考评等环节，该制度能够激励教师团队不断提升自己的专业素养和教学能力，采用多种教学方法和手段激发学生的学习兴趣和积极性。同时，绩效考评和奖惩激励部分也能够对教师的教学成果进行客观评价，从而激发教师的工作热情和积极性，进一步提高教学质量。

教师专业化发展管理制度还能够促进"双师型"教师团队的合作与交流。在制度的引导下，教师团队之间可以更加积极地开展合作研究、分享教学经验、改进教学方法等活动，形成良好的学术氛围和团队精神。这种合作与交流不仅能够提升整个团队的教学水平，还能够为学生提供更加全面、深入的教育服务。

教师专业化发展管理制度还能够为"双师型"教师团队提供必要的支持和保障。例如，在队伍建设支持方面，该制度可以提供教师资源配置、发展机会和条件保障等方面的支持，确保教师团队有足够的资源和条件来实现自身的发展目标。这种支持和保障有助于稳定教师队伍，提高教师的归属感和满意度，从而进一步提升教学质量和效果。

（三）条件保障

条件保障包括 4 个三级指标，它包括充足的资金、设备、场地等资源，能提升教师团队的教学水平和创新能力。同时，良好的学术氛围、激励机制等软环境，也能激发教师的积极性和创造力。因此，加强条件保障，有助于打造一支高素质、专业化的教师团队，进而提升高职院校的教育质量和社会影响力。

78. 地方政府经费配套情况

地方政府经费配套情况对高职院校专业"双师型"教师团队的保障优势显著，有助于提升教师队伍的整体素质和实践能力，促进高职院校的可持续发展。因此，地方政府应继续加大对高职院校的经费支持力度，为"双师型"教师团队的建设和发展提供有力保障。

地方政府经费配套能够有效支持"双师型"教师团队的建设和发展。

随着职业教育对教师队伍素质要求的提高，"双师型"教师成为高职院校不可或缺的教学力量。而"双师型"教师的培养、引进和激励，都需要大量的经费支持。地方政府通过提供经费配套，可以确保高职院校有足够的资金用于"双师型"教师的培训、实践、科研以及福利待遇等方面，从而吸引更多优秀人才加入，提高教师队伍的整体素质。

地方政府经费配套有助于提升"双师型"教师团队的实践能力和行业影响力。高职院校的"双师型"教师不仅需要具备扎实的理论素养，还需要具备丰富的实践经验和行业认知。地方政府通过支持高职院校与企业合作，共同开展实践教学、科研创新等活动，为"双师型"教师提供广阔的实践平台，使其能够更好地了解行业动态和技术前沿，提高教学水平和科研能力。同时，这也有助于提升高职院校在行业内的影响力，为"双师型"教师团队的发展创造更好的外部环境。

地方政府经费配套还能够促进"双师型"教师团队的稳定和发展。高职院校的"双师型"教师往往面临着较大的工作压力和竞争压力，需要不断提升自身的专业素质和技能水平。而地方政府的经费支持可以为其提供良好的工作条件和生活待遇，缓解教师的经济压力，激发其工作积极性和创新热情。同时，这也有助于稳定教师队伍，减少人才流失，为高职院校的长期发展提供有力保障。

79. 学校经费配套情况

学校经费的配套情况对高职院校专业"双师型"教师团队具有显著的保障优势，这些优势体现在提供稳定的资金支持、促进教师专业发展、推动实践教学和校企合作以及提升教师团队凝聚力等多个方面。这些优势的发挥将有助于提升高职院校的教学质量、科研水平和社会服务能力，推动高职院校的可持续发展。

学校经费的充足配套为"双师型"教师团队提供了稳定的资金支持。这确保了教师团队在薪酬福利、培训发展、教学设备购置以及实践基地建设等方面的需求得到切实满足，从而能够心无旁骛地投入教学和科研工作中。

经费的配套有助于促进教师的专业发展。经费的投入有助于支持教师参加各类专业培训和学术交流活动，使教师不断更新知识体系、提升专业技能，进而提升教学质量和科研水平。同时，经费还可用于支持教师的科研项目，推动学术成果的产出，促进教师的职业成长。

学校经费的配套对于推动实践教学和校企合作具有积极作用。高职院校注重实践教学与企业的紧密合作，而"双师型"教师团队在这方面发挥着关键作用。经费的支持有助于实践基地的建设和维护，为学生提供更多实践学习的机会。同时，经费还可用于加强校企之间的合作与交流，为教师团队搭建更为广阔的合作平台，推动产学研用的深度融合。

学校经费的配套对于提升教师团队的凝聚力和向心力具有重要意义。经费的投入体现对"双师型"教师团队的重视和支持，有助于增强教师的归属感和荣誉感，进而提升教师团队的凝聚力和向心力。这种积极向上的团队氛围将有助于教师团队共同为高职院校的发展贡献力量。

80. 学校相关行政机构、后勤服务机构等支持配合情况

学校相关行政机构、后勤服务等在支持配合高职院校专业"双师型"教师团队方面具有显著的保障优势。这些优势能够为"双师型"教师团队的建设提供有力保障，促进团队的发展和壮大，提高高等职业教育的质量和水平。

行政机构能够提供政策支持和资源协调。高职院校的行政机构负责制定和执行相关政策，为"双师型"教师团队的建设提供制度保障。通过制定相关政策，如教师职称评定、教学奖励、科研项目支持等，行政机构能够激励教师积极参与"双师型"教师团队的建设。同时，行政机构还能够协调校内外的资源，为"双师型"教师团队提供必要的教学设备、实践基地等支持，确保团队的顺利运作。

后勤服务能够为"双师型"教师团队提供优良的工作和生活环境。后勤服务部门负责学校的设施维护、餐饮服务、住宿安排等日常工作，能够为教师提供良好的工作和生活条件。例如，为教师提供宽敞明亮的办公室、配备先进的教学设备、提供舒适的住宿环境等，这些都能够为教师的工作和学习创造便利条件，提高教师的工作效率和满意度。

学校相关行政机构和后勤服务还能够为"双师型"教师团队提供培训和发展机会。通过组织各种形式的培训和学习活动，如教学研讨会、技能竞赛、企业实践等，行政机构和后勤服务能够帮助教师不断提升自己的专业素

养和实践能力，更好地适应"双师型"教师角色的要求。同时，这些培训和发展机会还能够增强教师的归属感和凝聚力，促进团队的稳定和发展。

81. 教学创新团队建设所需软硬件设施情况

教学创新团队建设是高职院校提升教学质量和培养学生实践能力的关键环节，而"双师型"教师团队则是这一建设过程中的核心力量。为了确保"双师型"教师团队能够充分发挥其优势，提供高质量的教育教学服务，必要的软硬件设施保障显得尤为重要。

在硬件设施方面，高职院校应为"双师型"教师团队提供先进的教学设备和实验室资源。这包括但不限于高性能计算机、专业软件、实验仪器以及多媒体教学设备等。这些硬件设施能够为教师提供丰富的教学手段和工具，帮助他们更好地展示专业知识、进行实践操作和模拟教学，从而提升学生的学习兴趣和实践能力。

在软件设施方面，高职院校应着重构建完善的教学管理系统和资源共享平台。通过教学管理系统，教师可以方便地管理课程信息、学生成绩和教学资源，提高教学效率和管理水平。同时，资源共享平台可以为教师提供丰富的教学素材和案例，促进教师之间的交流与合作，推动教学经验的共享和传承。

软硬件设施对"双师型"教师团队的保障优势主要体现在以下几个方面：第一，硬件设施的完善能够提升"双师型"教师团队的教学能力。先进的教学设备和实验室资源能够帮助教师更好地进行实践操作和模拟教学，使他们能够更加深入地了解行业发展和技术趋势，从而不断更新教学内容和方法，提高教学效果。第二，软件设施的建设能够促进"双师型"教师团队的交流与合作。通过教学管理系统和资源共享平台，教师可以方便地获取教学资源、交流教学经验、分享教学心得，从而形成良好的教学氛围和团队文化。这种交流与合作有助于提升教师的专业素养和教学能力，推动团队的整体发展。第三，软硬件设施的保障还能够提升高职院校的整体形象和竞争力。一所拥有先进教学设备和完善软件设施的高职院校，能够吸引更多的优秀教师和学生加入，提升学校的声誉和影响力。同时，这些设施也能够为学校的科研和社会服务提供支持，推动学校与行业的深度融合和发展。

第三章 "双师型"教学团队实证研究

——以土木工程检测专业教师教学创新团队为例

第一节 土木工程检测技术专业建设基础

一、贵州交通职业技术学院基本情况

贵州交通职业技术学院是一所以交通为特色的综合性理工类高职院校。创办于 1958 年，走过国家"示范校"、国家"优质校"发展历程后，2019 年成功入选全国 56 所、贵州目前唯一的"中国特色高水平高职院校"建设单位。

学院目前设清镇、阳关两个校区，占地 1446 亩，建筑总面积近 55 万平方米，图书馆馆藏图书 180 万余册，全日制高职在校生 1.3 万余人。下设 10 个教学系部（道路与桥梁工程系、汽车工程系、管理工程系、建筑工程系、信息工程系、机械电子工程系、物流工程系、轨道工程系、基础教学部、马克思主义教学部）和继续教育学院、驾驶技工学校等二级院校。

学院聚焦现代化综合交通运输体系构建，开设高职专业 25 个，重点打造道路桥梁工程技术和汽车运用与维修技术（西部山区智能交通）两个国家级高水平专业群，实现交通土建、交通装备、交旅融合、智能交通、城镇智能建造 5 个专业群协调发展，建成高原峡谷高桥技术之塔和交旅融合

研学之塔，形成"双塔交辉、群雄拱卫"的办学布局。主持建设了土木工程检测技术专业国家教学资源库，建设有国家级精品课程和精品资源共享课8门，国家教学资源库课程11门、省级精品（开放）课程30门；牵头制定了全国交通职业教育国际学生培养标准；拥有省级以上职教集团、产教融合实训基地等9个，国家级协同创新中心3个，省级工程研究中心、重点实验室3个。

学院现有专兼职教师1000余人，"全国高校黄大年式教师团队"等国家级教师团队4个，省部级以上教育教学创新团队14个。荣获国务院、省级特殊津贴及省管专家称号6人，国家"万人计划"教学名师、省部级以上教学名师13人；获国家及省级五一劳动奖章10人；交通运输青年科技英才2人；全国技术能手2人，省部级技术能手47人，省级创新人才13人。近年来，教师教学发展指数在各类排名中均进入全国职业院校第一方阵。

66年辛勤耕耘，不断实现了全方位突破、深层次改革和高质量发展。凝练了"通途"校园文化——学生通人生出彩之途，学院通引领改革之途，助力贵州通乡村振兴之途，并将紧紧伴随中华民族通伟大复兴之途。紧紧围绕为党育人、为国育才落实立德树人根本任务，先后荣获"全国职业教育先进单位""全国毕业生就业典型经验高校""全国毕业生就业竞争力示范校""全国职业院校教学诊断与改进试点院校""黄炎培职业教育优秀院校""全国节水型高校""国家级职业教育'双师型'教师培训基地""国家级职业学校校长培训基地""中国—东盟高职院校特色合作项目院校"等荣誉称号。为社会输送十余万名交通建设人才，对贵州乃至全国的交通运输事业大发展、大跨越作出了贡献，被誉为"贵州交通人才的摇篮"。近年来，学院综合竞争力在各类排名中均进入全国职业院校第一梯队。

聚焦新目标，迈向新征程。为实现学院党代会提出建设高水平技能型职业本科大学的发展愿景，将继续加强"党建引领、筑梦通途"的党建品牌建设，坚定"筑路意志坚，扛起大道上青天"的办学意志，努力打造学生"胸中有大道、眼里有光亮、脑中有文化、手上有绝活、脚下有力量"的独特精神标志。力争"学建桥、到贵交、交旅融合、中国样板"成为中国职教共识。

二、建筑工程系基本情况

建筑工程系以党建引领各项工作，以"勤卓建工、匠心育人"党建品牌建设为着力点，以培养社会主义接班人和建设者为使命，先后荣获"贵州省高等院校争先争优先进基层党组织""全省交通运输行业先进集体""贵州省高等院校'五好'基层党组织"等荣誉，下属建筑工程系教工党支部和学生党支部均获贵州省交通运输厅"标准化规范化建设星级党支部"，教工支部为院级"双带头人"工作室，学生支部为院级"样板支部"，2022—2023 年度"优秀基层党组织"。

建筑工程系秉持"智慧建造、乡村振兴、服务交通"办学理念，立足贵州省面向全国，是培养中国特色社会主义新时代高质量复合型人才的摇篮，担负教育教学、科学研究、管理服务、教书育人等各项工作。系部现开设三大优势专业，分别为建筑工程技术（工程造价方向、智能建造技术方向、无人机测绘方向）、土木工程检测技术和市政工程技术，并且拥有一个省级"建筑工程技术专业群（山地城市智慧建造技术）"。其中土木工程检测技术是国家级骨干专业，同时也是高水平学校重点建设专业。建筑工程技术是首批国家级示范专业、市政工程技术为学院特色专业。建筑工程系三大专业打破传统格局，积极响应国家智能制造、贵州省乡村振兴等政策要求，与"互联网+"、人工智能、大数据紧密结合，逐步向建筑信息化、建筑工业化及智能建造及检测方向转型升级，培养具有竞争力的可持续发展人才。

当前我省正处在交通强国西部示范省建设的关键阶段和新型城镇化建设的重要战略机遇期，无论是交通基础设施建设还是城镇建设领域，均需不断提升发展质量与效益。而要确保工程质量，土木工程检测技术扮演着至关重要的角色。历经十余年专业建设，土木工程检测技术专业已在教学改革、师资团队构建、实训条件优化等方面取得了显著成果。

该专业拥有全国唯一的土木工程检测技术教师教学创新团队，与土木工程检测技术国家教学资源库，在 GDI 专业排名中位列全国第一。本专业紧密围绕我省"四新四化"战略布局，积极服务于新型城镇化和"技能贵州"的人才需求，精准定位人才培养目标，将岗课赛证的要求深度融合，系统梳理工作任务，深入剖析核心能力，进而重构课程体系。

在实施保障层面，系部具备三大优势：一是实训项目丰富多样，可进行涵盖 150 余项检测内容、超过 1200 个工位的实训操作；二是实习合作广泛深入，已与 20 余家业内企业建立了深度合作关系，每年稳定提供 200 余个顶岗实习岗位；三是社会服务功能全面，校内外实训基地实现了"五位一体"的功能布局，累计已开展各类新技术、新技能培训 30000 人次以上。

经过多年的专业建设和产教融合实践，我们打造了一支"双师型"教师比例高、高级职称占比大、学历层次高且年龄结构合理的优质教学团队。团队成员主持或参与了近 20 项市厅级科研课题，主导和参与制定了 5 部与检测技术密切相关的地方性法规标准，且连续 10 余年从事检测行业岗前培训工作。

建筑工程系师资雄厚，不断引进高学历高素质人才、企业专家充实到教师队伍中，现有专兼职教师百余人，获国家级教学名师 1 名，交通运输部"科技英才"1 名、省级教学名师 2 名、获省级"千层次人才"荣誉称号 2 名、2020 年度贵州省劳动模范 1 名、省"五一劳动奖章"1 名、省"最美劳动者"称号 1 名、"贵州省技术能手"1 名，"双师型"教师比例超过 95%。拥有省级"建筑工程技术专业教学团队"1 支。

建筑工程系教学设施齐全，目前拥有生产性实训基地 4000 多平方米、智慧建造教学中心 3000 余平方米、国家级"土木工程应用技术协同创新中心"1 个、省级"土木工程检测技术黔匠工坊"1 个、省级装配式建筑实践基地、建筑施工仿真与 VR 体验实训室、工程测量与无人机测绘基地和智能无损检测实训室等，集"教学、实训、服务、培训、科研、展示"于一体，技能培养效果突出。

在系部教师的辛勤耕耘下，近年来学生在工程测量、水处理技术、BIM、装配式及建筑识图等技能大赛和创新创业大赛中取得傲人成绩，累计获得国家级奖励 10 余项，省级奖励 50 余项，覆盖学生人数达 500 余人次，"管网卫士"项目获挑战杯专项赛特等奖，是全国 105 个项目唯一获专项赛特等奖的高职院校。在"知行合一、德技双馨"校训的指导下，学生思想素质和职业技能均得到飞跃式提高，我系毕业生的品德修养、综合素质和技能水平深受用人单位好评。

三、土木工程检测技术及相关专业基本情况

（一）土木工程检测技术专业

本专业为国家高水平学校重点建设骨干专业，是国家级职业教育教师教学创新团队骨干教师团队、2019 年第一批国家"1+X"（BIM）证书试点专业，2019 年本专业被教育部列为国家高水平建设学校道路桥梁工程技术专业高水平专业群组群专业。近年来本专业作为贵州省检测行业岗位培训唯一高职参与单位，培养了大批活跃在土木检测领域的高水平专业人才，贵州省所有检测单位均有我校学生及学员。

培养目标：本专业培养掌握土木工程检测技术专业的知识和技能，拥有良好的人文素养、职业道德、精益求精的工匠精神，"德、智、体、美、劳"全面发展的土木工程检测与质量控制管理的高素质复合型技术技能人才。

主要课程：建筑工程施工图识读、建筑制图、建筑力学与结构、土木工程材料、智慧公路概论、大数据与土木工程信息化、工程测量、BIM 建模（结构）、实验室标准化与质量管理、建筑施工技术、主体结构检测、钢结构检测、岩土与地基基础工程检测、市政工程检测、土木工程材料检测。

就业方向：主要就业岗位是工程质量检测人员、工程质量监督管理人员。包括建筑主体结构检测员，岩土与地基基础检测员，钢结构检测员，市政工程检测员，见证取样原材料检测员等。专业规划发展方向为注册检测工程师。

图 3-1　课堂教学

图 3-2　教学实训

（二）建筑工程技术专业

本专业 2010 年是贵州省唯一建筑工程类国家示范专业，2019 年第一批国家"1+X"（BIM）证书试点专业，建筑工程技术教学团队为省级优秀教学团队，拥有多位具有企业丰富实践经验的一级注册建造师、注册造价工程师、注册测绘工程师等"双师型"教师、进行理论教学和工程实践教学指导，其中专业带头人张玉杰教授为省级教学名师。本专业拥有 6000 余平方米的省级交通土建公共实训基地，拥有与企业同步的 BIM 计量与计价、BIM 模拟招投标、工程测量、工程施工技术等专业实训基地，拥有贵州省测绘地理信息技术技能人才培训基地，为国家地理信息测绘技能人才培训中心授权的测绘地理信息技术技能人才培训基地；建设有全国"1+X"BIM 职业技能等级证书考试试点专业、中国图学会 BIM 技能等级贵州区鉴定考试站等；在课程体系建设上强调工学结合，注重岗位职业技能训练；本专业为贵州省建设教育协会副理事长单位，贵州省 BIM 协会理事单位，拥有广泛的校企合作资源。

培养目标：

建筑工程方向：掌握建筑工程技术专业的知识和技能，具有较强的工程实践能力和应用能力，具备智能建造的设计、制作、施工等专业能力，能胜任一般土木工程项目的数字化设计、工业化制作、智慧化施工管理等工作，拥有良好的人文素养、职业道德、精益求精的工匠精神，能够从事建筑工程施工与管理的高级应用型技术技能型、终身学习型、创新能力型、国际视野型的高素质复合型技术技能人才。

工程造价方向：掌握从事工程施工、造价审计、管理等工程一线工作的现代工程造价管理科学理论相关知识，接受扎实的注册造价工程师专业和岗位基本功训练，具有工程建设项目投资决策和全过程各阶段工程造价管理的能力，面向专业技术服务业的工程造价工程技术人员职业群（或技术技能领域），能够从事工程造价全面发展的高级工程造价管理高素质复合型技术技能人才。

无人机测绘技术方向：掌握本专业知识和技术技能，面向测绘地理信息服务行业的测绘和地理信息工程技术领域，能够从事无人机操作与维护、无人机测绘数据采集、处理与表达等工作的高素质技术技能人才。拥有良好的人文素养、职业道德、精益求精的工匠精神，"德、智、体、美、劳"全面发展的适应测绘地理信息行业需要的高素质复合型技术技能人才。

主要课程：建筑工程材料、建筑力学、BIM 建模、建设法规、建筑构造与识图、建筑结构、地基与基础、建筑施工技术、建筑施工测量、建筑施工组织设计、建筑工程计量与计价、建筑工程技术资料管理、合同管理与结算实务、工程测量、GPS 测量技术、数字化测图技术、摄影测量与遥感、无人机测绘技术、地理信息系统 GIS、地籍与房产测量、激光三维扫描等核心课程。

就业方向：主要就业岗位为建筑工程施工员、建筑工程造价员、工程测量员。同时通过专业拓展训练与学习，能胜任工程一线需要的施工员、预算员、质检员、安全员、资料员、测量员、监理员、BIM建模员等职业岗位工作。专业规划发展方向为注册建造师、注册造价工程师、注册测绘工程师、注册城乡规划师、GIS工程师等。

图3-3　模拟情景教学

图3-4　教学实训

（三）市政工程技术专业

本专业拥有多位具有企业丰富实践经验的一级注册建造师进行理论教学和工程实践教学指导，其中专业带头人汪迎红教授为交通行指委教学名师。专业拥有 6000 余平方米省级交通土建公共实训基地，是全国"1+X"BIM 职业技能等级证书考试试点专业，在课程体系建设上强调工学结合，注重岗位职业技能训练。本专业为住建部全国市政工程技术专业指导委员会委员单位，拥有广泛的校企合作资源。

培养目标：本专业培养掌握市政工程技术专业的知识和技能，拥有良好的人文素养、职业道德、精益求精的工匠精神，"德、智、体、美、劳"全面发展的市政工程施工与管理的高素质复合型技术技能人才。

主要课程：建筑工程施工图识读、建筑制图、建筑力学与结构、土木工程材料、市政工程识图与构造、土力学与地基基础、大数据与土木工程信息化、市政管道工程施工、市政工程桥涵施工技术、市政工程道路施工技术、市政施工组织设计、工程测量、地下工程、市政工程质量检测等。

就业方向：主要就业岗位是市政工程施工员。同时通过专业拓展训练与学习，能胜任工程一线需要的预算员、质检员、安全员、资料员、测量员、监理员、BIM 建模员等职业岗位工作，专业规划发展方向为注册建造师。

图 3-5　教学实训

第二节　土木工程检测技术专业建设目标

一、总体目标

（一）立足专业群，聚焦检测区域特色

土木工程检测技术，作为现代工程领域的关键组成部分，正面临数字化浪潮带来的挑战与机遇。基于学院"道路桥梁工程技术"专业群的坚实基础，我们土木工程检测技术职业教育创新团队致力于培养具备前沿数字化技术应用能力的专业人才，以满足新时代对土木工程领域的需求。

在新时代背景下，我们团队紧密围绕"四有"标准——有理想、有道德、有文化、有纪律，全面提升学生的综合素质，培养既具备技术专长，又拥有高尚职业道德的土木工程检测技术人才。

针对"云、物、大、智、移"等前沿技术的发展，我们团队积极关注并深入研究其在土木工程检测领域的应用。结合贵州特有的喀斯特地貌特征，我们专注于"高墩大跨、长大隧道、超高层检测技术"等关键技术的研发，以推动土木工程检测技术的创新与进步。

此外，我们团队还积极探索 5G 信息传导、北斗定位、无人机机器视角、光纤传导等先进技术在贵州本地检测领域的应用，以提升检测的准确性和效率，为土木工程的安全与可靠性提供有力保障。

展望未来，我们将继续深化对土木工程检测技术的研究，不断拓展先进技术的应用领域，为培养更多具备国际视野和创新能力的土木工程检测技术人才而努力。同时，我们也将与行业伙伴紧密合作，共同推动土木工程检测技术的创新与发展，为构建安全、高效、智能的土木工程检测体系贡献力量。

（二）"四期、八维"分层培养

在数字化浪潮的推动下，"数字中国"的宏伟蓝图正在逐渐展开。而在这个伟大的进程中，教育教学、社会服务、科学研究以及文化传承等领域，都急需一支具备高度数字化素养的师资队伍来引领和推动。因此，我们提出了"四期、八维"的分层培养策略，旨在打造一支具备多元化、全面化能力的数字化师资队伍。

四期，指的是师资培养的四个阶段，包括成长期、成熟期、示范期和引领期。八维，是指在这四个阶段中，我们需要从八个维度来提升师资的综合能力，包括教学理念、教学方法、技术应用、社会服务、科研能力、文化传承、团队协作和创新能力。

在成长期，我们注重教育教学理念的塑造和教学基本技能的训练。通过引入先进的教育理念，如以学生为中心、问题导向等，使教师们能够深刻理解数字化教学的核心价值和意义。同时，我们还通过各类教学技能培训，帮助教师们掌握数字化教学的基本方法和技巧。

进入成熟期，我们开始加强技术应用和社会服务能力的培养。我们鼓励教师们积极学习和应用各类数字化教学工具和技术，如大数据分析、云计算等，使其能够更好地服务于教学和社会。同时，我们还通过组织各类社会服务活动，提升教师们的社会责任感和使命感。

在示范期，我们则注重科研能力和文化传承能力的培养。我们鼓励教师们积极参与各类科研项目和学术交流活动，提升他们的科研能力和学术影响力。同时，我们还通过组织各类文化传承活动，如非遗保护、传统文化推广等，使教师们能够更好地传承和弘扬中华优秀传统文化。

最后，在引领期，我们强调团队协作和创新能力的培养。我们鼓励教师们打破学科壁垒，加强跨学科交流和合作，形成协同创新的良好氛围。同时，我们还通过设立创新基金、组织创新竞赛等方式，激发教师的创新热情和创造力。

通过这样的"四期、八维"分层培养策略，我们最终将打造出一支以"数字中国"为引领的具备教育教学"双师型"、社会服务"专家型"、科学研究"技术型"、文化传承"育人型"的综合能力的师资队伍。他们将形成"大师引领、名师示范、骨干支撑、双师素质、专兼结合、协同创新"的团队结构，成为省内领先、国内一流的高素质结构化师资队伍。他们将具备数字化教学能力与数字化技术应用能力，为推动我国教育事业和社会进步作出重要贡献。

"四期、八维"的分层培养策略是我们打造高素质数字化师资队伍的关键路径。我们需要不断完善这一策略，加强师资培养的针对性和实效性，为我国的教育事业和社会发展注入新的活力和动力。

二、具体建设任务

数字中国引领下的教育改革：聚焦运行机制、能力提升、教学资源打造与教法改革，在"数字中国"的战略指引下，教育领域正经历着一场前所未有的变革。这场变革聚焦在四个方面：运行机制、能力提升、教学资源打造以及教法改革。通过这三年的不懈努力，我们坚信能够实现设定的目标，为中国的教育事业注入新的活力。

（一）建立并完善团队运行机制

为了保障教育改革的顺利进行，建立高效、灵活的运行机制至关重要。这包括但不限于明确团队的职责分工、优化决策流程、建立激励机制以及完善评估体系。通过这一系列措施，可以确保团队内部的沟通顺畅，决策迅速，从而推动整个改革进程。

（二）提升团队教师个体能力

教师是推动教育改革的中坚力量。因此，提升教师的个体能力显得尤为重要。这包括加强教师的数字化技能培训，提高他们的信息素养和教学能力。同时，还需要培养教师的创新意识和批判性思维，使他们能够更好地适应数字时代的教育需求。

（三）搭建结构化共融课程体系

在数字化背景下，课程资源的共建共享成为必然趋势。因此，我们需要搭建一个结构化的共融课程体系，将传统的课程资源与数字化资源相结合，实现资源的优化配置和高效利用。这不仅可以丰富教学内容，还可以提高学生的学习兴趣和参与度。

（四）以学生为中心，推动教法数字化改革

教法的改革是教育改革的核心。在数字化时代，我们应该以学生为中心，推动教法的数字化改革。这包括利用数字化技术来改进教学方法和手段，提高教学效果和质量。同时，还需要关注学生的个性化需求和学习特点，为他们提供更加灵活、多样化的学习路径。

总之，"数字中国"引领下的教育改革是一项系统工程，需要我们从多个方面入手，共同努力。只有这样，我们才能适应数字化时代的发展需求，为培养更多优秀人才贡献力量。

第三节　土木工程检测专业教师教学创新团队建设特色

一、土木工程检测技术专业特色

2017 年土木工程检测技术专业立项省级骨干专业，2019 年以优秀等次通过验收；同年，被"创新发展行动计划"认定为国家级优质骨干专业。

学院是贵州唯一国家"双高"计划学校立项建设单位，检测专业是学院"双高"建设中道路桥梁工程技术高水平专业群内骨干专业。在团队努力下形成了"紧扣新技术、注重教科研、构筑大平台"的专业特色。

（一）紧扣新技术

在壮美的贵州省，其地形地貌独具特色，重峦叠嶂、峡谷幽深，使得桥梁建设在这片土地上显得尤为重要。正是这样的地理环境，让贵州在全球桥梁建设领域占据了举足轻重的地位。据统计，全球百座著名大桥中，竟有48座巍峨矗立在贵州的大山之间，这些大桥如同一条条巨龙，穿越峡谷，连接着贵州的每一个角落。这些大桥不仅是贵州交通往来的重要通道，更是展示人类工程技术与自然和谐共生的杰作。为确保这些关键基础设施的安全与稳定，一支由杰出工程师和教育专家组成的团队，致力于将最新的山区峡谷大桥检测技术融入其专业实践之中。他们严谨、稳重、理性地对待每一项检测任务，确保大桥的安全与畅通。

在过去的三年里，这支团队在专业技能教育方面取得了令人瞩目的成就。他们不仅注重理论知识的传授，更注重实践能力的培养。通过大量的实践操作和模拟训练，学生们在省级以上的技能大赛中频频获奖，共计荣获一等奖12项、二等奖23项，充分展现了团队在专业技能教育领域的卓越实力。值得一提的是，这些优秀的学生在毕业后，迅速成为贵州省乃至全国桥梁安全检测领域的骨干力量。他们的专业素养和实践能力得到了广泛认可，用人单位满意度高达100%。不仅如此，贵州省所有的检测单位都拥有这支团队的学生和学员，他们在各自的岗位上发挥着重要作用，为贵州省的桥梁安全保驾护航。

这些成绩的背后，是团队对新技术的不断追求和创新。他们紧跟时代步伐，积极引进和应用先进的检测技术，如无人机巡检、智能传感器等，大大提高了检测的准确性和效率。同时，团队还重视科研工作，不断探索新的检测方法和技术，为桥梁安全提供更有力的保障。展望未来，这支团队将继续秉持严谨、稳重、理性的教育理念，不断提升教育质量和人才培养水平。他们将与国内外知名企业和研究机构展开深度合作，共同推动桥梁安全检测技术的创新与发展。同时，团队还将加强对学生的综合素质培养，注重培养学生的创新能力和团队合作精神，以适应不断变化的市场需求和社会发展。在团队的不懈努力下，相信贵州省的桥梁安全检测事业将迎来更加辉煌的未来，为这片美丽的土地增添更多的风采和活力。

（二）注重教科研

经过"政行企校"四方紧密而高效的联动合作，我们的团队荣幸地参与了超过60项具有里程碑意义的省级重点项目实验检测工作。这些项目不仅涵盖了广泛的领域，如环境保护、医疗健康、能源技术等，而且在技术难度和实际应用价值方面均达到了业界领先水平。在团队成员的精心策划、严格执行和不懈努力下，我们克服了重重困难，按时按质完成了各项任务，为项目的成功实施提供了坚实的技术支撑和保障。

在科研创新方面，我们团队以严谨的科学态度，主编了4部贵州省地方检测技术标准。这些标准不仅为地方产业的健康发展提供了明确的技术指导和规范，而且有效推动了相关领域的科技进步和产业升级。同时，我们还成功获批了6项具有前瞻性和战略意义的省级课题，以及30余项地厅级课题。这些课题的研究将为我们团队在科技创新和成果转化方面提供更为广阔的平台和机会。

在知识产权保护方面，我们团队始终坚持以保护创新为核心，积极申报并授权了2项发明专利和14项实用新型专利。这些专利的获得不仅是对我们团队成员创新思维和技术能力的充分认可，而且为我们的科研成果提供了坚实的法律保障和市场竞争力。

展望未来，我们团队将继续秉承严谨、稳重、理性的工作态度，充分发挥"政行企校"四方联动的优势，积极参与更多的省级和国家级重点项目，为推动相关领域的科技进步和社会发展贡献更多的智慧和力量。同时，我们也将进一步加强知识产权保护工作，为科技创新提供更为完善的法律保障和市场环境。

（三）构筑大平台

经过长时间组织与积累，土木工程检测专业教师团队成功构建了一系列具有显著影响力的高水平教育与实践平台。这些平台不仅彰显了本机构在教育教学领域的深厚底蕴和卓越实力，更为广大学生提供了优质的学习和发展机会。

在教育教学团队方面，我们组建了一支充满活力和创新精神的省级教学团队。该团队由一批具有丰富教学经验和深厚学术造诣的教师组成，他们在教学改革、课程设置和教材编写等方面取得了显著成果。团队成员们以严谨的教学态度、灵活的教学方法和创新的教学理念，为学生提供了高质量的教育服务，有效提升了学生的学习效果和综合素质。

在科研与创新方面，我们作为国家级协同创新中心的成员之一，积极推动产学研深度融合，致力于培养创新型人才。中心集结了一批顶尖科研人员和优秀学生团队，共同开展前沿科学研究和技术攻关，取得了多项重要成果和突破。这些成果不仅提升了本机构的学术声誉和社会影响力，更为国家和社会的科技进步作出了积极贡献。

在图形学领域，我们荣幸地获得了中国图学会的正式授权，建立了图学授权基地。这一基地的建立不仅体现了我们在图形学领域的学术水平和影响力，更为学生提供了更加专业的实践和学习环境。学生们可以在这里接触到最前沿的图形学技术和应用，通过与行业专家的深入交流和实践操作，提升自己的专业技能和实践能力。

此外，我们还倾力打造了国家级生产性实训基地。该基地以实践教学为核心，注重培养学生的实际操作能力和职业素养。通过模拟真实的工作环境和任务，学生们可以在实践中掌握专业知识和技能，提升自己的综合素质和竞争力。同时，我们还与贵州省检测行业紧密合作，成为其岗位培训基地的唯一代表。这不仅为广大学生提供了宝贵的实习和就业机会，也为我们与行业的深度合作打下了坚实基础。

在教学资源建设方面，我们主导了土木工程检测技术国家级教学资源库的建设工作。该资源库汇集了丰富的教学资源和学习材料，包括教材、案例、视频、实验指导书等，为学生提供了全面而系统的学习支持。同时，我们还积极参与了"1+X"试点项目，致力于推动教育教学改革和创新发展。通过实施多元化的教学模式和评价方式，我们全面提升了学生的综合素质和创新能力。

为了加强师资队伍建设，我们还特别建立了"双师"培训基地。该基地致力于培养既具备理论素养又拥有实践经验的"双师型"教师。通过组织专业的培训和交流活动，提升了教师的教育教学能力和专业素养，为提升整体教育教学质量提供了坚实保障。

二、结构化的"双师型"师资团队（团队师资结构）

（一）"双师型"结构教学团队

经过长期不懈的专业建设和实践探索，我们成功地构建了一支高素质、结构化的师资队伍。这支队伍不仅在学术水平、实践经验以及年龄结构等方面具有显著优势，而且在教学和科研方面发挥着举足轻重的作用。

在学术水平方面，我们的师资队伍拥有众多经验丰富的教师，他们在山区峡谷高桥和既有建筑检测的研究领域取得了卓越的成果。这些教师严谨的学术态度、扎实的专业知识和前瞻性的研究视野，为团队提供了坚实的学术支撑，确保了教学和科研的高水平发展。

在实践经验方面，我们有较高的双师比例，教师们不仅具备深厚的理论素养，还拥有丰富的实践经验。他们不仅在教室里传授理论知识，还积极参与实验室、工作室和企业实践，指导学生进行实践操作，让学生在理论与实践之间建立紧密的联系。这种教学模式有效提升了学生的实际操作能力，并培养了他们的创新精神和解决问题的能力。

在年龄结构方面，我们的师资队伍呈现出均衡而合理的分布。资深教师以其丰富的经验和深厚的专业知识为团队提供稳定的教学和科研支撑；中年教师正值事业巅峰，他们在教学中充满热情，在科研中勇于探索；青年教师则充满活力和创新精神，为团队注入了新的活力和创意。这种老中青三代教师互为补充的教学与科研梯队，确保了团队的持续发展和创新力。

团队共有20人，其中校内教师16人，校外兼职教师4人；其中具有高级职称的14人，中级及以下职称的6人；46至55岁7人，35岁至45岁8人，35岁以下5人，45岁以下中青年教师占比65%；研究生以上学历15人；90%的教师参加过交通与建筑工程试验检测，8人取得了相关主管部门颁发的工程试验检测师证，具有较丰富的实践经验和专业教学能力。

省部级名师 3 名、院级骨干教师 6 名。

团队的结构组成横向按成长期教师、成熟期教师、引领期教师与示范期教师 4 期；纵向分教师师德师风、基础教学能力、技术应用能力（实训指导能力）、竞赛指导能力、社会服务能力、技术与教学研究创新能力、信息技术应用能力、团队管理能力 8 个维度。团队成员分工协作围绕"四个一"（共上一门课程、共研一个课题、共做一个项目、共训一支队伍）。如：一门课程制作与授课至少包含一名示范期、一名成熟期、一名成长期、一名企业兼职教师组成，以便于充分发挥团队力量。

（二）"双师型"教师团队成员水平

自专业创立之初，我们团队在校内负责人的坚强领导下，始终紧密地嵌入产业链，通过高职特色的"产学研用创"模式，为地方产业的发展注入了源源不断的活力。

"产学研用创"这一模式，不仅是我们团队的核心工作理念，更是我们推动地方产业进步的重要策略。其中，"产"指的是产业，我们始终关注着产业的发展趋势和需求；"学"则代表学术研究，我们团队成员通过不断学习和研究，提升自己的专业素养；"研"即研发创新，我们致力于研发新技术、新产品，为产业提供技术支持；"用"指的是应用实践，我们将研发成果应用于实际生产中，推动产业升级；"创"则是创新创业，我们鼓励团队成员勇于创新，为产业发展开辟新的道路。

在校内团队负责人的带领下，我们团队成员深入产业链，与企业紧密合作，了解企业的实际需求，为企业提供有针对性的解决方案。我们积极参与各类产业项目，通过实践锻炼自己的专业技能，同时也为产业的发展贡献了自己的力量。

此外，我们还积极开展各类产学研合作项目，与地方政府、行业协会、科研机构等建立紧密的合作关系，共同推动产业的发展。这些合作项目不仅提升了我们的专业水平，也让我们更加深入地了解了产业的发展趋势和需求。

通过"产学研用创"这一模式的实践，我们团队不仅取得了丰硕的成果，也积累了宝贵的经验。我们的成功实践证明了这一模式在推动地方产业发展中的重要作用。未来，我们将继续深化这一模式的应用，为产业的发展贡献更多的力量。

1."双师型"教师团队助力中小企业

在当今快速发展的商业环境中，中小企业面临着前所未有的竞争压力和技术挑战。为了助力这些企业在激烈的市场竞争中立于不败之地，我们团队充分发挥了专业、严谨、稳重、理性的优势，与企业紧密合作，共同进行了 37 项具有挑战性的技术攻关。

这些技术攻关涵盖了多个领域，包括生产工艺优化、产品质量提升、节能减排等。我们的专家团队深入企业一线，对企业的生产流程、技术瓶颈进行了全面而细致的分析。通过反复试验和不断优化，我们成功解决了企业在生产、研发和管理中遇到的技术难题，为企业的发展注入了新的活力。

同时，我们也高度重视知识产权保护工作。经过严格的申请和审批流程，我们成功获得了 12 项与检测相关的技术专利。这些专利的获得不仅体现了我们团队的创新能力和技术水平，更为企业在技术创新和市场竞争中提供了有力的保障。

在横向技术服务方面，我们团队始终坚持以客户需求为导向，提供全方位、个性化的技术支持。我们凭借丰富的经验和专业的技能，为客户提供了高效、可靠的解决方案，赢得了客户的广泛赞誉和信赖。据统计，我们的横向技术服务累计到账金额达到 420 万元，这一成绩的背后是我们团队无数个日夜的辛勤付出和不懈努力。

此外，我们的技术创新成果还积极参与了贵州省地方建设项目。这些项目涵盖了基础设施建设、环境保护、新能源开发等多个领域，总投资额超过 2000 万元。我们的技术团队与项目方紧密合作，为项目的顺利实施提供了有力的技术支持和创新动力。这些项目的成功实施不仅为贵州省的经济社会发展注入了新的活力，也为我们的技术创新成果提供了广阔的舞台。

2."双师型"教师团队助力技术创新

经过长期不懈的深入研究与持续不断的探索，我们团队在检测技术领域取得了令人瞩目的重要成果。针对技术难题，我们充分发挥团队的智慧和创新能力，成功申请并立项了 4 项省自然科学基金、2 项贵州省职教重大课题以及 14 项厅级以上课题。这些课题的研究不仅极大丰富了我们的理论知识体系，还为实际问题的解决提供了坚实的理论支撑。

在规范制定方面，我们团队秉持着严谨、务实的态度，以高度的责任感和使命感，作为主要执笔人与审核人，全程参与了 4 部贵州省地方规范规程的编写工作。在编写过程中，我们充分考虑了贵州检测行业的实际情况和发展需求，确保所制定的规程既符合国家标准，又具有地方特色。这些规程的出台，为贵州检测行业的规范化、标准化发展提供了有力保障，有效推动了行业的健康有序发展。

在服务社会方面，我们团队始终坚持以人民为中心的发展思想，积极为贵州检测行业培训上岗人员。我们深知，检测人员的专业素养直接关系到检测结果的准确性和可靠性。因此，我们注重培训内容的实用性和针对性，结合实际案例和操作技巧进行深入浅出的讲解。截至目前，已累计培训上岗人员 1 万余人次，为提升检测人员的专业素养和实际操作能力作出了积极贡献。

此外，我们还充分发挥行业专家的优势，主编了贵州省检测人员上岗培训教材《见证取样检测》和《钢结构检测》。这两本教材紧密结合检测工作的实际需求，系统地介绍了见证取样检测和钢结构检测的基本原理、操作方法和注意事项。教材的出版不仅为检测人员的专业成长提供了有力支持，也为推动贵州检测行业的技术进步和人才培养奠定了坚实基础。

3. "双师型"教师团队服务一带一路

经过精心策划与组织，杭州欧感、中大检测、四局科研院等权威机构携手开展了一场为期 300 余人日的专业技术培训。此次培训不仅规模庞大，而且内容涵盖广泛，旨在全面提升参与海外工程项目的技术人员在项目管理、技术支持、质量控制和安全管理等关键领域的专业素养和实际操作能力。

为了确保培训效果达到最佳，各机构特地邀请了业内资深专家和学者担任讲师。他们不仅具有丰富的实践经验，还对海外工程项目有深入的研究和理解。在培训过程中，专家们运用丰富的教学经验，通过生动的案例讲解、深入的实践操作和积极的互动讨论，使学员们能够全面、深入地掌握相关知识和技能。

此外，这些机构还积极服务或指导学校参与印尼、塞内加尔等海外工程项目的技术服务。他们派遣了由资深技术人员组成的专业团队，深入项目现场，为项目提供全方位、精准的技术支持和咨询服务。这些团队不仅具备丰富的项目经验，还熟悉当地的市场环境和法律法规，为项目的顺利推进提供了坚实的保障。

值得一提的是，这些机构的服务得到了项目参与方的高度认可和一致好评。项目方表示，通过这些机构的专业培训和服务，他们的技术水平和项目管理能力得到了显著提升，为企业在海外市场的发展注入了新的动力。这些机构的稳健作风、精准技术、高效服务和深厚的国际视野，赢得了项目方的信任和尊重。

团队成员现拥有贵州省职教名师 2 人，全国交通运输职教名师 1 人，获国家教学成果奖 2 项，省级以上教学成果奖 4 项。贵州省公路学会获科技进步奖一等奖 2 项。

三、深化产教融合、校企合作

学院于 1992 年开始探索校企合作，在"校中厂、厂中校，做中学、学中做"办学模式引领下，团队立足贵州交通，面向高墩大跨桥、长大岩溶隧道、新型城镇化等土木工程检测领域，实现了"校中厂—校企命运共同体—协同创新"的工学结合三步走。

（一）深化校中厂模式

该实验检测中心自 2006 年成立以来，便获得了交通综合乙级资质，展现出其在交通工程建设领域的专业能力。中心占地面积 1731 平方米，配备了价值 420 余万元的 200 多台先进设备。这些设备覆盖了土木工程、材料科学、结构力学等多个专业领域，为中心提供了强大的技术支持。

在过去的数年中，该实验检测中心凭借其卓越的技术实力和丰富的经验，成功参与了 60 余项省级重点工程项目。这些项目涵盖了公路、桥梁、隧道等多个领域，充分展现了中心在技术服务方面的广泛性和深入性。

在公路工程建设领域，该实验检测中心为省内20余条各级在建公路提供了精确的试验检测技术服务。这些公路项目遍布全省各地，检测里程累计达到300余公里。中心的专业服务为公路建设的质量安全提供了坚实保障。

此外，该实验检测中心在技术服务领域的卓越成就也得到了广泛认可。中心与多家知名企业和机构建立了长期稳定的合作关系，累计签订合同金额达到5000余万元。这些成功的合作案例进一步证明了中心在技术服务方面的专业性和可靠性。

（二）构建校企命运共同体

在当今这个科学技术日新月异、市场竞争异常激烈的时代，检测技术在各领域中发挥着越来越重要的作用。为了进一步提高学生的实践能力，培养其综合素质，我校以开放包容、前瞻务实的态度，积极寻求与业界知名企业的合作。经过缜密筛选与深入沟通，我们成功引进了大西南检测、贵州道兴检测、中大检测集团以及贵州绿环科技等一批具有雄厚实力和卓越声誉的知名企业，共同构建了一个集科研、教学、实践于一体的校内检测产业园。

这些企业的引进不仅为我校师生提供了一个难得的实践平台，让他们有机会亲身接触和操作先进的检测设备，还为企业带来了人才资源和科研支持。通过与企业的深度合作，我校不仅了解到了行业发展的最新动态和市场需求，还及时调整了教学内容和方法，确保学生所学与行业需求紧密相连，更具实用性和前瞻性。

在校企合作过程中，我校始终秉持严谨、稳重、理性的态度，严格按照官方标准和要求，确保合作项目的高质量和高效益。同时，我校还注重培养学生的创新思维和实践能力，使他们在掌握专业知识的同时，具备更强的解决实际问题的能力。这种注重实践和创新的教学模式，不仅提高了学生的综合素质，也为企业输送了大量高素质的人才。

值得一提的是，2017年我校还与世界500强企业中建集团科研院建立了校外实训基地。这一重要合作不仅进一步拓宽了我校的国际视野和合作领域，也为我校师生提供了更加广阔的发展空间和实践机会。通过与中建集团科研院的深入合作，我校师生有机会亲身参与国际先进建筑技术的研发和应用中，从而更加深入地了解行业发展趋势和市场需求。

（三）"政行企校"四方协同创新

在检测领域，我们的团队成员以其深厚的专业背景、严谨的工作态度和丰富的实践经验，被业界广泛认可为权威专家。在政行企校四方协同合作下，他们成功主导了四部贵州省地方检测标准的制定工作。每部标准都经过反复研讨、验证，确保其科学性和可操作性，为行业的规范化发展提供了坚实支撑。

在编制贵州交通检测指导文件的过程中，团队成员不仅考虑到交通检测的实际需求，还充分结合了国内外最新的科研成果和行业标准，经过多轮修改和完善，最终完成了两份极具指导意义的文件。这些文件对提升贵州交通检测工作的整体水平、加强行业自律具有重要意义。

在新技术推广方面，我们的团队成员凭借敏锐的洞察力和卓越的创新能力，紧跟科技发展的脉搏，成功将新技术应用于实际工作中。新技术的推广不仅提高了检测效率和质量，还为行业带来了超过 2000 万元的经济效益，充分展现了团队的创新能力和实践智慧。

在参与重大工程项目检测方面，团队成员更是以高度的责任感和严谨的工作态度，确保了工程质量和安全。他们不仅严格按照国家标准和行业规范进行检测工作，还积极探索新的检测方法和技术，为工程的顺利进行提供了有力保障。

特别是在花果园双子塔超高层建筑（高度 406 米）的监测工作中，团队成员充分发挥了其在高层建筑检测领域的卓越能力。他们采用了先进的监测设备和技术手段，对建筑的各个部位进行了全面、细致的监测，为超高层建筑的安全运营提供了重要保障。

与此同时，团队还非常重视将创新成果应用于专业教学。他们与高校紧密合作，将最新的检测技术和实践经验引入课堂，帮助学生更好地掌握专业知识和技能。通过这种"产学研"结合的教学模式，不仅提高了教学质量，还为培养更多优秀的检测行业人才作出了积极贡献。

四、聚焦区域特色，强化师生实践（实习实训）

团队助力专业聚焦贵州喀斯特地貌下高墩大跨桥、长大岩溶隧道、超高层检测等产业高端领域，搭建校内外实训平台。已建成省级公共开放实训基地，被"创新发展行动计划"认定为国家级生产性实训基地、"双师型"教师培养培训基地。专业实训实习方面可总结为"三多"。

（一）实训项目多

鉴于现代科技和工业领域的迅速发展，对专业技能人才的需求越发显著。为满足这一需求，专业公共开放实训基地得以建立，并逐渐成为技能提升与工程实践的核心平台。

该基地拥有全面的实训设施，涵盖了基础技能、结构实验与检测、工程质量管理应用等六大中心。目前，基地内设备总数达 2872 台，设备总值超过 3580 万元，为学员提供了充足的实践机会。这些设备不仅数量众多，而且技术领先，能够满足不同专业领域对实训设备的需求。

在实训项目方面，基地提供了工程测量、材料试验、无损检测、结构静动力试验等 150 余项实训项目。这些项目不仅涉及工程建设的各个环节，还紧密贴合行业发展的最新趋势。通过参与这些项目，学员可以深入了解工程建设的全流程，提升专业技能和实践操作能力。

值得一提的是，在基地负责人的领导下，基地成功创建了校内"检测产业园"，实现了教学与产业的深度融合。目前，产业园内已有交职院检测中心、中大检测贵州分公司、大西南检测、贵州绿环检测等 4 个"校中厂"。这些校中厂不仅为学员提供了真实的职业环境，还提供了 4000 余项试验检测参数实训项目。

专业公共开放实训基地以其全面的设备设施、丰富的实训项目以及真实的职业环境，为学员提供了一个严谨、稳重、理性的技能提升与工程实践平台。未来，随着科技的不断进步和工业领域的持续发展，该基地将继续发挥其在人才培养方面的重要作用，为行业的繁荣与发展作出更大贡献。

（二）实习岗位多

经过周密的规划与慎重的考量，团队成功与包括中建四局科研院、宏信创达检测、顺康路桥和贵州道兴公司等在内的超过20家业内知名企业构筑了稳固且富有成效的合作关系。这一合作关系不仅体现了学院对教育的执着追求，更突显了学院对实践与创新的高度重视。在这样的合作框架下，我们构建了一个集产学研用于一体的实训教学平台，旨在为学生提供更加真实、全面且深入的职业体验。

该平台的设计和建设，充分体现了我院严谨、务实的办学理念。我们注重细节，追求完美，通过与企业的紧密合作，实现了教学内容与职业需求的无缝对接。学生在平台上能够接触到最前沿的技术和管理理念，从而在实践中深化对专业知识的理解与掌握。

据了解，该平台每年为学生提供的顶岗实习岗位数量超过200个，涉及工程技术、项目管理、质量检测等多个专业领域。学生在实习过程中，不仅能够亲身感受到职场的竞争与挑战，还能够将所学理论知识与实际操作相结合，实现知行合一。

对于企业而言，参与该平台的建设与运营，无疑为他们提供了一个发掘和培养优秀人才的绝佳机会。通过提供实习岗位，企业能够提前接触到潜在的人才资源，从而为他们未来的业务扩展和技术创新做好人才储备。同时，企业还可以借助学院的科研实力和人才优势，解决生产过程中的技术难题，推动企业不断向前发展。

这一校企合一的生产型实训教学平台在促进产学研用深度融合、提升人才培养质量以及推动产业转型升级等方面发挥了积极作用。展望未来，我院将继续坚持开放、合作、创新的办学理念，不断深化与企业的合作，努力将实训教学平台打造成为培养高素质人才和推动行业发展的重要基地。

（三）基地功能多

经过精心规划与设计，校内外实训基地不仅具备了职业技能鉴定、继续教育培训、企业生产服务、技术研发推广和技术咨询等五大核心社会服务功能，而且形成了一个系统化、全面覆盖的社会服务体系。

在职业技能鉴定方面，基地遵循严格、专业的评估标准和流程，确保评估结果的客观性、准确性和公正性。通过科学、规范的评估手段和方法，基地为社会各界提供了精准、可靠的职业技能鉴定服务，帮助个人准确评估自身技能水平，为企业选拔合格人才提供了有力支持。

在继续教育培训领域，基地紧密结合市场需求和技术发展趋势，开设了众多针对性强、实用性高的培训课程。这些课程不仅涵盖了新技术、新技能的培训，还注重提升学员的职业素养和综合能力。通过系统、全面的培训，基地已累计培训超过 30000 人次，为参训人员提供了宝贵的学习和提升机会，有效促进了他们职业技能的提升和职业发展。

同时，基地还积极与企业开展深度合作，通过提供生产服务、技术研发推广和技术咨询等一站式服务，全面满足企业的多样化需求。基地的专业团队凭借丰富的实践经验和深厚的技术底蕴，为企业提供高效、优质的技术支持和服务，助力企业提升生产效率、优化产品结构、增强市场竞争力。

在技术研发与推广方面，基地始终保持前瞻性的视野和创新精神，紧密跟踪行业最新动态和技术发展趋势。通过加大研发投入、加强产学研合作等方式，基地不断推动技术创新和应用，为企业提供了先进、可靠的技术解决方案。此外，基地还通过举办技术讲座、研讨会等活动，积极推广先进技术和理念，促进技术普及和行业进步，为行业的可持续发展作出了积极贡献。

校内外实训基地以其系统化、全面覆盖的社会服务功能，严谨、专业的服务态度，为社会提供了优质、高效的服务。未来，基地将继续秉承严谨、稳重、理性的工作作风，不断提升服务质量与水平，为推动社会经济发展和行业技术进步作出更大贡献。同时，基地还将积极探索新的服务模式和技术创新路径，以更加开放、包容的姿态，与社会各界携手共进，共同开创更加美好的未来。

五、搭建模块化教学体系，丰富教学资源

依托国家高水平建设路桥专业群，立足贵州交通建设成就，深挖课程

资源．聚焦工程试验检测复合型人才培养，按照"行动导向、能力递进"原则分三阶段构建四大课程模块。

（一）育人与育才相统一，开展课程思政建设

将国家安全战略、贵州交通史以及桥梁建设成就等关键要素，精心融入教学案例与展示环节，以润物细无声的方式启迪学生的思考，培养他们的专业技能与综合素质。这种深具匠心的教学模式不仅丰富了教学内容，还提升了教学效果，使得学生在学习过程中得到更全面的发展。

在探讨国家安全战略这一核心议题时，我们引入了一系列生动的案例，旨在培养学生的战略眼光和全局观念。这些案例既包含了对国际安全形势的深入分析，也涉及了国家安全保障的实际操作策略。通过剖析这些案例，学生能够更加清晰地认识到国家安全的重要性，并学会运用专业知识为维护国家安全贡献力量。这种深入浅出的教学方式，无疑对学生的未来发展具有深远的影响。

同时，为了让学生更好地了解贵州地区的交通发展历史，我们特意引入了贵州交通史的相关内容。在讲述贵州交通发展的曲折历程时，我们注重细节的描绘，通过生动的语言再现了贵州人民在交通建设中的艰苦奋斗和无私奉献。这种深入浅出的教学方式，不仅增强了学生对贵州交通史的了解，更激发了他们为家乡发展贡献力量的热情。

此外，贵州桥梁建设成就作为世界桥梁史上的璀璨明珠，其独特的魅力和深远的影响也为我们提供了宝贵的教学资源。我们精选了北盘江大桥、鸭池河大桥等具有代表性的桥梁工程，通过详细解读其设计理念、技术创新和工程难度等方面，让学生深刻感受到中国桥梁建设的领先地位和无限潜力。这种结合实际的教学方式，不仅激发了学生的学习兴趣和好奇心，还培养了他们的创新精神和实践能力。

将国家安全战略、贵州交通史及桥梁建设成就等要素融入教育教学环节中，是一种既严谨又生动的教学方式。它不仅能够丰富学生的知识体系，还能够培养他们的专业技能和综合素质。通过这种教学方式，我们能够更好地培养出既具备全球视野又具备实践能力的优秀人才，为国家的繁荣发展贡献力量。

（二）数字化赋能，打造基础教学模块

在快速发展的数字化时代，行业对于人才的需求也在不断地演变和升级。为了应对这一挑战，我们提出了一种全新的培训模式，即以行业培训技能要求为基础，结合数字化"云、物、智"应用能力，培养具备基本检测职业能力的专业人才。

明确行业培训技能的要求。不同的行业有着不同的职业技能需求，比如 IT 行业需要编程和数据分析技能，医疗行业需要临床和诊断技能等。因此，我们需要根据具体的行业需求，制定相应的培训计划和课程内容，确保学员能够掌握必要的职业技能。

然而，仅仅掌握行业技能是不够的。随着数字化技术的快速发展，云计算、物联网和人工智能等技术在各行各业得到了广泛应用。因此，我们需要将这些数字化应用能力融入行业培训中，让学员在掌握职业技能的同时，也具备数字化技术的应用能力。

具体来说，我们可以通过以下几个方面来实现这一目标：

首先，加强云计算应用能力的培训。云计算技术已经成为企业和组织信息化建设的核心技术之一，掌握云计算技术可以大大提高工作效率和数据处理能力。因此，在培训中，我们可以引入云计算的相关概念和技术，让学员了解云计算的基本原理和应用场景，并通过实践操作，掌握云计算的基本应用技能。

其次，注重物联网应用能力的培养。物联网技术将物理世界与数字世界紧密相连，为各行各业带来了无限的可能性。在培训中，我们可以引导学员了解物联网的基本原理和应用场景，学习如何通过各种传感器和设备，实现对物理世界的感知和控制，从而提高工作效率和降低成本。

最后，强化人工智能应用能力的培训。人工智能技术正在改变各行各业的生产和服务模式，掌握人工智能技术可以为企业和组织带来巨大的商业价值。在培训中，我们可以教授学员基本的人工智能算法和模型，并引导学员通过实践应用，掌握如何运用人工智能技术解决实际问题。

通过以上的培训方式，我们可以培养出既具备行业职业技能，又具备数字化应用能力的专业人才。这样的人才不仅可以满足当前市场的需求，也能够适应未来数字化时代的发展需求。

同时，我们还需要注意到，数字化技术的更新换代速度非常快，培训内容也需要不断地更新和升级。因此，我们需要建立一个完善的培训机制，定期对培训内容进行评估和更新，确保培训的质量和效果。

以行业培训技能要求为基础，加强数字化"云、物、智"应用能力，培养基本检测职业能力，是我们应对数字化时代挑战的重要举措。通过这样的培训模式，我们可以培养出既具备行业技能，又具备数字化应用能力的专业人才，为企业和组织的发展提供有力的人才保障。

（三）技术成果转化教学成果，打造核心课程模块

在风景秀丽的贵州，桥梁建设的历史不仅是一部工程技术的发展史，更是一部人类文明与自然环境的和谐共生史。位于贵州的"桥梁博物馆"不仅承载着历史的厚重，更凸显了桥梁技术发展的辉煌成果。这里收藏了众多精美的桥梁模型和历史文物，每一件都见证了桥梁建设者们无畏挑战、勇攀高峰的拼搏精神。

贵州地质条件复杂多变，为桥梁建设带来了无尽的难题，但正是在这样的环境中，贵州的桥梁建设者们凭借着智慧与勇气，创造了一系列高墩大跨、长大隧道、超高层检测的先进技术。这些技术不仅在国内外享有盛誉，更成为贵州桥梁建设的一张亮丽名片。

为了将这些宝贵的技术成果薪火相传，我们决定将这些前沿技术融入日常教学中。通过与各大高校和研究机构的紧密合作，我们共同研发了一系列与核心技术相结合的教学课程。这些课程不仅注重理论知识的传授，更注重实践操作能力的培养，让学生在实践中真正掌握这些先进技术。

此外，我们还经常组织专家学者为学生们开设专题讲座和研讨会，让他们能够近距离接触到桥梁建设领域的最新研究成果和前沿技术。通过这些活动，学生们不仅拓宽了视野，更激发了对桥梁建设的浓厚兴趣。

值得一提的是，我们还鼓励学生参与各种桥梁建设的实践活动。通过参与实际工程项目的建设和检测工作，学生们能够亲身感受到桥梁建设的艰辛与不易，同时也能够锤炼自己的专业技能和团队协作能力。

展望未来，我们坚信贵州的桥梁建设事业将继续保持领先地位，并为

中国乃至世界桥梁建设事业的发展作出更大的贡献。同时，我们也期待通过不断的努力和创新，培养出更多优秀的桥梁建设人才，为推动全球桥梁建设事业的繁荣发展贡献中国智慧和中国力量。

（四）同频共振，打造实践课程模块

立足于贵州交通建设的宏大背景，我们深知交通建设对于地方经济的重要性。为了进一步推动交通建设的步伐，我们积极发挥校企合作深的独特优势，将企业的实际生产项目巧妙地引入校园内部，实现校内实训与企业生产的同频共振。这一举措不仅加强了理论与实践的结合，更培养了学生的综合职业能力，为贵州交通建设的未来发展注入了新的活力。

在贵州这片广袤的土地上，交通建设一直是我们不懈追求的目标。然而，要实现这一目标，单靠学校的理论教学是远远不够的。为此，我们深入挖掘校企合作的潜力，让企业走进校园，与学生面对面交流，共同探索交通建设的奥秘。这样，学生不仅能学到书本上的知识，还能接触到最前沿的生产技术和设备，为将来的工作打下坚实的基础。

为了使学生更好地适应企业环境，我们将企业的实际生产项目引入校内实训环节。这意味着学生将有机会参与真实的项目，与企业的工程师和技术人员并肩作战，共同解决生产过程中的实际问题。这种同频共振的教学模式，使学生的学习过程更加贴近实际，提高了他们的实践能力和解决问题的能力。

同时，我们还注重培养学生的综合职业能力。在实训过程中，学生不仅要掌握专业知识，还要学会团队合作、沟通协调等职场必备技能。我们鼓励学生在实践中发现问题、解决问题，培养他们的创新精神和批判性思维。这样，学生在走出校园时，已经具备了较强的综合职业能力，能够迅速适应企业环境，为贵州交通建设贡献自己的力量。

立足于贵州交通建设，我们充分发挥了校企合作的优势，将企业实际生产项目引入校内，实现了校内实训与企业生产的同频共振。这不仅提高了学生的实践能力和综合职业能力，更为贵州交通建设的未来发展注入了新的活力。我们坚信，通过这种校企合作的模式，我们将培养出更多优秀的交通建设人才，为贵州乃至全国的交通事业作出更大的贡献。

经过精心策划与组织，我院积极参与并主导了"土木工程检测技术专业"国家教学资源库的建设工作。基于这一资源库，我们严格遵循"能学、辅教"的功能定位，系统地开发了13门标准化课程，并构建了1个技能训练包，以及总计6182个教学资源素材。

这些课程严格按照行业标准与教育要求设计，旨在为学生提供全面而深入的专业知识。技能训练包则强调实践性与操作性，通过模拟真实工作场景，帮助学生将理论知识转化为实际操作技能。同时，丰富多样的教学资源素材为课堂教学提供了有力支持，有效提升了教学质量与学生的学习效果。

目前，该教学资源库已得到广泛应用，累计有78所院校采用，用户规模超过两万人。在使用过程中，平台记录了800万条日志数据，为我们持续优化和完善资源库提供了宝贵依据。

我们始终坚持以用户需求为导向，不断收集并分析用户反馈，以确保资源库的内容与功能能够满足不同院校和学生的实际需求。同时，我们也积极寻求与其他教育机构的合作，共同推动土木工程检测技术专业的教学改革与发展。

总体而言，我院主导的"土木工程检测技术专业"国家教学资源库建设工作已取得显著成效，为土木工程领域的教学提供了有力支撑。未来，我们将继续致力于资源库的建设与应用工作，为培养更多高素质专业人才贡献力量。

六、社会服务和行业影响

（一）社会服务

1. 产教融合模式

在探索教育与产业融合的新模式中，校企合作已成为培养高素质技术人才的重要途径。通过与行业内的权威机构合作，学校不仅能够引入前沿的教学资源和技术，还能为学生提供更为广阔的实践平台，从而培养出更符合市场需求的专业人才。

在贵州省，这种合作模式得到了充分的体现。通过与贵州省工程质量检测协会、贵州省交通质监局的紧密合作，学校成功地开展了交通、建筑工程相关的检测岗位培训及继续教育培训。这种培训不仅涵盖了理论知识的传授，更注重实践技能的训练，使学员能够在短时间内掌握实际工作中的核心技能。

至今，这种合作模式已为贵州省检测行业输送了近 4 万名学员，几乎覆盖了贵州所有检测单位。这种规模的培训成果不仅证明了学校与行业机构合作的成效，也展示了贵州检测行业对高素质人才的需求。

值得一提的是，学校与贵州省测绘质监站的合作更是走在了教育创新的前沿。2016 年，双方共同打造了"工程教学云"手机 App 平台，通过线上线下的教学模式，为学员提供了更为灵活、便捷的学习方式。这种教学模式不仅吸引了超过 3 万名学员的参与，更在 2019 年由国家测绘质检站在全国测绘人员培训会上进行了推介，成为一种值得借鉴和推广的先进教学模式。

同年，这一成功的教学模式被推广到云南省，进一步证明了其普适性和实用性。这种跨越地域的教育合作模式，不仅为更多地区的学员提供了优质的教育资源，也为学校与行业机构的合作开辟了更广阔的空间。

通过校企合作技术积累，学校与行业机构的合作模式在培养高素质技术人才方面取得了显著成效。这种模式不仅为学员提供了更为广阔的实践平台和学习机会，也为行业注入了新鲜血液和创新动力。未来，我们有理由相信，这种合作模式将在更多领域得到推广和应用，为培养更多高素质技术人才作出更大的贡献。

2. BIM 技术应用

我院近期在建筑信息模型（BIM）领域取得了显著成就，成功获批成为"建筑信息模型（BIM）职业技能等级证书"的考核站点。这一里程碑式的进展标志着我院在 BIM 技术教育和培训方面的专业实力得到了权威认可，也为我院学生提供了更多掌握前沿技能的机会。

作为 BIM 技术的考核站点，我院积极开展了多期 BIM 职业技能培训班。截至目前，已累计培训了 500 余人次，涉及的学生和教师群体广泛。这些培训课程旨在提高参与者的 BIM 建模、项目管理以及团队协作等综合能力，使他们能够更好地适应建筑行业的数字化转型趋势。

值得一提的是，经过严格的考核，我院共有128名学生成功获得了BIM职业技能等级证书。这些学生在培训过程中展现出了出色的学习态度和技能掌握能力，他们的成就不仅是对自己努力的肯定，也是对我院BIM教育培训质量的最好证明。

在BIM技术的应用方面，我院始终坚持以行业需求为导向，紧密结合实际工程项目，为学生提供实践机会。通过与多家知名建筑企业的合作，我院学生在真实项目中应用BIM技术，不仅提升了自身的专业技能，也为合作企业带来了实实在在的价值。

总之，我院在建筑信息模型（BIM）领域的探索和实践取得了显著成果。未来，我院将继续深化BIM技术的教育和培训，为培养更多高素质的建筑行业人才贡献力量。同时，我们也期待与更多合作伙伴携手共进，共同推动建筑行业的数字化转型和创新发展。

（二）行业影响

随着贵州交通建设的高速发展，一种名为"校政行企"的协同创新模式在交通建设领域崭露头角。这一模式不仅为团队提供了广阔的平台，还促进了技术成果向教学成果的转化，使团队成员在应用技术与教学研究方面取得了长足进步。

"校政行企"协同创新模式的核心理念在于将学校、政府、行业和企业四方紧密结合起来，形成一个资源共享、优势互补的创新生态系统。在这一模式下，学校负责提供人才培养和科学研究方面的支持，政府则发挥政策引导和资金支持的作用，行业提供项目载体和技术需求，而企业则负责将研究成果转化为实际应用。

在贵州交通建设领域，这一模式得到了充分的实践和应用。团队成员依托贵州交通建设的高速发展，深入参与了一系列高墩大跨、岩溶长大隧道、超高层检测技术等重大工程项目。这些项目不仅为团队提供了丰富的研究素材和实践经验，还促进了技术成果向教学成果的转化。

在技术成果向教学成果的转化方面，团队成员积极将工程项目中的实践经验和技术创新引入课堂，丰富教学内容和方法。他们结合工程项目案例，开展实践教学和课程设计，使学生在掌握理论知识的同时，也能够了解实际应用场景和操作技巧。这种教学方式不仅提高了学生的学习兴趣和实践能力，也为交通建设领域培养了大量高素质人才。

此外，团队成员还积极与行业和企业合作，开展应用研究和技术创新。他们针对工程项目中遇到的技术难题和实际问题，开展深入研究和探索，提出了一系列创新性的解决方案。这些成果不仅为贵州交通建设领域的技术进步作出了贡献，也为团队成员的学术研究和职业发展奠定了坚实基础。

总之，"校政行企"协同创新模式为贵州交通建设领域的发展注入了新的活力。通过这一模式，团队成员得以深入参与工程项目实践，实现技术成果向教学成果的转化，促进了应用技术与教学研究的深度融合。未来，随着这一模式的不断完善和推广，相信将为交通建设领域的发展注入更多动力，培养更多优秀人才，推动技术创新和行业进步。

第四节　土木工程检测专业教师教学创新团队保障措施

一、组织保障

根据教育部发布的《全国职业院校教师教学创新团队建设方案》通知精神，我们学院积极响应，并紧密结合学院自身的"双高"计划建设和承担的《职业教育提质培优行动计划（2020—2023年)》任务。我们深知，教师是推动学院发展的核心力量，因此，提升教师的教学能力、创新能力和实践水平至关重要。为此，我们以争创国家级"教师教学创新团队"为引领，旨在激发各系部的教学活力，共同打造高水平的"双师"队伍，并为此成立了专门的"教师教学创新团队建设管理机构"。

这一机构下设多个职能组，包括建设领导小组、建设管理办公室、外联保障组、宣传保障组和后勤保障组。这些组别协同工作，确保团队建设的顺利进行。建设领导小组负责制定宏观战略和指导方针；建设管理办公室则负责日常的协调和管理工作；外联保障组负责与政府、企业等外部机构建立联系，争取政策支持和社会资源的整合；宣传保障组负责对外宣传团队的建设成果和优秀教师的风采；后勤保障组则为团队提供必要的物质保障和服务支持。

我们主动对接政府，积极争取政策支持，同时整合社会资源，构建了政府、行业、企业、学院、研究"五位一体"的协调机制。这种机制确保了我们的教学工作能够紧跟行业发展趋势，同时也为教师提供了丰富的实践机会。特别是与贵州省交通系统内的知名国有企业，如桥梁集团、路桥集团、勘设股份、公路集团、高速集团、交建集团等，我们建立了紧密的合作关系。通过共同推进建设项目的落地，我们有效地解决了团队教学能力水平提升过程中的企业锻炼痛点，使教师们能够在实践中不断提升自己的专业能力。

学院在教师教学创新团队建设方面取得了显著的成效。这不仅体现在教师个人能力的提升上，更体现在整个学院教学质量的提升上。我们坚信，随着建设的深入推进，我们的学院将培养出更多具有创新精神和实践能力的优秀人才，为社会发展作出更大的贡献。

二、制度保障

在当今快速发展的社会，对于各项建设任务的规划和实施提出了更高的要求。为了确保建设项目的顺利进行并取得预期效果，我们必须细化建设方案，科学设计时间表和路线图，并强化责任意识和责任约束。这一举措不仅有助于项目的有序推进，还能够提高资源的利用效率，实现效益最大化。

首先，细化建设方案是项目成功的关键。一个详尽的建设方案能够明确项目的目标、任务、步骤和时间节点，为项目的实施提供清晰的指导。在制定建设方案时，我们需要充分考虑项目的实际情况和需求，结合资源、技术和管理等方面的因素，制定出切实可行的方案。同时，我们还需要注重方案的灵活性和可调整性，以便在项目实施过程中根据实际情况进行及时调整。

其次，科学设计时间表和路线图对于项目的推进至关重要。一个合理的时间表和路线图能够明确项目的各个阶段和关键节点，帮助项目团队把握进度，确保项目按时完成。在设计时间表和路线图时，我们需要充分考虑项目的复杂性和不确定性因素，合理安排时间，确保项目的顺利进行。同时，我们还需要建立有效的监控机制，及时跟踪项目进度，确保项目按照时间表和路线图有序推进。

在项目实施过程中，我们需要充分发挥校院两级学术委员会的作用，确保实施质量。学术委员会是项目建设的重要力量，他们拥有丰富的学术资源和经验，能够为项目的实施提供有力的支持。我们需要建立健全的学术委员会工作机制，明确其职责和权力，充分发挥其在项目决策、方案审查、进度监督等方面的作用，确保项目的实施质量。

此外，加强对建设任务落实、组织管理、进展情况、经费使用、实际效果和目标实现等情况的评价考核也是至关重要的。通过定期的评价考核，我们可以了解项目的实施情况，发现存在的问题和不足，并及时进行整改和改进。同时，我们还可以根据评价结果对项目的支持力度进行调整，形成建设支持力度与建设绩效相挂钩的考核机制，突出绩效与目标导向，发挥学科建设资金的最大效益。

为了实现这一目标，我们需要建立健全的督查评估机制和常态化督办情况通报机制。督查评估机制能够定期对项目的实施情况进行检查和评估，确保项目按照既定的时间表和路线图推进。而常态化督办情况通报机制则能够及时将项目的进展情况、存在的问题和解决方案等信息进行通报，让项目团队和相关人员了解项目的最新动态，共同推动项目的顺利实施。

细化建设方案、科学设计时间表和路线图、强化责任意识和责任约束、加强评价考核和建立动态激励机制等措施是确保建设项目顺利实施并取得预期效果的重要保障。我们需要在项目实施过程中注重这些方面的落实和执行，不断提高项目管理的水平和效率，为实现学科建设和发展的目标贡献力量。

三、条件保障

建立财政投入、行业配套、学院筹集、社会引资的多元经费投入机制，是推动高等教育持续、健康发展的重要保障。这一机制的构建，旨在充分发挥政府、行业、学院和社会各方的优势，形成合力，共同推动教育事业的繁荣。

首先，理顺财政投入渠道是这一机制的核心。政府资金在高等教育投入中扮演着主导角色，通过优化财政投入结构，提高投入效率，可以确保教育经费的稳定增长。同时，政府还应加大对高等教育的支持力度，提高教育经费占财政支出的比例，为高等教育发展提供坚实的财力保障。

其次，发挥行业企业的配套资金作用至关重要。行业企业应积极承担社会责任，通过投入资金、提供实习实训机会等方式支持高等教育发展。地方政府可以通过政策引导、税收优惠等措施，激励行业企业增加对高等教育的投入，形成政府与企业共同支持高等教育发展的良好局面。

此外，学院自筹资金也是多元经费投入机制的重要组成部分。学院可以通过自身办学收入、社会捐赠等途径筹集资金，用于改善教学设施、提高教师待遇、支持科研创新等方面。同时，学院还应加强与社会的联系，拓展资金来源渠道，提高社会投入比重。

在推进校企利益共同体的过程中，归口管理、加强协调是实现资源平等互惠交往的关键。政府、学院、企业应建立有效的沟通机制，明确各自职责和权益，实现资源共享、优势互补。通过多方融合、相互支持的方式，形成稳定可靠的财力保障，为高等教育发展提供有力支撑。

在团队建设方面，学院已建成的教师发展中心为教师的专业发展提供了有力保障。通过整合人事处、教务处、科研处等职能部门涉及教师发展的相关职责于一体，制定符合学院发展的师资队伍整体规划，向团队成员倾斜资源，可以有效提升教师的思想道德、教育教学、专业技能、科研和社会服务能力等水平。这种系统性、针对性、专业化、常态化的培养培训工作，不仅能够促进教师的全面发展，还能起到示范引领作用，推动学院整体教育水平的提高。

建立财政投入、行业配套、学院筹集、社会引资的多元经费投入机制是推动高等教育持续、健康发展的重要举措。通过理顺财政投入渠道、发挥政府资金主导作用、争取行业企业配套资金、加大学院自筹和社会引资力度等措施的实施，可以形成稳定可靠的财力保障，为高等教育发展提供有力支撑。同时，加强团队建设、提升教师能力也是实现高等教育质量提升的重要途径。通过整合资源、优化管理、创新培养模式等措施的实施，可以打造高水平"双师"队伍，为学院整体教育水平的提高奠定坚实基础。

第五节　土木工程检测专业教师教学创新团队建设成果推广及应用

一、成果转化及推广

（一）协同创新中心推广应用技术

依托2021年成立的土木工程检测技术协同创新中心，创新团队成员全部加入协同创新中心这一平台，在课题申报、技术合作及应用推广的建设过程中，充分发挥团队成员多层次、多领域的协同优势，紧密联系"校政""校行""校企""校行企""校政行企"多种多方协同，做好技术应用研发，将大数据、人工智能赋能于传统土木工程检测技术。

与行业对接中，践行建筑行业绿色、发展、环保理念，积极探索将新材料融入建筑行业中，建立新型建材研究所，将团队高职称、示范期教师和博士等高层次人才融入研究平台中，共同开展"产学研用创"一体的技能提升和转化工作，目前平台已完成。

近年来，随着协同创新中心和科研平台的蓬勃发展，我们的团队在国内检测行业技术交流方面取得了显著进展。通过精心组织和策划，我们已成功举办了三次国内检测行业技术交流会，这些交流活动不仅促进了行业内的沟通与合作，还推动了新技术和新规范的普及与应用。

这些技术交流会的举办，不仅吸引了众多业内专家和学者的积极参与，还激发了广大检测行业从业者对新技术、新规范的热情与兴趣。在这些交流会上，与会者们围绕当前检测行业的热点问题和前沿技术展开了深入探讨，分享了各自的研究成果和实践经验。通过交流，大家不仅拓宽了视野，还收获了宝贵的行业知识与信息。

除此之外，我们还组织了三场新技术、新规范讲座，旨在帮助从业者更好地理解和应用新技术、新规范。这些讲座邀请了业内知名专家和学者担任主讲嘉宾，他们通过生动的案例和深入浅出的讲解，让与会者对新技术、新规范有了更深入的认识和理解。讲座现场气氛热烈，与会者们积极互动，共同探讨技术难题，取得了良好的效果。

在科研投入方面，我们团队也积极开展了相关研究技术应用工作。近三年来，我们投入了近 2000 万元用于相关研究技术的研发和应用。这些投入不仅支持了团队的创新研究，还推动了检测行业的技术进步和发展。通过不懈的努力和持续的创新，我们团队在检测技术领域取得了多项重要成果，为行业的可持续发展作出了积极贡献。

在协同创新中心和科研平台的推动下，我们团队在国内检测行业技术交流、新技术、新规范讲座以及相关研究技术应用方面取得了丰硕的成果。这些成果的取得不仅体现了我们团队的专业能力和创新精神，也展示了检测行业在技术创新和规范发展方面的巨大潜力。未来，我们将继续深化交流合作，加大科研投入，为推动检测行业的持续发展和进步贡献更多力量。

（二）国家教学资源库推广教学成果

1. 土木工程检测技术专业的教学资源库建设情况

随着科技的进步和土木工程行业的蓬勃发展，检测技术作为确保工程质量和安全的重要手段，日益受到重视。为了进一步提升土木工程检测技术专业的教学质量和水平，依托已有的丰富资源，该专业于 2019 年成功申报并主持建设了土木工程检测技术专业建设教学资源库。这一举措不仅标志着我国土木工程检测技术教育迈入了新的发展阶段，也为培养更多高素质的专业人才奠定了坚实基础。

该资源库是在 4 个行业学会、行业协会的精心指导下，由 17 所高职院校、2 所本科院校、2 所中职院校、25 家工程试验检测企业、2 家出版社以及 1 家软件公司共同组建的国家专业教学资源库联盟。这一联盟汇聚了众多行业内的优质资源，涵盖了土木工程检测技术专业的各个方面，形成了一个全面、系统、高效的教学资源体系。

资源库的建设不仅涉及公共基础课程、专业核心课程，还包括实践实操类课程，共计 15 门课程。这些课程紧密结合土木工程检测技术的实际需求，注重理论与实践相结合，旨在培养学生的实际操作能力和创新精神。同时，通过引入行业内的最新技术和标准，使学生能够及时了解和掌握行业发展的前沿动态。

值得一提的是，该资源库还充分利用了国家级资源库的优势，联合了国内 12 家在土木工程检测技术专业建设方面表现优秀的高职院校。通过加强"校校合作"联盟，共同谋划和打造专业国家级教学线上优质课程资源，实现了资源共享、优势互补和协同发展。这种合作模式不仅提升了各院校的教学水平和综合实力，也为土木工程检测技术领域的人才培养注入了新的活力。

此外，资源库的建设还得到了各级政府和相关部门的大力支持。在政策引导、资金投入等方面给予了充分的保障，为资源库的持续发展提供了有力支撑。同时，通过与出版社和软件公司的合作，资源库还实现了数字化、网络化、智能化的升级，为广大师生提供了更加便捷、高效的学习平台。

随着土木工程行业的不断发展和技术进步，土木工程检测技术专业教学资源库将继续发挥重要作用。它不仅将成为培养高素质专业人才的重要基地，还将为行业内的技术创新和产业升级提供有力支持。我们相信，在各方共同努力下，土木工程检测技术专业教学资源库一定能够迎来更加美好的未来。

通过资源库的建设，成长期教师对高职专业课程体系的架构、课程内容重组与构建、信息化手段的应用及团队协作上均有较大提升，能完成具体课程资源的建设；成熟期在课程体系与行业接轨方面、实训实践设备与仪器的应用、课堂教学改革等方面均得到充分锻炼，能独立负责一门专业课程的建设，并后期开展推广使用和维护工作；示范期教师总体协调具体资源库实施，带领团队工作，并能完成课程体系的搭建，与行业企业深度对接，明确教学技术技能点；引领期教师指导团队开展课程体系架构，优化人才培养模式，开发新技术、新工艺、新材料的相关课程，对接建设联盟，进行行业企业技术的应用和推广，主持资源库整体建设工作和团队建设成果推广。

2. 依托土木工程检测技术专业建设教学团队拓展交流成果

依托土木工程检测技术专业建设教学团队建设过程中取得的一系列重要成果，我们已经在人才培养模式、数字化教学资源以及结构化课程体系等方面取得了显著的进展。这些成果的取得，不仅提升了土木工程检测技术专业的教学质量，也为整个行业的发展注入了新的活力。

在人才培养模式改革方面，我们紧密结合行业需求，注重培养学生的实践能力和创新精神。通过引入先进的教学方法和手段，如项目式教学、案例教学等，让学生在实践中学习，在学习中实践，从而提高了他们的综合素质和适应能力。此外，我们还积极开展校企合作，为学生提供了更多的实习和就业机会，使他们能够更好地融入社会，服务于社会。

在数字化教学资源建设方面，我们充分利用现代信息技术手段，整合和优化了各类教学资源。通过建立在线课程平台、教学资源库等方式，为学生提供了丰富多样的学习资源，满足了他们个性化的学习需求。同时，这些数字化教学资源也为教师的教学工作提供了有力的支持，促进了教学质量的提升。

在结构化课程体系建设方面，我们紧密结合土木工程检测技术的专业特点和发展趋势，构建了一套科学合理的课程体系。该体系既注重基础理论知识的传授，又强调实践能力的培养，使学生能够全面掌握土木工程检测技术的基本理论和技能。此外，我们还不断更新课程内容，引入最新的行业知识和技术，确保课程内容的时效性和前瞻性。

为了进一步推广我们的教学成果和经验，每年我们都会通过联盟平台开展两次全国范围内的教学交流活动。这些活动不仅为各高校提供了一个相互学习、交流的平台，也为行业内的专家学者提供了一个共同探讨、研究的机会。通过这些交流活动，我们不仅可以及时了解行业的最新动态和发展趋势，还可以借鉴其他高校的成功经验，为我们的教学工作提供更多的启示和借鉴。

3. 依托学院资源拓展交流广度和深度

专业团队所在的贵州交通职业技术学院，不仅是贵州省科技创新产业链职教人才培养的牵头单位，更是专业团队的培养摇篮。这里汇聚了贵州省内28所中高职学校的精英，共同致力于科技创新与人才培养的宏伟事业。

作为科技创新的引领者，贵州交通职业技术学院始终坚持与时俱进，紧密围绕产业链发展需求，推动科技创新与人才培养的深度融合。学院拥有一支高水平的师资队伍，他们不仅具备丰富的实践经验，还在各自的领域里取得了卓越的成就。在这里，学生们能够接触到最前沿的科技知识，掌握最实用的技能，为未来的职业生涯奠定坚实的基础。

同时，贵州交通职业技术学院还十分注重教学成果的交流与分享。每年，学院都会组织4次省内的教学成果交流会，邀请各成员学校的教师共同探讨教学方法、分享教学经验。这种互动与交流，不仅促进了教师之间的沟通与协作，也为各学校提供了相互学习、共同进步的平台。

值得一提的是，贵州交通职业技术学院在人才培养方面取得了显著的成绩。学院坚持以市场需求为导向，不断优化专业设置，加强实践教学环节，提高学生的综合素质和职业能力。毕业生就业率一直保持在较高水平，为社会输送了大批优秀的专业人才。

展望未来，贵州交通职业技术学院将继续发挥其在科技创新和人才培养方面的优势，为贵州省乃至全国的交通事业和社会发展做出更大的贡献。同时，学院也将积极拓展国际合作与交流，借鉴国际先进的教育理念和方法，不断提升自身的办学水平和国际影响力。

贵州交通职业技术学院作为贵州省科技创新产业链职教人才培养的牵头单位，不仅在科技创新方面取得了显著成就，还在人才培养方面展现了强大的实力和魅力。相信在未来的日子里，这所学院将继续书写辉煌的篇章，为培养更多优秀人才而努力奋斗。

依托土木工程检测技术专业建设教学团队建设过程中取得的一系列成果和资源优势，我们不仅在人才培养、数字化教学资源建设以及结构化课程体系建设等方面取得了显著的进展，还通过全国范围内的教学交流活动推动了整个行业的发展和进步。未来，我们将继续秉承这一理念和精神，不断创新和完善我们的教学工作，为培养更多优秀的土木工程检测技术人才贡献自己的力量。

（三）技术成果转化教学成果，助力团队"走下去""走出去"

在当今快速发展的社会中，团队建设已经成为许多组织和企业不可或缺的一部分。团队建设的最终目标是培养优秀的人才，使他们能够在各自的领域发挥作用，为社会经济发展作出贡献。这一目标的实现不仅局限于本专业学生，而应广泛应用于更广泛的领域，让好的技术和教学成果互通，融合到行业企业中。

首先，团队建设对于培养学生的综合素质至关重要。在团队中，学生们可以学会沟通、协作、解决问题和创新等关键能力。这些能力不仅对于他们的学业成绩有帮助，更重要的是，这些能力将在他们未来的职业生涯中发挥重要作用。通过团队建设，学生们可以更快地适应社会环境，更好地融入工作团队，为企业的发展作出贡献。

其次，团队建设有助于实现技术和教学成果的互通。在团队中，不同专业背景的学生可以互相交流、分享知识和经验。这种跨学科的交流有助于打破学科壁垒，促进知识和技术的融合。同时，团队中的教师和企业专家可以将最新的研究成果和技术应用于教学中，使学生们能够接触到最前沿的知识和技术。这种互通有无的模式有助于提高学生的综合素质，为行业的发展提供有力支持。

最后，团队建设能够推动社会经济发展。通过培养优秀的人才和实现技术和教学成果的互通，团队建设为社会输送了大量具备高素质、高技能的人才。这些人才在各自的行业中发挥出色，推动技术进步、提高生产效率、创造社会价值。同时，团队建设还有助于促进产学研一体化，推动科技成果的转化和应用，为社会经济发展注入新的活力。

团队建设的最终目标是培养优秀的人才，推动社会经济发展。通过培养学生的综合素质、实现技术和教学成果的互通以及推动社会经济发展，团队建设在更广泛的领域中发挥着重要作用。我们应该充分认识到团队建设的重要性，积极推广和应用团队建设的理念和方法，为培养更多优秀人才、推动社会经济发展作出更大的贡献。

团队与贵州省工程质量检测协会、贵州省交通质监局合作，开展交通、建筑工程相关的检测岗位培训及继续教育培训；与贵州省测绘质监站合作，打造"工程教学云"手机App平台开展线上线下教学；与中大检测贵州分公司、大西南检测公司、贵州绿环检测公司合作，共建校外实训基地，将实践教学与企业生产接轨，将岗位技能要求转化为实践课程标准，提供4000余项试验检测参数实训项目；校内外实训基地构建了职业技能鉴定、继续教育培训、企业生产服务、技术研发推广和技术咨询"五位一体"的社会服务功能，已开展新技术、新技能培训30000人次以上；与中建四局科研院、宏信创达检测、顺康路桥、贵州道兴公司等20余家企业深度合作，构建了校企合一生产型实训教学平台，年均提供顶岗实习岗位200余个。

与行业企业共建开展的技术技能创新成果的教学转化，是团队成果推广最重要的环节。每年与中建集团、中大检测集团做好技术成果教学转化，推广运用于省开设土建类专业职业院校30余次，服务"一带一路"国家，到柬埔寨、老挝等开展教学技能交流5次。

二、成果创新、特色、示范性及成效

（一）打造引领职教改革的"双师"团队样板

随着信息技术的迅猛发展，数字化教学资源在职业教育中的应用越来越广泛。为了推动贵州省职业院校教学质量的提升，加强教学资源的共享与交流，我们应以团队建设为契机，打造一个优质的教学资源共享平台。

首先，通过团队建设，我们可以联合行业企业和其他院校，共同探索和开发符合贵州省职业院校实际需求的数字化教学资源。这不仅可以提高教师的教学水平，还能为学生提供更加丰富、多样的学习材料。同时，通过团队的协作与沟通，我们可以制定一致的教学资源开发标准，确保教学资源的质量和兼容性。

其次，通过构建共享平台，我们可以实现教学资源在区域内的广泛共享。这意味着无论是城市还是乡村的职业院校，都可以轻松获取到优质的教学资源，从而缩小城乡教育差距，促进教育公平。同时，平台还可以提供资源的在线交流与学习功能，让教师们可以互相学习、分享经验，形成积极向上的学习氛围。

最后，通过发挥资源的多重价值，我们可以更好地服务于学生、行业企业和社会培训。学生可以通过平台获取到更加全面、实用的学习资料，提高自己的学习兴趣和能力。行业企业则可以通过平台获取到最新的人才培养信息和教学资源，为自身的人才培养提供有力支持。同时，平台还可以为社会培训提供丰富的教学资源和服务，推动职业培训行业的发展。

以团队建设为契机，打造贵州省职业院校优质教学资源共享平台，不仅可以提高教学质量和效率，还能促进教育公平和人才培养的全面发展。我们应该充分利用现代信息技术手段，加强团队建设和平台建设，为贵州省职业教育的繁荣发展贡献力量。

（二）建成服务社会发展的技术创新平台

在当今快速发展的交通行业中，智能交通技术已成为引领行业变革的关键力量。为了培养能够适应这一变革的高技能人才，我们致力于构建一个立足于交通示范省、专注于智能交通技术教育的培养体系。通过深化与土建类企业的合作，我们积极推进工学结合、校企合作的创新培养模式，使职业教育更加贴近企业实际需求，共同构建校企命运共同体。

在这种培养模式下，我们注重实践能力的培养，让学生在掌握理论知识的同时，能够参与实际工程项目，将所学应用于实践中。通过与企业的紧密合作，学生能够在真实的工作环境中锻炼技能，积累经验，为企业创造实际价值。这种合作模式不仅有助于提高学生的就业竞争力，还能为企业输送更多具备专业技能和实践经验的高素质人才。

其次，我们积极推进教育供给侧的改革，与企业共同进行技术改革，努力成为智慧交通技术创新平台。我们紧跟行业发展趋势，不断更新教学内容和教学方法，确保学生掌握最前沿的智能交通技术知识。此外，我们还与企业共同开展技术研发和创新，推动智能交通技术的不断进步，为交通行业的可持续发展贡献力量。

通过这种校企合作、工学结合的培养模式，我们致力于培养出一批既具备扎实理论知识又具备丰富实践经验的高技能人才。这些人才将成为智能交通领域的佼佼者，为交通示范省的建设和发展提供有力的人才保障。我们坚信，在未来的交通行业中，这些高技能人才将发挥越来越重要的作用，推动智能交通技术的不断发展和创新。

（三）培育满足行业要求的技术技能人才

在现代教育体系中，专业课程不仅仅是传授知识和技能的平台，更是培育学生综合素质的重要阵地。特别是在交通领域，随着智能交通的快速发展，对人才的需求已经从单纯的技术能力转向了全面而深厚的综合素质。因此，深入挖掘专业课程的思政元素，将其有机融入技能训练中，成为当前教育的重要任务。

首先，我们需要明确什么是思政元素。思政元素并不仅仅局限于政治理论的学习，它更多地体现在对社会主义核心价值观的深入理解和践行上。这些价值观包括但不限于爱国主义、集体主义、社会主义等，它们是我们民族的精神支柱，也是引导学生健康成长的重要导向。

在专业课程的设置中，我们可以发现很多与思政元素相契合的知识点。例如，在交通工程课程中，我们可以引入对交通基础设施建设的讲解，让学生了解到这些设施不仅仅是为了满足人们的出行需求，更是国家发展的重要支撑，从而培养学生的爱国情感和集体荣誉感。

其次，我们还需要细化德育素质目标。德育素质不仅仅包括思想政治素质，还包括道德品质、法律意识、心理素质等多个方面。因此，在专业课程的教学中，我们需要注重培养学生的道德品质，让他们学会尊重他人、诚实守信；注重培养学生的法律意识，让他们明确自己的权利和义务；注重培养学生的心理素质，让他们学会面对挫折和困难。

为了落实"课程思政"建设，我们需要让社会主义核心价值观进教材、进课堂、进学生头脑。这意味着我们需要在教材中融入更多的思政元素，让学生在学习专业知识的同时，也能接受到价值观的熏陶；我们需要在课堂中采用多种教学方法，如案例教学、情景模拟等，让学生在实践中体会和理解价值观；我们需要通过多种形式的活动，如主题班会、演讲比赛等，让学生主动参与到价值观的学习和践行中。

通过这样的方式，我们可以培养出德能双馨的高素质高技能交通人才。这些人才不仅具备扎实的专业知识和技能，更拥有高尚的品德和坚定的信念。他们将成为智能交通领域的中坚力量，推动交通事业的持续发展和进步。

　　深入挖掘专业课程的思政元素并将其有机融入技能训练中，是培养高素质高技能交通人才的重要途径。我们需要注重德育素质的培养，落实"课程思政"建设，推动社会主义核心价值观进教材、进课堂、进学生头脑。只有这样，我们才能培养出既具备专业能力又拥有高尚品德的优秀人才，为智能交通领域的发展提供有力的人才保障。

第四章　高职院校高质量发展"双师型"教学团队建设探索与实践

第一节　以党建引领为抓手促进师生同发展

一、党建引领"双师型"教师团队建设意义

在当今充满挑战与机遇的教育环境中，提升"双师型"教师素质显得尤为关键。这不仅是推动教育质量持续提升的内在要求，也是培养新时代高素质人才的根本保障。在这一伟大进程中，党建引领以其独特的作用和优势，成为提升"双师型"教师素质的重要途径。本章将从思想引领、作风引领、素质引领以及典型引领四个方面，深入探讨如何更好地通过党建引领提升"双师型"教师素质。

首先，在思想引领方面，我们要追求深度。党建引领不仅要让"双师型"教师深入了解党的理论和路线方针政策和教育法律法规，更要引导他们将这些理论知识转化为教育教学实践中的动力。为此，我们可以组织一系列富有深度和广度的主题党日活动，邀请党的理论专家和教育领域的杰出代表，深入浅出地解读党的最新理论和教育理念，激发教师的学习热情和思考能力。同时，我们还要定期开展学习研讨会，鼓励教师分享学习心得，碰撞思想火花，共同提高。

其次，在作风引领方面，我们要坚持严谨。教师的师德师风直接关系到学生的成长和教育质量的高低。因此，我们必须通过加强师德师风建设，严格落实教师职业道德规范，引导"双师型"教师树立正确的教育观、质量观和人才观。同时，我们还要建立健全教师评价激励机制，对在教学、科研和社会服务等方面表现突出的教师进行表彰和奖励，树立正面榜样，激发教师的职业荣誉感和责任感。

在素质引领方面，我们要追求全面。提升"双师型"教师素质不仅包括提高教师的教育教学能力，还包括提升教师的科研创新能力和社会服务能力。为此，我们可以开展一系列针对性强的培训课程，如教育教学技能提升、科研方法与创新思维培养等，帮助教师全面提升自身能力。同时，我们还要鼓励教师积极参与科研项目和企业实践，通过实践锻炼提高教师的综合素质和实践能力。

最后，在典型引领方面，我们要发挥示范效应。选树优秀教师典型，宣传推广他们的先进事迹和成功经验，不仅可以激发广大教师的学习热情和进取精神，还可以为其他教师提供可学习、可借鉴的榜样。同时，我们还要通过开展教师之间的交流互鉴活动，促进教师之间的合作与共享，形成积极向上的教师团队文化。这种团队文化不仅有助于提升教师的整体素质，还有助于营造良好的教育生态环境。

综上所述，通过党建引领全面提升"双师型"教师素质是一项系统工程，需要我们从思想引领的深度、作风引领的严谨、素质引领的全面以及典型引领的示范等多个方面入手，采取切实有效的措施。只有这样，我们才能更好地实现党建引领与"双师型"教师素质提升的有机结合，为培养更多高素质人才作出积极贡献。

二、具体做法

贵州交通职业技术学院建筑工程系党总支下设教工党支部和学生党支部，共38人。党总支坚持以习近平新时代中国特色社会主义思想为指导，坚持落实立德树人根本任务，在学院党委带领下，在学院"三全育人"工作的实施下，结合系部专业特色，凝练出"德技双馨建设出彩人生"的系部三全育人模式，于 2022 年 7 月获批全省高校第二批"三全育人"综合改革试点院（系）。以党建引领为"1"核心，强化组织领导；抓好 3 个阶段，统筹全过程育人资源；打造 5 支队伍，形成全员育人模式。落实"5能"体系，见证育人成效。致力于全面推进"三全育人"工作，培养担当民族复兴大任的新时代德智体美劳全面发展的高技能人才，着力培育学生"德技双馨建设出彩人生"。

（一）坚持"党建引领"核心，创新育人理念

加强党的领导，完善育人体系。系部成立由党总支书记、主任担任双组长，教学管理、学生管理办公室为主导，各部门协同推进的

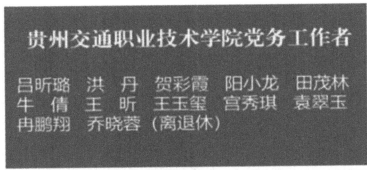

院党委委员、纪委书记张启建，院党委委员、副院长吴薇，
院党委委员、组织人事处处长饶晓微为优秀党务工作者颁奖

图 4-1　优秀党务工作者

"三全育人"工作领导小组，建立"党总支—党支部、教研室—党员、专业教师"的三级责任体系，构建多方联动、协同培育的育人模式，以"勤卓建工匠心育人"的党建品牌为着力点，将立德树人的大思政理念融入思想引领、知识传授、能力培养各个环节，在全系统形成了"全员行动起来、全过程贯穿起来、全方位调动起来"的"三全育人"工作大格局。

系部党总支组织开展主题教育专题党课、乡村振兴"双联双促"工作、廉政基地参观、学习贯彻全省高等教育高质量发展大会、党的二十大精神及"以学促干，推动知信行统一"主题党日等活动，让广大党员干部深切感受到党组织的魅力所在，感受到党组织的吸引力、

院党委副书记刘正发，院党委委员、副院长田兴强为先进基层党组织颁奖

图 4-2　先进基层党组织

凝聚力和号召力，让党建活动成为党员干部教育学习的"大本营"、思想交流的"主战场"、锤炼党性的"大熔炉"、整顿作风的"练兵场"。系部获 2022—2023 年度院级优秀党务工作者 1 人，优秀共产党员 2 人，教工党支部和学生党支部均为交通厅"标准化规范化星级党支部"，2022 年教工党支部获评院级"双带头人"工作室，学生支部获评院级"样板支部"。

（二）抓好三个阶段，形成全过程育人

系部在进行思想政治工作过程中，注重引导学生扣好人生第一粒扣子，夯实思想理论基础。紧紧把握学生入学教育、住校在读、顶岗实习这三个重要育人阶段，实现全过程育人。

1. 强化入学教育阶段融入感

一是开展"新生入学教育"系列活动，制定新生入学教育计划，组织开展新生行为准则和学校有关规章制度教育、专业教育和安全知识教育，参观学院的 12 个教育场馆，2022—2023 年新生均无一人退学，保学效果显著。二是做好职业生涯规划，有效推进职业规划大赛，帮助学生真正了解自己，在入学时就规划自己的未来与人生发展方向。

图 4-3　在新生入学阶段开展专业教育

高职院校「双师型」教学团队建设的探索与实践

图 4-4　职业规划大赛

2. 丰富在读阶段各项活动

一是坚持实施"乐跑计划"，督促学生锻炼身体、磨炼意志，系部获 2023—2024 学年"体育阳光系部"。二是严格按照学校要求实施优良校风建设工程、开展"诵读爱国经典 厚植爱国情怀""迎国庆·颂党恩"红歌比赛等系列活动，培育优良学风、校风。三是通过"弘扬红色文化 传承红色基因""弘扬端午文化 传我浓情粽香"等系列文体活动，重拾红色记忆，重温

图 4-5　诵读爱国经典活动

历史真情，帮助学生坚定中国特色社会主义道路自信、理论自信、制度自信、文化自信。四是我院持续开展"学雷锋志愿服务"，倡议学生"积小善为大善"，开展"学雷锋 树新风"志愿服务，使雷锋精神代代相传。

图 4-6 　"学雷锋 树新风"志愿服务行动

多措并举落实顶岗实习阶段。一是充分利用"蘑菇钉"顶岗实习管理平台，专业教师和企业人员一起指导管理服务学生。二是夯实"毕业生就业工程"，为学生做好专升本和参军入伍服务等工作，充分调动各方资源、发动全校教师为毕业生推荐就业岗位，加强与用人单位联系和用人信息实时共享。鼓励支持毕业生自主创业，到基层就业，到西部偏远地区接受锻炼。三年来，系部专升本平均录取率为 15.3%，平均就业率为 91.27%，均高于全省平均水平。

图 4-7 　毕业生招聘会现场

图 4-8　送兵仪式

（三）打造五支队伍，形成全员育人

1. 加强基层党团干部队伍建设，深化党建带团建

一是加强党员干部自身理论学习，一方面认真学习马克思主义基本原理和马克思主义中国化成果，不断深化对辩证唯物主义和历史唯物主义的认识，解决真懂真信的问题；另一方面，坚持"三会一课"制度，构建理论学习"快车道"，即每月开展一次集中学习、一次专题学习、一次组织生活、一次业务学习。二是贯彻落实中央要求，实施总支书记、党支部书

图 4-9　形势与政策课

记上讲台开展思想政治教育，通过党课、团课、形势政策课，以及培训会、座谈会、研讨会、民主生活会等方式与青年学生深入交流，帮助青年学生自觉划清思想理论上的是非界限。

图 4-10　师生交流座谈会

2. 加强教师队伍建设，打造"双四有"好老师

提高思想政治工作水平的主阵地在课堂，关键在教师。对此，系部按照"有理想信念、有道德情操、有扎实知识、有仁爱之心"和"心中有德、胸中有梦、眼中有事、手中有能"的"双四有"标准，坚持"教育者先受教育"的原则，强调传道者要明道、信道，实施和完善每周教师理论学习教育制度，组织开展青年教师课堂教学大赛，不断完善教师评聘和考核机制，增加课堂教学权重，引导教师将更多精力投入课堂教学中。同时对全体教师加强师德师风教育，严格执行师德师风"一票否决制"，构建师德建设长效机制，不断推动师德师风建设。现有专兼职教师百余名，获国家级教学名师1名，省级教学名师2名、省级"千层次人才"荣誉称号2名、省"五一劳动奖章"1名、交通运输部"科技英才"1名、省"最美劳动者"称号1名，"贵州省技术能手"1名，"双师型"教师比例超过95%。拥有国家级"土木工程检测技术教育教学创新团队"1支、国家级"土木工程应用技术协同创新中心"1个、省级"建筑工程技术专业教学团队"1支、省级"建筑工程技术专业群（山地城市智慧建造技术）"专业群1个、省级"土木工程检测技术黔匠工坊"1个。

图 4-11　交通运输部"青年科技英才"　　　图 4-12　贵州省"五一劳动奖章"

3. 加强辅导员队伍建设，成为大学生的引路人

辅导员是大学生思想政治教育工作的骨干力量，是大学生健康成长的指导者。我系采取多种形式加强对专职辅导员的培训，积极开展校际学生工作调研和交流，进行校内学生工作培训，完善考核与激励机制，提高待遇、积极开展学生工作的理论研究和探索。推进辅导员队伍专业化、专家化建设。2023 年 5 月，团总支书记田茂林被派驻到帮扶的从江县岜沙村任"第一书记"一职，专职辅导员吕佳利 2022 年起到菲律宾莱西姆大学攻读管理学博士学位。

4. 加强网络宣传与监管队伍建设

网络宣传与监管队伍是随着互联网的发展而建设成长的一支新兴力量。系部改进和加强网络宣传、监管与引导能力，充分运用互联网资源，按学院要求开展好"互联网+"三全育人工作，在学院网站、易班、QQ、微信公众号等平台开展育人工作。在系部设置网络监督员，开展网络评论、

图 4-13　建筑工程系官网　　　　　图 4-14　微信公众号

网络信息监管、网络舆论引导等工作。加强学生教育，上网实名制、汇集研判网上思想动态，切实提高网络舆论引导水平和监管能力。

5. 加强学生助教队伍建设

一是建立辅导员助教队伍。在优秀学生中选拔辅导员助教，参与学生管理工作，打造"辅导员+班主任+辅导员助理"三维管理模式，有效整合专职辅导员、班主任，辅导员助教的资源配置和职责权属。让学生自身成为学生管理工作的主体，积极参与学生管理工作，有效调动管理资源，这不仅有利于提升学生管理服务的质量和效能，而且有利于加强校园的治理安全与稳定和谐。二是强化专业助教队伍。专业助教学生通常是在相关专业素养和综合素养较高的学生，在专业教师的指导下，协助教学工作。专业助教不仅进行实训室日常管理工作，还依托各实训室分为四个小组——建工小组、检测小组、测量小组和信息化小组，四个小组各自在相关专业开展实操实训的传帮带，同时在各类专业大赛及活动中，均能发挥专业志愿者作用。

图 4-15 助教团队钢筋绑扎练习

图4-16　助教团队装配式吊装练习

（四）落实"五能"体系，见证育人成效

1. 理想信念强基，深化品德教育

系部开展喜迎二十大活动，举办"喜迎二十大 青春话使命"五四党、团员代表互动交流座谈会，开展"青春喜迎二十大 献礼建团一百年"主题活动，通过征文、观看纪录片、与国旗合影、团歌传唱、重温入团誓词等形式重温百年历程，组织开展第八期团学干部培训班。三年来，获评校五四红旗团支部3个、校优秀团支部书记11人、校优秀团干部6人、校优秀团员23人。

2. 塑造人格固本，优化智育培育

班主任、班干部关心学院需要特殊关注的学生，形成重点关注名册；组织全体班级名心理委员组织开展心理委员培训每年2场；"5·25"心理健康月活动中组织1场心理情景剧公演、1次心理成长主题演讲比赛、2场心理讲座，共200人次参加；每年组织开展2次心理测评工作。通过"学长面对面""优秀校友谈"等系列活动营造成才氛围，满足建筑行业发展中技术技能人才的需求。在学校职业技能鉴定小组的领导下，系部将专业课程设置与职业资格鉴定相匹配，810人取得建筑识图、建筑信息（BIM）、建筑工程施工等职业技能等级证书，职业资格证书获取率达

95.02%，在职业技能鉴定中取得较好的成绩。

3. 个性发展赋能，强化体能训练

学院以身心健康、锻炼习惯培养和校园体育文化为重点，巩固"阳光体育"成果，完成每年在校近两千名学生体质健康测试；59 名学生参与 2022—2023 学年校运会，获团体比赛第四名，男子团体总分第 2 名，个人获一等奖 4 项、二等奖 7 项、三等奖 8 项；参与学院五球比赛，男子篮球获得亚军，女子篮球获得季军。

4. 职业素养提升，深化技能素养

学院大力实施访企拓岗促就业行动 10 余场次，对标省内外建筑国企用人需求，实现毕业生高质量就业。系部通过积极承办和参加教育类、行业类技能大赛、双创类大赛，硕果累累，真正做到"以赛促教，以赛促学"。三年来，承办省级行业赛 3 项，教育技能大赛 5 项；获国家级技能大赛二等奖 1 项，三等奖 3 项，省级一等奖 8 项，二等奖 13 项，三等奖 16 项；双创类大赛"管网卫士"获"挑战杯"国家级特等奖一项（2023 年高职唯一特等奖），省级一等奖 6 项，二等奖 12 项，三等奖 10 项。

5. 创新能力激发，多元劳育实践

学院将大学生社会实践与专业实践、志愿服务、传统文化传承与创新相结合。组织大学生暑期"三下乡"，成立"勤卓建工""筑梦源航"青年志愿者服务队 2 支、"满天星"党史学习教育团队 2 支；提高志愿服务的参与率，全年累计开展志愿服务 14 次，参与 200 人次，为社会提供约 1000 小时服务时长。在志愿服务、社会实践中了解国情、感知社情、体察民情，通过志愿服务、社会实践"受教育、增才干、作贡献"，培养社会责任感、创新精神和实践能力。

三、探索与实践

培养什么人、怎样培养人、为谁培养人是教育的根本问题，也是建设教育强国的核心课题。建筑工程系党总支积极探索和实践适合高职土建类专业的育人新思路、新方法、新途径，有效融合各领域、各环节、各方面的资源力量，以 1 个党建品牌为核心加强党建引领，抓好入学、在读和实习 3 个学生学习阶段，打造基层党团建队伍、专业教师队伍、辅导员队伍、宣传队伍和学生助教队伍 5 支队伍，强化技术技能结合"五能"体系全方位培养学生综合能力，探索和实践了"1355"的创新"三全育人"模式。未来，建筑工程系党总支将坚守育人初心，勇担时代使命，奋力书写新时代立德树人的优秀答卷，培养"德智体美劳"全面发展和担当民族复兴大任的社会主义建设者和接班人。

第二节　构建八维五级的"双师"能力体系和教师成长的五个阶段

在当今高职教育的背景下，教师的角色不再局限于传统的知识传授者，而是逐渐转变为兼具教学、实践、研究和社会服务等多重职能的复合型人才。这种转变对教师的素养提出了更高的要求，特别是"双师型"教师，他们不仅需要具备扎实的教学基本功，还要具备丰富的实践经验和行业认知。为了更好地理解和培养"双师型"教师，我们结合其各项素质，将其划分为五个层级，见图 4-17。

图 4-17　"双师型"教师五个层级

第一层级是教师的师德师风，这个层级是作为教师的基础。第二层级是基础教学能力和信息技术应用能力，这是在数字化时代，作为高职院校教师应具备的基本教学素养和数字化素养。第三层级是技术应用能力和竞赛指导能力，这是高职院校职业性的要求，要将专业技术技能应用到实践的实训指导和各类大赛的指导当中。第四层级是社会服务能力和技术教研创新能力，这是将专业和行业企业进一步融合的要求，作为高职院校的社会服务属性和行业产业服务属性，在这一层级得到体现。第五层级是团队管理能力，也是最高层级素养，具备该能力的教师能够带领"双师型"教师教学团队不断向前发展。

一、第一层级：教师师德师风

师德师风是教育行业的灵魂和根基，它不仅关乎教师的职业道德，更直接影响着学生的成长和未来。习近平总书记在清华大学考察时强调，教师"要坚定信念，始终同党和人民站在一起，自觉做中国特色社会主义的坚定信仰者和忠实实践者"，在北京大学师生座谈会上强调"评价教师队伍素质的第一标准应该是师德师风。师德师风建设应该是每一所学校常抓不懈的工作，既要有严格制度规定，也要有日常教育督导"。教师的师德是其为人师表的基石，体现了其内在的道德修养和职业精神，而师风则是其教育教学的独特风格和特色，彰显了其教育智慧和实践能力。将师德师风纳入高职教师标准的首要位置是严格落实立德树人根本宗旨的必要要求。作为人民教师，应当有坚定的政治素养和职业道德素养。只有把"为谁培养人，培养什么人，怎样培养人"的答案梳理清晰，才能在具体的专业教学上，培养符合岗位需求的技术技能人才。

严谨治学是师德师风的首要要求。教师不仅应具备扎实的学科知识和深厚的教育理论知识，还应拥有不断探索和创新的精神。他们需要深入研究教材，精心备课，确保课堂内容的科学性和前瞻性。同时，他们还应关注教学方法和手段的创新，根据学生的特点和需求，设计个性化的教学方案，以最大程度地激发学生的学习兴趣和潜能。

稳重执教则体现了教师的成熟和稳健。在教学过程中，教师应以沉稳、冷静的态度面对各种教育情境，妥善处理各种突发状况。他们应注重言传身教，通过自身的言行影响学生，帮助他们树立正确的价值观和人生观。同时，教师还应具备良好的课堂管理能力，维护良好的教学秩序，确保教育教学的顺利进行。

理性施教是师德师风的又一重要方面。在教育教学过程中，教师应以理性的态度对待学生，关注学生的身心健康和成长发展。他们应尊重学生的个性和差异，以平等、宽容的心态对待每一个学生，为他们提供有针对性的指导和帮助。同时，教师还应善于运用科学的教育方法，引导学生自主学习、探究学习，培养他们的创新精神和实践能力。

廉洁自律则是师德师风的最后一道防线。教师应坚守廉洁自律的原则，不收受学生和家长的礼品、礼金等，坚决杜绝一切有违职业道德的行为。应公正公平地评价学生，不以个人好恶或偏见影响评价结果的客观性。同时，教师还应积极参与各种教育培训和学术交流活动，不断提高自己的专业素养和职业道德水平，为教育事业的健康发展贡献自己的力量。

师德师风是教师职业道德和教育风格的集中体现。一个具有良好师德师风的教师不仅能够为学生提供优质的教育教学服务，还能在潜移默化中影响学生的品德和价值观。因此，教育部门和各高职院校都应高度重视师德师风的建设和管理，加强对教师的培训和监督，努力培养一支既有高尚师德又有卓越师风的教师队伍，为培养德智体美劳全面发展的优秀人才提供坚实的师资保障。

二、第二层级：基础教学能力、信息技术应用能力

（一）基础教学能力

基础教学能力是指教师在完成教学任务时所应具备的基本教学技能和素质，它是组织课堂教学的基础。具体来说，基础教学能力包括以下几个方面。

1. 教学基本技能

包括教师的表达能力、书写能力以及多媒体教学能力等。教师需要能够清晰、准确地传达知识，书写规范、整洁的板书和教案，同时能够熟练

运用各种教学工具和技术，如多媒体教学设备等，以提高教学效果。

2. 教学组织能力

教师需要按照教学大纲、教学目的和人才培养目标，科学制定教学计划，合理安排授课内容，确保课堂教学的有序进行。同时，教师还需要具备课堂管理能力，能够有效地维持课堂纪律，激发学生的学习兴趣和积极性。

3. 教学方法运用能力

教师需要根据课程内容和学生特点，灵活运用多种教学方法和技巧，如角色扮演、案例教学、小组讨论和问题驱动等，以激发学生的学习兴趣和学习热情，提高学生的学习效果。

总之，基础教学能力是教师完成教学任务的基础，对于提高教学效果和学生的学习效果具有重要意义。因此，教师需要不断学习和提高自己的教学技能和素质，以更好地履行教学职责。

（二）信息技术应用能力

信息技术应用能力，等同于前面教师需要具备的素养中提到的数字素养能力，是指个人或组织在信息技术领域所具备的知识、技能和实际操作能力。包括对计算机硬件和软件的理解、网络通信技术的应用、数据管理和分析的能力，以及信息安全等方面的知识和能力。

随着科技的不断发展，信息技术应用能力已经成为现代社会中越来越重要的一项技能。对于个人而言，拥有良好的信息技术应用能力可以提高工作效率，增强竞争力，更好地适应现代社会的发展需求。对于组织而言，拥有一支具备信息技术应用能力的团队，可以推动组织的数字化转型，提高组织的运营效率和创新能力。

提高信息技术应用能力需要不断学习和实践。个人可以通过参加相关的培训课程、自学、参与实际项目等方式来提升自己的信息技术应用能力。组织则可以通过开展内部培训、招聘具备信息技术应用能力的人才、与外部专业机构合作等方式来提高整个团队的信息技术应用能力。总之，信息技术应用能力已经成为现代社会中不可或缺的一项技能，对于个人和组织来说都具有重要的意义。

三、第三层级：技术应用能力（实训指导能力）、竞赛指导能力

（一）技术应用能力（实训指导能力）

技术应用能力是指个体或团队在特定技术领域中所具备的实际操作、运用和创新的能力。这种能力通常包括以下几个方面。

1. 技术理解和掌握

对特定技术的理解、掌握和运用能力，包括理解技术的基本原理、掌握技术的操作方法和运用技术解决实际问题的能力。

2. 技术创新能力

在理解和掌握现有技术的基础上，通过思考、实验和实践，提出并实施新的技术解决方案，推动技术的进步和创新。

3. 技术协作能力

在团队中与他人协作，共同实现技术目标。这包括有效沟通、合理分配任务、解决冲突和协同工作等能力。

4. 技术问题解决能力

面对技术问题时，能够迅速找到问题的根源，提出并实施有效的解决方案。

5. 技术学习能力

持续学习新的技术知识和技能，适应技术的快速发展和变化。

提高技术应用能力可以通过多种方式，例如参加专业培训、阅读相关技术文档、观看在线学习视频、参与开源项目、积极参与技术交流等。同时，实践是提高技术应用能力的关键，通过实际操作和项目开发，可以巩固所学知识，提高技术应用能力。

（二）竞赛指导能力

竞赛指导能力是指在竞赛活动中，指导教师或教练所具备的指导、组织和辅导学生或运动员参与竞赛的能力。这种能力主要包括以下几个

方面。

1. 组织与规划能力

竞赛指导者需要具备优秀的组织和规划能力，能够制定出合理的训练计划和比赛策略，确保参赛者在比赛中能够发挥出最佳水平。

2. 分析与研究能力

竞赛指导者需要对竞赛规则、对手实力、自身队员的优劣势等方面进行深入的分析和研究，以便制定出更加有效的比赛策略。

3. 沟通与协调能力

竞赛指导者需要与学生或运动员建立良好的沟通和协调关系，及时了解他们的需求和困难，并提供相应的帮助和支持。

4. 激励与引导能力

竞赛指导者需要具备一定的心理学知识，能够根据不同的学生或运动员的心理特点，采用适当的激励和引导方法，激发他们的斗志和潜力。

5. 创新与发展能力

竞赛指导者需要不断创新和发展，不断学习和掌握新的技术和方法，以便更好地指导学生或运动员参与竞赛，取得更好的成绩。

总之，竞赛指导能力是一种综合性的能力，需要指导教师或教练具备多方面的素质和能力，才能够更好地指导学生或运动员参与竞赛，取得优异的成绩。

四、第四层级：社会服务能力、技术与教学研究创新能力

（一）社会服务能力

高职教师的社会服务能力，指的是在高效完成校内教育教学和科研任务之余，高职教师能够运用其深厚的专业知识、精湛的技能和丰富的实践经验，为社会提供技术支持、咨询服务以及培训指导等多元化服务的能力。这种能力充分体现了高职教师的专业素养和社会责任感。

高职教师的社会服务能力主要体现在以下几个方面：一是科技成果的推广与转化，将学术研究成果应用于实际生产和社会发展中，推动科技进步和产业升级；二是与企业合作开展技术研发，为企业提供专业的技术支

持和解决方案；三是深入生产实践，进行现场教学和技术指导，提升从业人员的技能水平。

提升高职教师的社会服务能力至关重要。首先，这有助于增强教师的专业素质和实践能力，提升其职业竞争力。其次，这有助于促进职业教育与社会经济的深度融合，为社会培养更多高素质的技术技能人才。最后，这有助于提升高职教育的社会声誉和影响力，为高职教育的持续健康发展提供有力保障。

高职教师可从以下方面提升自身的社会服务能力。首先，加强专业培训和职业发展指导，提升教师的专业素质和技能水平。其次，积极参与社会服务项目，学校层面要积极为教师提供必要的支持和保障。最后，通过学校建立科学的评估机制和激励机制，激发教师参与社会服务的积极性和主动性。

高职教师的社会服务能力是其专业素养和实践能力的综合体现。高职院校应高度重视教师社会服务能力的培养和提升工作，为社会培养更多高素质的技术技能人才，为社会发展贡献智慧和力量。

（二）技术与教学研究创新能力

技术与教学研究创新能力，指的是将先进技术融入教育领域，并通过对教学方法和策略的深入研究与创新，实现教学效果和学习体验的提升。这种能力融合了技术的前瞻性与教育的实际需求，旨在利用技术手段优化教学环境，增强学生的学习效率和兴趣。

在教学领域，技术与教学研究创新能力的具体表现如下：

在教学内容创新方面，要求教师能够运用技术工具开发新型教学资源，如数字化教材、互动课件、虚拟实验等，使教学内容更为丰富、生动和引人入胜。同时，能结合技术的特点，将教学内容与实际问题相结合，培养学生的问题解决能力和创新思维。

在教学方法创新方面，要求教师能够借助技术手段，如在线教学平台、智能教学系统等，实现教学方式的多样化和个性化。例如，通过在线直播、录播等方式进行远程教学，突破地域限制，使更多学生享受优质教育资源。同时，利用智能教学系统根据学生的学习情况提供个性化的学习路径和反馈，帮助学生更好地掌握知识。

在教学评估创新方面，要求教师能够利用大数据、人工智能等技术手段，对学生的学习过程进行实时跟踪和评估，为教师提供更全面、准确的学生学习数据。这有助于教师更好地了解学生的学习情况，及时调整教学策略，提高教学效果。

在教师能力提升上，教师能通过技术培训和专业发展课程，提升教师的技术素养和教学创新能力。例如，组织教师参加技术研讨会、工作坊等活动，学习新的技术工具和教学方法，激发教师的创新精神和探索欲望。

技术与教学研究创新能力是推动教育领域发展和变革的关键动力。通过将技术与教学相结合，不仅可以提高教学效果和学习体验，还可以培养学生的创新精神和终身学习能力，为社会的未来发展培养更多优秀人才。

五、第五层级：团队管理能力

教学团队管理能力是一项至关重要的能力，它要求团队领导者在教学环境中，以科学、合理、高效的管理手段，组织和协调团队成员，以实现教学目标并提升教学效果。这种能力不仅涉及团队构建、目标规划、沟通协调、决策执行以及团队发展等多个方面，还需要团队领导者具备严谨、稳重、理性的态度，以及遵循官方的语言风格。

在团队构建方面，团队领导者需要具备敏锐的洞察力和高超的组织能力。他们需要全面了解团队成员的专业背景、技能特长和教学经验，以便根据教学需求进行合理搭配，形成优势互补的教学团队。这样的团队不仅能够充分发挥每个成员的优势，还能够形成强大的合力，共同应对教学过程中的各种挑战。

在目标规划方面，团队领导者需要与团队成员共同制定明确、具体、可衡量的教学目标。这些目标不仅应该符合教学大纲和课程要求，还应该考虑到学生的实际情况和学习需求。通过共同制定教学目标，团队成员能够形成统一的认识和理解，从而更加有针对性地开展教学工作。

在沟通协调方面，团队领导者需要建立良好的沟通机制，促进团队成员之间的信息交流与协作配合。他们应该鼓励团队成员积极发表意见和建议，及时解决教学过程中出现的问题和困难。同时，团队领导者还需要善于倾听和理解团队成员的想法和需求，以便更好地协调团队成员之间的关系，形成良好的团队氛围。

在决策执行方面，团队领导者需要根据团队的实际情况和教学需求，做出科学合理的决策。这些决策应该基于充分的分析和研究，考虑到各种可能的风险和因素。同时，团队领导者还需要确保决策得到有效执行，及时跟进和评估执行效果，以便及时调整和优化决策方案。

在团队发展方面，团队领导者应该关注团队成员的个人发展和职业成长。他们应该为团队成员提供必要的培训和发展机会，帮助他们提升专业技能和综合素质。同时，团队领导者还需要激发团队成员的潜力和创造力，鼓励他们在教学工作中不断创新和进步。通过关注团队成员的发展，团队领导者不仅能够提升团队的整体实力，还能够增强团队的凝聚力和向心力。

综上所述，教学团队管理能力是一项综合性的能力，它要求团队领导者具备全面的素质和能力。通过严谨、稳重、理性的态度以及遵循官方的语言风格，团队领导者能够有效地组织和协调团队成员，实现教学目标并提升教学效果。同时，他们还能够推动教学团队的整体发展，为教育事业作出更大的贡献。

第三节　提升"双师型"教师的数字素养能力

一、教育数字化的发展

党的二十大报告提出，"推进教育数字化，建设全民终身学习的学习型社会、学习型大国"。教育数字化是数字技术与教育教学的深度融合。教师作为教育数字化的践行者，其数字素养水平直接关乎职业教育数字化转型进程和数字化人才培养质量。

（一）教育数字化推动世界数字教育大会的召开

当今世界，新一轮科技革命和产业转型加速推进。在创新发展和技术进步驱动下，数字化转型正在重塑社会、劳动力市场和未来工作形式。在此进程中，教育的重要性日益凸显。互联互通不断增强，各种设备和数字软件广泛应用，对数字技能的需求愈加旺盛，持续推进教育的数字化转型。与此同时，新冠疫情全球大流行也给全球教育事业带来了巨大挑战。2020 年以来，约有 1.47 亿名学生一半以上的面授课程无法进行，全球超过 90% 的儿童面临学习上的困难。2021 年，2.44 亿名儿童和青年失学。疫情之下，大规模线上教学的紧迫性达到了前所未有的高度，进一步加速了教育的数字化转型。

2022 年 9 月召开的联合国教育变革峰会将高质量数字学习列为五大行动领域之一。多数与会国家将数字学习作为一项重要内容写入了国家承诺声明。中国在《国家承诺声明》中表示，将进一步实施国家教育数字化战略行动，丰富数字教育资源供给，构建广泛、开放的学习环境，加快推进不同类型、不同层次学习平台资源共享，推进新技术与教育学习相融合，加快推动教育数字化转型。在此背景下，由中华人民共和国教育部和中国联合国教科文组织全国委员会共同主办的首届世界数字教育大会于 2023 年 2 月 13 日至 14 日在中国北京召开。[①]

2024 世界数字教育大会于 2024 年 1 月 30 日至 31 日在上海举办。本次大会旨在与各国政府、大中小学、企业及其他利益攸关方，有关国际组织和非政府组织一道，共同探讨数字教育的实践与创新，以及通过教育数字化促进包容、公平的优质教育，推动实现联合国可持续发展目标。大会主题为"数字教育：应用、共享、创新"，将围绕教师数字素养与胜任力提升、数字化与学习型社会建设、数字教育评价、人工智能与数字伦理、数字变革对基础教育的挑战与机遇、教育治理数字化与数字教育治理等议题展开讨论。

2024 世界数字教育大会闭幕式上发布了《数字教育合作上海倡议》。根据倡议，六项内容分别是：推进数字资源共建共享；加强数字教育应用合作；强化数字教育集成创新；合作推动教师能力建设；协同推动数字教育研究；共商共议数字教育治理。[②]

289

---

① 世界数字教育大会官网（https：//wdec. smartedu. cn/ 2023/）.

② 《数字教育合作上海倡议》发布. 文汇报（https：//dzb. whb. cn/2024-02-01 / 6 / detail-840262. html）.

（二）职业教育数字化战略行动

1. 职业教育数字化战略行动的进展成效

从 2022 年起，职业教育按照"搭建优质平台、汇聚海量资源、整合数据系统、提升基础条件、赋能数字应用"的工作思路，国家职业教育数字化战略行动取得明显进展。

①平台建设有突破。2022 年 3 月 28 日"国家职业教育智慧教育平台"正式上线，6 月底完成迭代升级。平台规划了"专业与课程服务中心"等 4 个中心和若干个专题模块。截至目前，4 个中心已完成上线，德育、体育、美育、劳动教育等模块和树人课堂等专题也已接入。平台功能不断优化，上线个性化推荐、智能化搜索、单点登录和实训教学、研修交流、教材选用等业务应用。

②资源汇聚有章法。加强资源规范管理，研制平台数字化资源建设、接入要求，强化资源政治性、科学性、规范性审核。汇聚历史沉淀资源，已接入国家级、省级专业教学资源库 1173 个，精品在线开放课程 6757 门，视频公开课 2222 门；构建起国家、省、校三级专业教学资源库互为补充、使用广泛的专业教学资源应用体系，平台现有视频资源 51 万余条、图文 15 万余条。

③数据联通有成效。着力推进标准建设，研制平台数据管理规定等配套制度 7 项。着力打破数据壁垒，整合原有零散分布的管理系统、专项业务系统，联通基本办学条件、专业设置、课程开设、学生学籍、教师信息、企业信息等数据，将分散设置的数据库逐步迁移到部信息中心，取得阶段性成效。

④基础条件有改善。指导北京、上海等两批 21 省开展试点建设，既加强统筹、突出特色、整合平台、联通数据，又对照数字化转型升级要求，补齐基础条件短板弱项。启动职业院校数字校园试点，截至 2022 年底，已有 308 所职业院校开展数据推送工作。以试点为牵引，职业院校纷纷立项数字化建设项目，数字化基础条件得到进一步改善。

⑤赋能水平有提升。依托全国信息化教学指导委员会，面向全国职业院校组织开展国家职业教育智慧教育平台应用推广网络培训；联合教师司

在国家智慧教育平台开设"暑期教师研修"专题，全国累计参训学校 7200 所，参训学员 69.2 万人。委托清华大学、华中师大等知名高校开展理论研究，助力职业教育未来教育教学模式变革。

2. 职业教育数字化战略行动的呈现特征

数字化是信息化的延伸和升级。总体上看，职业教育数字化战略行动具有三个明显的特征。

①由工具向理念转变。信息化阶段，信息技术一般被作为辅助性、工具性的应用，处于从属和边缘的地位；数字化阶段，数字化不再局限于辅助性、工具性的应用，更多地被视为一种全新的教育教学理念，渗透到技术技能人才培养的方方面面。

②由单一向系统转变。信息化阶段，信息化工作大多是单一的专项工作，缺乏系统集成。数字化阶段坚持"育人为本、融合创新、系统推进、引领发展"的基本原则，围绕"平台通、数据汇、资源全、决策智"的目标，大力推进数字化战略行动，打出一套支撑引领职业教育高质量发展的"组合拳"，着力构建以学习者为中心的全新职业教育生态系统。

③由分散到集成转变。此前，各地各校的课程、虚仿实训、教材等信息化资源，零零散散地分布在不同的平台当中，边际成本高、规模效应低。今年，以国家职业教育智慧教育平台为依托，汇聚了职业教育近 20 年沉淀的信息化资源，既是一次大集成，也是一次大检阅。

3. 职业教育数字化战略行动的计划考虑

下一步，职业教育领域将以世界数字教育大会为契机，以建设国家职业教育智慧教育平台为抓手，进一步完善标准、提升质量、联通数据、拓展应用和试点探索，继续深入实施职业教育数字化战略行动。

①继续加快标准规范研制。按照"规范有序、安全稳定"的要求，抓紧研制"数据字典""学分认定规则""数据规范""资源标准"，建立系统完善的职业教育数字化战略行动标准体系。加强安全标准规范，着力压实安全责任，确保职业教育数字化工作安全有序。

②继续加强优质资源建设。以信息化标杆校、专业教学资源库、精品在线开放课等项目为牵引，鼓励各试点省、试点校和双高院校积极开发优质数字化资源，按照资源审核标准和要求，接入国家职业教育智慧教育平

台，加强资源质量监管和更新。

③继续推进平台数据联通。按照"一数一源"原则，推动职业院校建设大数据中心，加大职业教育领域管理平台和专项业务平台的整合力度。推动学生学籍、教师信息、企业信息等数据对接，服务产业链、创新链与教育链、人才链深度融合。

④继续丰富拓展应用场景。持续优化丰富智慧职教平台的功能和场景，运用大数据、人工智能等新一代信息技术，开发智能学伴、智能搜索、关注推荐等实用个性的新应用模块，提供更优质、更便捷、更高效的应用服务。

⑤继续推进试点工作任务。继续指导各试点省开展数字化战略行动试点，指导试点职业院校加强国际合作交流，探索职业教育数字化转型升级的新路径、新经验、新模式，以点带面，提升职业教育数字化整体水平。①

（三）教育数字化推动《教师数字素养》的提出

首届世界数字教育大会上，教育部科学技术与信息化司司长雷朝滋在主论坛上重点围绕平台、数据、资源、素养四个方面，发布了7项智慧教育平台系列标准。

在平台方面，发布的《智慧教育平台基本功能要求》明确了各级各类智慧教育平台基本功能要求，为智慧教育平台体系建设与管理提供了重要依据。

在数据方面，发布了3项标准——《教育基础数据》《教育系统人员基础数据》和《中小学校基础数据》，对教育管理中高频、通用、核心的数据元素进行提炼，全面支撑教育系统的数据汇聚和安全共享，为教育管理与决策提供基本保障，助力教育治理水平提升。

在资源方面，发布了2项标准——《数字教育资源基础分类代码》和《智慧教育平台数字教育资源技术要求》，从多维度细化了各类数字教育资源的建设要求和应用要求，为数字教育资源的共建共享、质量管控和长效发展提供了有效路径。

---

① 教育部职业教育与成人教育司：职业教育数字化工作进展情况. 中华人民共和国教育部政府门户网站.

在素养方面，发布了《教师数字素养》，从数字化意识、数字技术知识与技能、数字化应用、数字社会责任以及专业发展等 5 个维度描述了未来教师应具备的数字素养，促进数字技术与教育教学的深度融合与应用创新。[①]

二、教师数字素养的内涵及概念

（一）教师数字素养的内涵

素养，出自《后汉书·卷七四下·刘表传》："越有所素养者，使人示之以利，必持众来。"《汉书·李寻传》："马不伏历，不可以趋道；士不素养，不可以重国。"数字素养的概念可以简单理解为对数字时代信息的使用和理解，也可以指在数字环境中采用信息技术手段或方式，准确地发现信息、评价信息、整合信息、处理信息等综合科学技能与文化素养。[②]

以色列学者阿尔卡莱（Yoram Eshet-Alkalia）根据多年研究和工作经验，在分析了相关文献并开展试点研究之后，于 1994 年提出了"数字素养"的概念，他将其分为五个框架：第一是素养，指学会理解视觉图形信息的能力；第二是再创造素养，指创造性"复制"能力；第三是认知素养，指驾驭超媒体素养技能；第四是信息素养，指辨别信息适用性的能力；第五是社会—情感素养，是最高级、最复杂的数字素养，我们不但要学会共享知识，而且要能以数字化的交流形式进行情感交流，识别虚拟空间里各式各样的人，避免掉进互联网上的陷阱。1997 年，美国学者保罗·吉尔斯特（Paul Gilster）在其著作《数字素养》中将数字素养定义为"对数字时代信息的使用与理解"。

2011 年，联合国教科文组织发布《教师信息与通信技术能力框架》，对教师运用技术进行有效教学所应具备的能力进行了全面描述。2016 年奥地利发布《教师数字素养框架》，用于指导教师的数字素养发展与评测。2017 年，意识到数字技术对教育带来的影响，挪威信息通信技术教育中心

293

[①]　教育部在世界数字教育大会上发布 7 项智慧教育平台标准规范 [N]. 澎湃新闻，2023-02-13.

[②]　刘淑嵘. 人工智能时代高校教师数字素养培养路径研究 [J]. 广西广播电视大学学报，2023，34（4）.

发布了《教师专业数字素养框架》报告，提出持续推动数字化时代教师专业发展并培养学生在未来智能时代的数字素养，这是面向教育工作者专门制定的数字素养框架。2019 年，英国发布《数字化教学专业框架》，帮助教师明确数字技术如何增强教与学。2022 年，我国教育部发布《教师数字素养》行业标准，明确了高校教师数字素养的内涵，即适当利用数字技术获取、加工、使用、管理和评价数字信息和资源，发现、分析和解决教育教学问题，优化、创新和变革教育教学活动而具有的意识、能力和责任，教育数字化是当下我国教育改革发展的重要主题。

（二）教师数字素养的概念

我国在 2023 年首届世界数字教育大会上正式发布了《教师数字素养》，其中明确教师数字素养是指教师适当利用数字技术获取、加工、使用、管理和评价数字信息和资源，发现、分析和解决教育教学问题，优化、创新和变革教育教学活动而具有的意识、能力和责任，提出了教师数字素养框架，规定了数字化意识、数字技术知识与技能、数字化应用、数字社会责任、专业发展 5 个一级维度、13 个二级维度和 33 个专业维度的要求。具体见图 4-18。

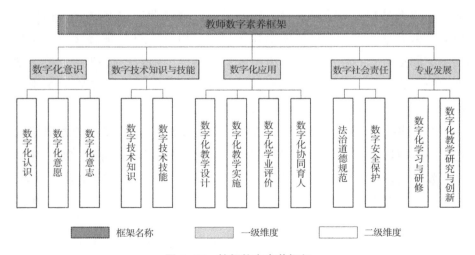

图 4-18　教师数字素养框架

1. 数字化意识

数字化意识是客观存在的数字化相关活动在教师头脑中的能动反映，包括数字化认识，数字化意愿，以及数字化意志。

（1）数字化认识

要求教师能够理解数字技术在经济社会及教育发展中的价值，具体包括了解数字技术引发国际数字经济竞争发展；理解数字技术推动教育数字化转型的重要意义；认识数字技术发展对教育教学带来的机遇与挑战，具体包括认识到数字技术正在推动教育创新发展；意识到数字技术资源应用于教育教学过程会产生教学理论、教学模式、教学方法方面的创新要求，以及可能出现伦理道德方面的问题。

（2）数字化意愿

要求教师有主动学习和使用数字技术资源的意愿，具体包括主动了解数字技术资源的功能作用，有在教育教学中使用的愿望；理解合理使用数字技术资源能够推动教育高质量发展；能够开展教育数字化实践、探索、创新的能动性，具体包括具有实施数字技术与教育教学融合的主动性，愿意开展教育教学创新实践。

（3）数字化意志

要求教师有战胜教育数字化实践中遇到的困难和挑战的信心与决心，具体包括能够战胜教育数字化实践中面临的数字技术资源使用、教学方法创新方面的困难与挑战，坚持并持续开展数字化教育教学实践探索。

2. 数字技术知识与技能

数字技术知识与技能指教师在日常教育教学活动中应了解的数字技术知识与需要掌握的数字技术技能，包括数字技术知识，以及数字技术技能。

（1）数字技术知识

数字技术知识指常见数字技术的概念、基本原理，包括了解常见数字技术的内涵特征，及其解决问题的程序和方法。例如：了解多媒体、互联网、大数据、虚拟现实、人工智能的内涵特征，及其解决问题的程序和方法。

（2）数字技术技能

数字技术技能要求教师具备数字技术资源的选择策略，具体包括能掌据在教育教学中选择数字化设备、软件、平台的原则与方法；具备数字技术资源的使用方法，具体包括熟练操作使用数字化设备、软件、平台，解决常见问题。

3. 数字化应用

数字化应用指教师应用数字技术资源开展教育教学活动的能力，包括数字化教学设计，数字化教学实施，数字化学业评价，以及数字化协同育人。

（1）数字化教学设计

要求教师能够开展学习情况分析，具体指能够运用数字评价工具对学生的学习情况进行分析。例如：应用智能阅卷系统、题库系统、测评系统对学生知识准备、学习能力、学习风格进行分析；能够获取、管理与制作数字教育资源，具体指能够多渠道收集，并依据教学需要选择、管理、制作数字教育资源；能设计数字化教学活动，具体指能够依据教学目标，设计融合数字技术资源的教学活动；能创设混合学习环境，具体指能够利用数字技术资源突破时空限制，创设网络学习空间与物理学习空间融合的学习环境。

（2）数字化教学实施

要求教师能利用数字技术资源支持教学活动组织与管理，具体指能够利用数字技术资源有序组织教学活动，提升学生参与度和交流主动性；能利用数字技术资源优化教学流程，具体指能够使用数字工具实时收集学生反馈，改进教学行为，优化教学环节，调控教学进程；能利用数字技术资源开展个别化指导，具体指能够利用数字技术资源发现学生学习差异，开展针对性指导。

（3）数字化学业评价

要求教师能选择和运用评价数据采集工具，具体指能够合理选择并运用数字工具采集多模态学业评价数据；能应用数据分析模型进行学业数据分析，具体指能够选择与应用合适的数据分析模型开展学业数据分析；能实现学业数据可视化与解释，具体指能够借助数字工具可视化呈现学业数据分析结果并进行合理解释。

（4）数字化协同育人

要求教师能够对学生数字素养进行培养，具体指能够指导学生恰当地选择和使用数字技术资源支持学习，注重培养学生的计算思维和数字社会责任感；能利用数字技术资源开展德育，具体指能够利用数字技术资源拓宽德育途径，创新德育模式；能利用数字技术资源开展心理健康教育，具体指能够利用数字技术资源辅助开展多种形式的心理健康教育活动。例如：利用数字技术资源辅助开展心理健康诊断、团体辅导、心理训练、情境设计、角色扮演、游戏辅导；能利用数字技术资源开展家校协同共育，具体指能够利用数字技术资源实现学校与家庭协同育人，主动争取社会资源，拓宽育人途径。

4. 数字社会责任

数字社会责任指教师在数字化活动中的道德修养和行为规范方面的责任，包括法治道德规范，以及数字安全保护。

（1）法治道德规范

要求教师能够依法规范上网，具体指遵守互联网法律法规，自觉规范各项上网行为；能合理使用数字产品和服务保护，具体指遵循正当必要、知情同意、目的明确、安全保障的原则使用数字产品和服务，尊重知识产权，注重学生身心健康；能维护积极健康的网络环境，具体指遵守网络传播秩序，利用网络传播正能量。

（2）数字安全保护

要求教师能够做好个人信息和隐私数据的管理与保护，在工作中对学生、家长及其他人的数据进行收集、存储、使用、传播时注重数据安全维护，注重网络安全防护，辨别、防范、处置网络风险行为。例如：辨别、防范、处置网络谣言、网络暴力、电信诈骗、信息窃取等行为。

5. 专业发展

专业发展指教师利用数字技术资源促进自身及共同体专业发展的能力，包括数字化学习与研修，以及数字化教学研究与创新。

（1）数字化学习与研修

要求教师能利用数字技术资源持续学习，具体指根据个人发展需要，利用数字技术资源开展学习。例如：利用数字教育资源进行学科知识、教学法知识、技术知识、教育教学管理知识的学习。能利用数字技术资源对个人教学实践进行分析，支持教学反思与改进。能参与或主持网络研修共同体，共同学习、分享经验、寻求帮助、解决问题。

（2）数字化教学研究与创新

要求教师能针对数字化教学问题，利用数字技术资源支持教学研究活动，利用数字技术资源不断创新教学模式、改进教学活动、转变学生学习方式。

三、高职教师数字素养的现状

（一）高职教师数字素质主观意愿不强烈

随着数字化战略行动的推进和数字化校园的建设，高职院校教师可接触到多媒体教室、全校域范围覆盖 Wi-Fi、校园网、电子数据库、数据中心机房等各式各样的数字化工具，但没有以积极的心态接受职业教育工作中的数字化变革，不能正确看待数字化教学的积极作用，主要表现为"不想用""害怕用""难以用"。有的高职教师对使用数字化教学工具缺乏积极性，不愿意主动了解学习数字化教学设备和软件；有的虽知道使用方法，但对数字化教学手段应用不够熟练，没有掌握正确的信息化教学工具的使用方法，使其在设计制作微课、在线课程、数字化教材时感觉数字化教学难度太大，易产生畏难情绪。

（二）高职教师数字素养培养体系有待优化

近年来，为了提升高校教师数字素养，相关教育行政部门组织了一系列的专题培训，但效果不佳，主要表现在：第一，继续培训无数字素养类具体要求。以贵州为例，关于高校教师继续教育培训内容分为公需科目和专业科目两大类，每人每年教育培训不低于 72 学时，其中专业科目不低于总学时的 2/3，但没有关于教师数字素养培训的学时要求。第二，培训体系不健全。各类数字化培训主要以集中面授、专题讲座或者线上培训开展，缺少系统的培训课程体系。第三，有的培训停留在理论层面，联系实际不足，单向输出多，实操机会少，导致部分培训达不到预期效果，最终导致高校教师队伍培训资源供给与教师数字素养培训需求的平衡性不足。

（三）高职院校对教师素养强化落实亟须加强

第一，高职院校基本完成智慧教室建设、智慧教学管理、数字教学资源常态化建设，但在上述方面的政策支持和经费支持等还不够完善，导致硬件设施丰富，软件配套不足，教师使用频率低等问题，部分专业教师不敢用、不会用、难得用。第二，高职院校在教师素质素养的评价上大都是以结果性评价为主，对教师的数字素养水平的评价很难全面、客观。因此高校对于教师数字素养培养的重要性认识需要加强，才能使高校教师数字素养培养工作有效推进。

四、高职教师数字素养的提升路径

（一）激发高职教师数字素质的主动意识

高职教师应以开放的心态、自主学习的方式，迎接数字信息识读，提高自身的数字素养。第一，高职教师需要转变观念。要正确看待数字信息技术在教育教学领域中发挥的积极作用，只有教师主动适应数字化发展，有意愿逐步提升数字素养，有意识地学习数字工具和数字技术，并将所学的数字技能应用到教学领域中，才能更好地胜任教师的教学岗位。第二，树立个体与集体共同发展的理念。高职教师要意识到个体的数字素养关乎专业、学校的整体数字化建设，要增强数字化理念，增强主体意识，发挥个体主观能动性来促进自身数字素养的提升。第三，完善高职教师数字素养的激励机制。对于在数字素养培训、数字化教学、线上课程开发、数字化教材开发等具体教育教学工作中表现优秀的教师以及在推进教师素质素养培训工作中贡献突出的教师，应当给予各类鼓励，这样可以调动教师提升自身数字素质的积极性与主动性。

（二）将数字素质纳入"双师型"教师认定标准

为进一步明确教师走上工作岗位前应具备的基本数据素养，如教育数据理念、数据获取能力及掌握数字工具和设备的技能等，将教师数字素养具体内容增加到职业教育"双师型"教师认定标准中，对初级、中级、高级"双师型"教师提出不同的数字素养要求，如数字化知识掌握情况、数字化应用能力和数字化资源建设成果等。以"双师"级别认定为导向，使教师利用信息技术手段积极助力教学，充分利用数字信息技术，合理利用软件、数字智慧教育资源，优化课堂教学，提高课堂效率。

（三）改革数字化培训机制，强化任务导向

高职教师数字素养的培训方式，制定任务导向的培训机制，打破传统的以讲座、会议培训为主的模式。第一，探索在数字化环境下积极开展教学实践。利用云计算、大数据分析等数字技术，整合数字化教学资源，创新数字化教学设计，实现数字多元化教学培养。第二，探索和利用机器人技术、虚拟仿真技术等，实现网上虚拟与教学实训深度融合的数字培训方式，构建数字技术支撑的实训空间、虚拟场景，形成虚实结合的培训环境。第三，培训做到线上与线下相结合，理论与实际相联系，不断提高教师的数字素养。第四，可采用"培—赛—评"的模式，以赛促学、以赛促用、以赛促教，不断提升高校全体教师的数字素养，例如，高校可以定期召开任务型数字技术应用能力培训班，以集中讲解基础理论与制作微课、虚拟教学场景、数字资源等为课程主线，辅以开展教育教学的数字化应用大赛，根据大赛成绩来评价教师的数字素养能力，做到"培—赛—评"同步发展。

（四）多层次、全过程培育教师数字化提升

高校教师数字素养培养应当注重系统性，多层次、全过程培育，将数字素质培养贯穿职业教师个人成长和"双师型"教师队伍培养的全过程。第一，数字素养培养应具有更多层次性。出于对不同入职阶段教师所掌握的教学方法和数字化工具设备使用情况的不同，开展有针对性的培训，如新进员工和初级"双师"开展数字技术知识与技能培养，中级"双师"开展数字化应用培养，高级"双师"开展专业发展培养，同步将3个阶段培训都融入数字化意识和数字社会责任方向的培养，以达到不同级别匹配不同阶段培训的目标。第二，数字素养培养应具备全过程性。对于数字素养较高的教师，可以成为培训过程中的榜样，这既保证了整体性的发展，又充分尊重个体的成长。同时，每个教师应当接受全过程的培训，顺利进入下个级别的培养以匹配"双师型"级别的认证。第三，数字素养培训管理应更专业化。对培训的过程应进行全面记录，形成系统化的材料，全面地呈现培训过程。注重对培训课程的结果评价，集中研讨培训中的问题，提出改进与提升意见，建立一个系统的、动态的、不断完善与丰富的培训体系。

第四节 推动"双师型"教师成长五个时期顺利进阶

教师成长是一个复杂而富有挑战性的过程，涵盖了从见习期到引领期五个不同的阶段，即见习期、成长期、成熟期、示范期、引领期。这些阶段不仅代表了教师职业发展的不同阶段，也反映了教师在教育教学能力、专业素养和领导力等方面的不断提升。

一、见习期

在见习期间，新教师犹如刚刚踏入教育领域的新兵，他们怀揣着满腔的热情与憧憬，但同时也面临着诸多挑战。在这一阶段，他们不仅需要面对专业知识和教学能力的考验，还面临着如何塑造自身师德师风的重要课题。由于尚未获得教师资格证，新教师们尚未具备直接走上讲台的法定资格，但这并不意味着他们不能在这一阶段有所作为。

在见习期间，新教师最需要具备的核心素质便是良好的师德师风素养。师德师风作为教育工作的基石，不仅影响着教师的个人形象，更直接关系到学生的成长与未来。它涵盖了政治素养、敬业精神、为人师表、关爱学生等多个方面，是新教师在教育教学过程中必须恪守的职业道德和行为规范。

首先，政治素养是新教师必须具备的基本素质。作为教育工作者，新教师必须坚定正确的政治方向，拥护党的教育方针，积极传播社会主义核心价值观。只有这样，他们才能引导学生树立正确的世界观、人生观和价值观，为培养德智体美劳全面发展的社会主义建设者和接班人贡献自己的力量。

其次，敬业精神是新教师必备的职业品质。在见习期间，新教师应该以高度的责任感和使命感对待自己的工作，不断提升自己的专业素养和教学能力。他们应该虚心向老教师学习，积极参加各种培训和学习活动，努力提高自己的教育教学水平。只有这样，他们才能在未来的教育教学生涯中更好地胜任工作，为学生的成长和发展贡献自己的力量。

再次，为人师表也是新教师必须注重的方面。作为教育工作者，新教师的言谈举止都会对学生产生深远的影响。因此，他们应该注重自己的仪表仪态，保持良好的言谈举止，为学生树立榜样。同时，新教师还应该注重自身的道德修养和人格魅力，通过自己的言行来感染和引导学生，培养他们的良好品德和习惯。

最后，关爱学生是新教师不可或缺的品质。在见习期间，新教师应该深入了解学生的需求和特点，关注他们的成长和发展。他们应该用心倾听学生的心声，积极解决他们在学习和生活中遇到的问题。同时，新教师还应该注重培养学生的自信心和创新能力，激发他们的学习兴趣和热情，为他们的全面发展创造有利条件。

总之，在见习期间，新教师需要不断提升自己的专业知识和教学能力，同时注重培养自己的师德师风。这些素质将为他们未来的教育教学生涯奠定坚实的基础，使他们在教育领域中不断成长和进步。

二、成长期

随着时间的推移，新一代的教师逐渐步入了他们的专业成长期。在这个阶段，他们已经不再是初出茅庐的新手，而是具备了扎实的专业基础与良好的师德师风素养的教育工作者。他们开始积极寻求提升自我的途径，不断完善自己的教育教学能力，以更好地服务于学生的成长与未来。

在新教师的专业成长道路上，数字化素养和信息技术的应用能力逐渐成为他们关注的焦点。随着科技的不断进步，现代教育对于教师的数字化能力提出了更高的要求。新教师们深知，要想适应这一趋势，就必须不断提升自己的数字化素养，熟练掌握各种信息技术工具，并将其应用于教学实践之中。

为了提升数字化素养和信息技术的应用能力，新教师们积极参加各种培训活动。他们利用业余时间参加线上线下的课程学习，不断拓宽自己的知识视野。同时，他们还主动参加各种研讨会和交流活动，与同行们分享经验、交流心得，共同探讨如何更好地将信息技术应用于教育教学之中。

除了参加培训活动外，新教师们还注重通过教学实践来提升自己的教学水平和教育教学方法。他们深入课堂，与学生们面对面交流，了解他们的学习需求和兴趣点。同时，他们还积极探索适合学生的教学方法和手段，努力营造轻松愉悦的学习氛围，激发学生的学习兴趣和积极性。

在不断的学习和实践中，新教师们的教学水平和教育教学方法得到了显著提升。他们不仅能够熟练地运用信息技术工具进行教学，还能够根据学生的实际情况灵活调整教学策略，提高教学效果。他们的课堂变得生动有趣，他们也深受学生们的喜爱和尊敬。

可以说，新教师在专业成长期对于数字化素养和信息技术的应用能力的关注与提升，不仅有助于他们自身的专业发展，也为学生们提供了更加优质的教育资源和学习体验。我们有理由相信，在不久的将来，这些优秀的新教师们将在教育领域绽放出更加耀眼的光芒。

三、成熟期

当教师步入成熟的职业阶段时，他们已经成功地跨越了前两个能力层次，迈向了更为高级的专业境界。在这个阶段，教师已经娴熟地掌握了教育教学的各种技巧，更能够充分发挥职业教育的职业性特点，特别是技术的应用能力。

在这个阶段，教师不仅具备了扎实的理论功底，还具备了丰富的实践经验。他们深知职业教育的本质在于培养学生的实际操作能力和技术应用能力，因此会特别关注实训实践课程的开设和指导。他们会结合行业的最新发展动态和技术趋势，设计富有创意和实用性的实训项目，让学生在实践中掌握技能，提升能力。

　　除了指导实训实践课程，教师还会积极参与各类技能大赛，展示自己的实践技术能力和教育教学水平。他们深知技能大赛是检验学生技能水平的重要平台，也是展示自己教育教学成果的重要舞台。因此，他们会认真组织学生参赛，精心辅导学生备战，力求在比赛中取得优异成绩。

　　此外，成熟期的教师还特别关注学生的全面发展。他们不仅关注学生的技能学习，还注重培养学生的创新精神和实践能力。他们会通过组织各种创新实践活动，激发学生的创新思维和创造力，让学生能够在实践中不断探索、不断创新。

　　综上所述，当教师进入成熟期时，他们已经具备了深厚的教育教学功底和丰富的实践经验，能够充分发挥职业教育的职业性特点，为学生的全面发展提供有力的支持。他们不仅是知识的传授者，更是学生成长道路上的引路人和指导者。

四、示范期

　　当教师顺利进入示范期时，他们已经具备了坚实的素养基础，跨越了前三个层级的成长阶段。在这一关键时期，教师们不仅积累了丰富的专业知识，还成功地将这些知识与行业产业、企业紧密相连，从而能够开展一系列富有成效的社会服务活动。

　　在示范期，教师们已经深刻认识到教育与社会、行业的紧密联系。他们明白，单纯关注学生的学业成绩是远远不够的，更需要关注行业的发展趋势和社会的实际需求。因此，他们积极投身于行业研究，了解产业动态，把握企业需求，以便更好地为学生未来的职业生涯规划提供指导。

　　在这个阶段，教师们还充分发挥自身的教学改革成果，将其应用于行业产业与区域发展。他们积极与企业合作，开展校企合作项目，共同研发新产品、新技术，推动行业的创新与发展。同时，他们还关注区域经济的协调发展，为当地经济的增长和社会进步贡献自己的力量。

　　为了更好地实现社会服务，教师们还不断加强自身的专业素养和综合能力。他们通过参加各种培训、研讨会等活动，不断更新知识体系，提升教学水平。同时，他们还注重与同行的交流与合作，共同分享经验、探讨问题，以期在教育教学和社会服务方面取得更大的突破。

当教师进入示范期时，他们已经具备了丰富的专业知识和实践经验，能够充分发挥自身优势，将教学改革的成果应用于行业产业与区域发展，为推动当地经济的发展和社会进步贡献自己的智慧和力量。同时，他们也在不断提升自身的专业素养和综合能力，以期在未来的教育教学和社会服务中取得更加卓越的成就。

五、引领期

当教师步入引领期时，他们已经完成了从成长期到成熟期，再到示范期的蜕变，达到了一个全新的高度。在这个阶段，他们不仅具备了前四个层级所要求的各种能力，而且能够引领"双师型"教学团队共同向前迈进，实现教育教学的创新与发展。

在引领期，教师们积累了丰富的教育教学经验，对于本专业的课程设置、教学方法和技巧都有深刻的理解。他们的专业素养深厚，能够针对学生的不同特点和需求，制定个性化的教学方案，帮助学生充分发挥自己的潜能。

同时，引领期的教师还具备了卓越的领导才能和团队协作能力。他们能够组建一支高效、和谐的教学团队，通过分工合作、资源共享等方式，共同推动教育教学工作的顺利开展。在团队中，他们善于倾听他人的意见和建议，能够调动团队成员的积极性和创造力，激发整个团队的活力。

在这个阶段，教学团队形成了"见习期—成长期—成熟期—示范期—引领期"的发展模式。这种模式强调了教师成长的连续性和递进性，既体现了教师在各个阶段的成长特点和需求，也强调了各个阶段之间的衔接和过渡。通过这种模式，教师可以更加清晰地认识自己的成长路径和发展方向，有针对性地提升自己的专业素养和教育教学能力。

最终，引领期的教师为本专业培养出了更多优秀的人才，也为教育事业的繁荣发展作出了杰出的贡献。他们的教育教学成果不仅得到学生和家长的认可，也获得了同行和社会的广泛赞誉。他们的成功经验和做法也为其他教师提供了宝贵的借鉴和启示，推动整个教育行业的进步和发展。

总之，当教师进入引领期时，他们已经具备了丰富的教育教学经验和深厚的专业素养，能够引领团队不断创新和发展。他们的成长和发展不仅为教育事业注入了新的活力和动力，也为培养更多优秀人才奠定了坚实的基础。

教师成长是一个循序渐进的过程，涵盖了从见习期到引领期五个不同的阶段。每个阶段都代表着教师在教育教学能力、专业素养和领导力等方面的提升。通过不断的学习和实践，教师们将不断成长和进步，为培养更多优秀的人才和促进社会的和谐发展贡献自己的力量。

第五节　优化完善机制体制保障教师发展路径

高职院校在已建立的三大机制体系下，更应着力进行提升和优化，建议从规范准入机制、健全保障机制、完善培养机制这三个维度打造"双师型"教师队伍建设路径。

一、高职院校"双师型"教师队伍的建设机制

高职院校需要从准入机制、保障机制、培养机制三个方面建设"双师型"教师队伍。

（一）准入机制：师德师风为首要条件

准入机制是高职院校"双师型"教师队伍建设的起点，也是建设的基础，具有举足轻重的地位，是后续监督和保障环节的基础性依据。制定科学、合理、全面的"双师型"教师准入机制，优化"双师型"教师的遴选、推荐和管理才有更为坚实的基础。

1. 师德师风

（1）师德素养

"师德师风"是师之为师的基本素质。良好的师德师风作为教师的基

本要求,在教师队伍建设中占据第一要位。教育部等七部门联合印发的《关于加强和改进新时代师德师风建设的意见》中明确将师德师风作为评定教师队伍素质的第一标准。因此,应着重提升教师师德素质并实践于"双师型"教师团队的建设中。师德师风主要包括师德素养和政治素养。这两大素养不仅是"双师型"教师必备的品质,更是他们履行教书育人职责,培养优秀人才的关键。

师德素养是指"双师型"教师的职业道德,是教师通过良好的职业认同感,将立德树人根本任务融入"三全育人"的全过程。这里的"三全育人"指的是全员育人、全过程育人和全方位育人。全员育人要求所有教师都参与到育人工作中来,全过程育人则强调教育应贯穿学生的学习生涯,而全方位育人则是指教育应涵盖学生的知识、技能、情感态度和价值观等多个方面。

在"双师型"教师队伍的建设中,师德被放在首要位置。这是因为师德不仅关系到教师的个人形象和声誉,更关系到学生的成长和未来。因此,提升教师的师德素养,对于提高教育质量、培养优秀人才具有重要意义。以土木工程检测技术创新团队为例,他们通过实施引领期教师师德榜样引领等举措,着力推进高素质"双师型"教师队伍建设。这些举措包括定期组织师德培训、开展师德评选活动、建立师德档案等,旨在激发教师的职业荣誉感和责任感,引导他们以更加饱满的热情投入育人工作中。

高职院校作为中国共产党领导的社会主义高等教育机构,承载着培养德智体美劳全面发展的社会主义建设者和接班人的重要使命。在这个背景下,师德素质被高职院校作为"双师型"教师的准入标准,显得尤为关键。

高职院校将师德师风作为"双师型"教师的准入标准,首先是因为师德是教育的灵魂,是教师的基本素质。教师的言谈举止、道德风范直接影响着学生的成长和发展。一个具备高尚师德的教师,能够以身作则,用自己的行为去感染和影响学生,从而帮助学生形成健全的人格和良好的道德品质。其次,高职院校作为落实党的教育方针、立德树人根本任务的主战场,要求"双师型"教师必须成为党治国理政的坚定支持者。这意味着他们不仅要传授知识,更要通过政治引领,帮助学生树立正确的政治方向,坚定"四个自信",成为社会主义事业的合格建设者和接班人。再次,将立德树人与知识传授相融合、政治引领与专业技能相融合,是高职院校"双师型"教师的重要职责。他们不仅要关注学生的知识学习,更要关注学生的思想道德素质的提升。通过言传身教、潜移默化的方式,引导学生树立正确的价值观、人生观和世界观,为学生的全面发展打下坚实的基础。

为了进一步提升高职院校"双师型"教师的师德师风,我们可以采取一系列措施。首先,加强对教师的师德教育和培训,让教师深刻理解师德的内涵和要求,自觉践行师德规范。其次,建立完善的师德评价体系,将师德表现作为教师考核、晋升的重要依据,激励教师不断提升自己的师德水平。此外,还可以通过举办师德论坛、师德师风典型宣传等活动,营造尊师重教的良好氛围,让师德师风成为高职院校的一张亮丽名片。

（2）政治素养

师德素养和政治素养是"双师型"教师队伍建设的两大支柱。只有具备了这两大素养的教师,才能真正履行教书育人的职责,培养出既有专业知识又有高尚品德的优秀人才。因此,我们应该高度重视师德素养和政治素养的培养和提升,为"双师型"教师队伍的建设提供有力保障。

在教育领域中,教师的角色远非单纯地传授知识,他们还是塑造未来社会的关键力量。因此,教师的素质,特别是政治素养,显得尤为重要。对于"双师型"教师而言,政治素养更是不可或缺的重要品质,它与师德素养并驾齐驱,共同构成了教师素质的两大支柱。

所谓政治素养,是指教师在思想政治观念上应坚持正确的政治方向,具备坚定的政治信仰和正确的政治立场。这不仅要求教师在个人生活中坚守政治原则,更要求他们在教育教学中积极渗透社会主义核心价值观,用正确的世界观、人生观和价值观引导学生,帮助他们建立健康、积极的人生态度。

以贵州交通职业技术学院建筑工程系为例,该学院通过"勤卓建工 匠心育人"党建品牌的打造,将党建工作与教育教学紧密结合,将"三全育人"工作落实到课堂。这一创新举措,不仅提高了全体教师的政治站位和政治素养,更为学生的成长提供了更加坚实的思想基础。这种将党建工作与教育教学相结合的模式，不仅体现了学院对政治素养的高度重视，也展现了"双师型"教师在教育教学中的独特作用。

具体来说，这种模式的实施，使得教师在传授专业知识的同时，能够更加注重培养学生的思想政治素质。通过课堂讲解、案例分析、实践操作等多种形式，使学生在学习知识的同时，也能够深入理解社会主义核心价值观的内涵和要求，从而自觉形成正确的世界观、人生观和价值观。

同时，这种模式的实施，也促进了教师自身的政治素养的提升。通过参与党建工作，教师不仅能够更加深入地理解党的路线、方针、政策，更能够在实际工作中将这些理念融入教育教学中，从而更好地履行"双师型"教师的职责和使命。

总之，政治素养是"双师型"教师必须具备的重要品质。通过贵州交通职业技术学院建筑工程系的实践，我们可以看到，将党建工作与教育教学相结合，不仅可以提高教师的政治素养，更能够为学生的成长提供坚实的思想基础。这种模式值得我们进一步推广和学习，以更好地培养具有高尚师德和政治素养的"双师型"教师，为社会的和谐发展作出更大的贡献。

2. 任教资格

在当下教育环境中，高职院校作为高等教育的重要组成部分，其教师的专业能力水平直接关系到人才培养的质量。然而，目前高职院校在评估专业教师的能力时，仍然主要依赖于教师资格证和高教系列职称等级这两个指标。尽管这种评估方式在某种程度上具有一定的参考价值，但其存在的问题也不容忽视。

首先，教师资格证和高教系列职称等级作为评估教师能力的标准，其局限性显而易见。这些证书和职称主要关注的是教师的学历、资历和教学经验，而缺乏对教师实际教学能力和专业实践能力的全面考量。这导致一些具有丰富实践经验和创新能力的教师，可能因缺乏相应的证书或职称而被低估。

其次，"双师型"教师认定的含金量不高，进一步加剧了这一问题。"双师型"教师指的是既具备理论教学能力又具备实践教学能力的教师，是高职院校教师队伍建设的重要方向。然而，目前对于"双师型"教师的认定标准尚不统一，且缺乏足够的权威性和公信力。这导致一些教师虽然被认定为"双师型"教师，但其实际能力和水平却参差不齐。

在薪酬激励和政策倾斜上，对于"双师型"教师的鼓励并未充分显现。这在一定程度上挫伤了教师参与实践教学的积极性，也限制了高职院校实践教学水平的提高。为了激发教师的积极性，高职院校应该建立更加完善的薪酬激励机制，对"双师型"教师在薪酬待遇上给予适当的倾斜。

高职院校教师能力评估与"双师型"教师认定是一项复杂而重要的任务。只有通过建立更加全面、科学的评估体系和完善的激励机制，才能真正激发教师的潜力，提高高职院校的教学质量和人才培养水平。在当前的教育改革大潮中，高职院校正在积极响应"破五唯"的号召，努力将学历与职称从硬性的评价指标转变为更为灵活的软性指标。这一转变不仅体现了教育改革的深入发展，也反映了社会对技术技能型人才培养的新需求。

"破五唯"是指破除唯分数、唯升学、唯文凭、唯论文、唯帽子的顽瘴痼疾，推动教育评价改革和人才培养方式创新。在这样的背景下，高职院校纷纷调整自己的评价体系，更加注重学生的实际能力和技术应用能力，而非简单的以学历和职称作为衡量标准。这种转变不仅有利于培养学生的综合素质，也有助于提高教育的公平性和普及性。

与此同时，高职院校也充分认识到"双师型"教师在技术技能型人才培养中的重要作用。这类教师不仅能够传授理论知识，还能够将实践经验融入教学中，帮助学生更好地掌握实用技能。为了充分发挥"双师型"教师队伍的重要作用，高职院校可以积极推行相关职业等级证书和执业资格证书制度。这些证书不仅是教师技能含金量的重要"标志"，也是评价教师综合素质的重要依据。通过推行这些证书制度，高职院校可以更加准确地评估教师的实际能力，进而优化教师队伍结构，提高教育教学质量。

高职院校在新时代教育改革"破五唯"的要求下，正积极调整自己的评价体系和教师队伍结构，以适应社会对技术技能型人才培养的新需求。通过推行相关职业等级证书和执业资格证书制度，加强"双师型"教师队伍的建设，高职院校将为培养更多优秀的技术技能型人才作出更大的贡献。同时，这种改革也将为整个教育系统树立新的标杆，推动教育事业向更加公平、开放和包容的方向发展。

3. 专业素养

（1）教育教学素养

在高职教育中，教师的角色至关重要，他们不仅是知识的传授者，更是学生职业技能和素养的引导者。然而，当前高职院校中，许多专业教师都是从相关行业或专业直接转型而来，他们在专业领域内有着丰富的经验和技能，但往往缺乏系统的教育教学理论学习。这种现象在一定程度上限制了他们的教学能力和效果，也影响了高职院校的教育质量。

为了解决这个问题，高职院校开始注重培养"双师型"教师，即既有专业知识，又具备教育教学理论素养的教师。这种教师不仅能够在专业领域内为学生提供指导，还能够将教育教学理论融入日常教学中，以更加科学、有效的方法培养学生的职业能力和素养。

"双师型"教师的教学理论素养，是他们区别于普通教师的重要标志。这种素养并不是一蹴而就的，而是需要长期地学习和实践积累。这种素养会潜移默化地影响他们的教学过程和教学行为，使他们在教学中更加注重学生的实际需求，更加关注学生的个性化发展。

同时，"双师型"教师对教育教学理论的储备，也是他们从事教育教学工作的基础条件。通过系统学习教育教学理论，他们能够更好地掌握职业教育领域的教育教学规律，掌握各种教育教学的手段与方法，从而更加有效地开展教学活动。这不仅有助于提升他们的教学能力和水平，更能够为高职院校的教育教学服务提供更有力的支持。

培养"双师型"教师是高职院校提升教育质量的重要途径。通过加强教育教学理论的学习和实践，这些教师将能够更好地履行自己的职责，为学生的职业发展和未来奠定坚实的基础。同时，高职院校也需要不断完善教育教学体系，为"双师型"教师的成长提供更多的支持和保障，共同推动高职教育的不断发展和进步。

（2）专业理论素养

"双师型"教师作为高职院校教育的重要力量，其专业理论素养的培养与提升成为教育改革与发展的关键所在。

首先，专业理论素养是"双师型"教师必备的专业基础条件。高职院校在培养高素质技术技能人才的过程中，要求"双师型"教师不仅具备扎实的专业理论知识，还要熟悉相关专业，了解国内外技术的通识知识。这种通识知识的掌握有助于教师在教育教学过程中，将理论知识与实践技能相结合，形成独特的教学风格和方法，提高学生的学习兴趣和积极性。

其次，在多元文化交融的现代社会中，知识的实用性、技术性和跨学科性已经成为现代教育领域的核心要义。这就要求"双师型"教师不仅要关注本专业的知识更新，还要关注跨学科知识的融合与创新。通过不断学习和研究，将不同学科的知识相互渗透、融合，形成新的教育理念和教学方法，从而更好地适应现代教育的需求和发展。

此外，专业理论素养的提升有助于"双师型"教师在教育教学实践中发挥更大的作用。具备扎实的专业理论知识和通识知识的教师，能够更好地指导学生进行实践操作，解决学生在学习中遇到的问题。同时，他们还能够结合自己的实践经验，对教学内容进行拓展和深化，为学生提供更加全面、深入的学习体验。在高职院校中，特别是那些具备较高专业理论素养的教师，在教学质量、学生满意度等方面均表现出明显的优势。这些教师在教学实践中能够更好地运用理论知识指导实践操作，激发学生的学习兴趣和创造力，提高学生的学习效果。

专业理论素养是"双师型"教师不可或缺的专业基础条件。在多元文化交融的现代社会中，高职院校应加强对"双师型"教师专业理论素养的培养与提升，使他们在教育教学实践中发挥更大的作用。同时，广大"双师型"教师也应自觉加强学习与研究，不断提高自己的专业理论素养和实践能力，为培养更多高素质技术技能人才作出更大的贡献。

教育教学素养和专业理论素养是"双师型"教师参与高职院校教育教学活动的基本条件，也是指导"双师型"教师开展教学活动的重要理论来源。贵州交通职业技术学院要求"双师型"教师应"熟悉职业教育教学基础理论""掌握所授专业的基础理论与专业知识"。可见，通识知识是在多元化的社会中，为乐于受教育的人提供不同领域的专业知识和价值观，它决定着"双师型"教师理论素养的高度和层次。"双师型"教师专业素养的提升是职业教育事业发展的重要推动力。它不仅有助于培养教师热爱职教事业的敬业精神，更能让他们深刻认识从事职业教育工作的意义所在，从而更好地服务经济社会发展。因此，我们应该高度重视"双师型"教师专业素养的提升工作，为职业教育事业的健康发展提供有力支撑。

4. 实践经历

在当今的教育领域中，教师类型多种多样，其中，"双师型"教师以其独特的教育魅力和实践能力受到了广泛的关注。根据《国家职业教育改革实施方案》的定义，"双师型"教师是指那些既具备理论教学能力，又拥有实践教学能力的教育工作者。也就是说，他们不仅要拥有扎实而科学的知识体系，还必须能够熟练地将这些知识应用到实践中去。

而实践经历，正是"双师型"教师区别于其他类型教师的显著特征。实践，作为教师掌握操作技能的重要途径，需要在反复多次且高质量的实践中才能得到锻炼和提升。这种实践经历不仅体现在教师的教育教学实践中，更涵盖了他们在企业和科研工作中的实际操作经验。首先，教育教学实践经历是"双师型"教师成长的基石。在教育教学过程中，他们不仅传授知识，更注重培养学生的实践能力和创新精神。通过设计富有启发性的教学活动，引导学生参与实践，使他们在实践中学习、成长。这种教学方式不仅提高了学生的学习兴趣，也让他们在实践中更好地理解和掌握知识。其次，企业实践经历是"双师型"教师提升实践能力的关键。通过深入企业一线，教师可以了解最新的行业动态和技术发展趋势，将理论与实践相结合，不断更新和完善自己的知识体系。同时，企业实践也为教师提供了与专业人士交流合作的机会，有助于拓宽他们的视野和思路。最后，科研工作经历是"双师型"教师提升创新能力和科研成果的重要途径。通过参与科研项目研究、发表学术论文等活动，教师可以不断提升自己的科研素养和创新能力。这些科研成果不仅有助于推动学科的发展，也为教师的教学工作提供了有力的支持。

"实践经历"是"双师型"教师成长的必由之路。只有通过不断地实践锻炼和积累经验，教师才能不断提升自己的实践能力和教学水平，成为真正的"双师型"教师。因此，我们应该高度重视实践经历在"双师型"教师培养中的重要作用，为教师的成长和发展创造更多的实践机会和平台。

（二）保障机制

1. 完善保障机制

高职院校作为培养高素质技术技能人才的重要基地，其教师队伍的质量直接关系到人才培养的质量。而"双师型"教师队伍作为高职院校教师队伍的重要组成部分，其建设质量更是关系到高职院校教育教学水平的核心要素。因此，保障机制的建立与完善对于高职院校建设高质量"双师型"教师队伍具有至关重要的意义。

保障机制主要包括制度保障、物质保障和精神保障三个方面。制度保障是指通过制定一系列科学、合理的制度，规范"双师型"教师的培养、管理、评价等方面的工作，确保教师队伍建设的科学性和规范性。物质保障则是指提供必要的物质条件，如良好的工作环境、先进的教学设备、丰富的教学资源等，以满足"双师型"教师的基本工作需求，激发他们的工作热情和创新精神。精神保障则是指关注教师的职业发展和个人成长，通过表彰奖励、职业规划、培训提升等方式，激发教师的职业自豪感和归属感，提升他们的专业素养和综合能力。

合理的保障机制可以确保已纳入"双师型"教师队伍的教师持续终身的专业发展动力和学习热情。一方面，通过制度保障和物质保障，教师可以获得稳定的工作环境和良好的工作条件，从而有更多的精力和时间投入教学科研工作中。另一方面，通过精神保障，教师可以获得更多的职业成长机会和个人发展空间，从而有更多的动力去追求更高的职业成就。

在保障机制的推动下，"双师型"教师可以积极主动地提升自己，不断更新知识结构、提升技能水平、创新教学方法，从而推动"双师型"教师队伍整体质量的提升。同时，"双师型"教师还可以将自身的实践经验和技术技能融入教育教学中，丰富教学内容和手段，提高学生的学习兴趣和实践能力，实现更高层次的发展。

保障机制的建立与完善是高职院校建设高质量"双师型"教师队伍的关键要素。只有建立健全的保障机制，才能确保"双师型"教师队伍的稳定性和持续性，推动高职院校教育教学水平的不断提升，为培养更多高素质技术技能人才提供坚实的师资保障。因此，高职院校应该高度重视保障机制的建立和完善工作，不断优化和完善相关政策和措施，为"双师型"教师队伍的成长和发展提供有力支持。同时，高职院校还应该加强对"双师型"教师的培训和管理，提升他们的专业素养和综合能力，推动他们在教学科研工作中取得更多的成果和突破。只有这样，才能真正实现高职院校"双师型"教师队伍的高质量建设和发展，为培养更多优秀的技术技能人才作出更大的贡献。

2. 健全激励机制

在高职教育中，教师的素质直接关系到学生的培养质量，而"双师型"教师则是高职院校师资队伍中的重要力量。如何有效地激励"双师型"教师，提升他们的专业素养和教学能力，一直是高职院校面临的难题。

高职院校对"双师型"教师的激励机制主要包括物质奖励和精神奖励两大类型。物质奖励方面，高职院校可以通过提高"双师型"教师的薪酬待遇、发放奖金、提供优厚的福利待遇等方式，来激发他们的工作积极性和创新精神。精神奖励方面，高职院校可以通过表彰先进、树立典型、提供晋升机会等方式，来增强"双师型"教师的荣誉感和归属感，从而激发他们的工作热情和教学动力。

然而，目前高职院校"双师型"教师相配套的福利激励保障机制尚不完善，还存在一些问题。如激励机制缺乏针对性和有效性，无法满足不同层次、不同需求的"双师型"教师，再如激励机制缺乏长期性和稳定性，无法持续激发"双师型"教师的工作热情和创新能力等。

为了解决这些问题，高职院校应该采取一系列措施，进一步完善"双师型"教师的激励保障机制。首先，高职院校应该根据"双师型"教师的特点和需求，制定个性化的激励方案，以满足他们的不同需求。其次，高职院校应该加强激励机制的公平性和透明度，确保每个教师都能够获得公平的待遇和机会。最后，高职院校应该注重激励机制的长期性和稳定性，为"双师型"教师提供持续的支持和保障。

以广州番禺职业技术学院为例，该学院在激励"双师型"教师方面采取了一系列有效的措施。首先，学院通过完善学校职称评审制度，加强了对"双师型"教师的正向激励。在职称评审中，学院注重考察教师的实践经验和技能操作能力，为"双师型"教师提供了更多的晋升机会。其次，在评优评先和晋升职称工作中，学院优先选聘"双师型"教师，为他们提供了更多的荣誉和奖励。此外，学院还有计划地资助"双师型"教师到国内外应用型大学考察进修，以激发他们的创新精神和提高教学水平。通过这些措施的实施，广州番禺职业技术学院成功地激发了"双师型"教师的工作热情和创新能力，提升了他们的专业素养和教学能力。这不仅有助于提升学院的整体教学质量和声誉，还为学院培养高层次技术技能人才提供了有力支持。

综上所述，高职院校应该充分认识到"双师型"教师在高职教育中的重要地位和作用，进一步完善他们的激励保障机制。通过制定合理的激励方案、加强公平性和透明度、注重长期性和稳定性等措施，激发"双师型"教师的工作热情和创新能力，提升他们的专业素养和教学能力。这将有助于推动高职教育的持续发展，培养更多高素质的技术技能人才，为社会的发展作出更大的贡献。

3. 保障制度的落实和监督

落实与监督在治理工作中占据了举足轻重的地位，特别是在教育领域，它们更是确保"双师型"教师队伍优化和高效运作的关键所在。一个完善而有效的监督管理机制，不仅能够促进教师队伍的健康发展，还能够提升教育教学的整体质量。

我们要明确监督管理在整体保障机制中的核心作用。一个多元化的监督体系能够确保监督渠道的畅通无阻，从而拓宽监督的广度和深度。这包括了对教师教育教学水平的定期考评，以及对其专业发展和日常行为的动态监管。这样的监管方式既具有针对性，又能够根据实际情况进行灵活调整，确保监督效果的最大化。具体来说，定期考评是一种对教师教育教学水平的量化评估方式。通过设定明确的评价指标和评价标准，可以对教师的教学质量、教学效果以及专业素养进行全面而客观的评估。这种考评方式不仅能够激励教师不断提升自己的教育教学水平，还能够为学校提供可靠的教师绩效评估依据。

而动态监管则是一种更加灵活和实时的监督方式。它强调对教师日常工作的持续关注和跟踪，以便及时发现问题并采取相应的解决措施。这种监管方式可以通过多种方式实现，如定期的课堂观摩、学生反馈、同行评议等。通过动态监管，可以及时发现和解决教师在工作中存在的问题，从而确保教师队伍的整体素质和专业水平。除此之外，现代化的监督管理方式还能够借助信息技术手段，如大数据分析、云计算等，实现对教师工作的全面监控和精准分析。这些技术手段可以帮助我们更加深入地了解教师的教学风格和特点，以及学生在不同教学环节中的表现和需求。从而为我们提供更加科学、更加有效的教育教学方法和策略。

构建完善有效的监督管理机制是确保"双师型"教师队伍建设优化且有效运行的关键所在。我们需要通过多元、精准且现代化的监督管理方式，畅通监督渠道，拓展监督的广度与深度。只有这样，才能够推动教师队伍的整体素质和专业水平不断提升，为培养更多优秀人才奠定坚实的基础。

（三）培养机制：实践技能提升与培训进修并重

培养机制是高职院校"双师型"教师队伍建设的基本保障，是"双师型"教师队伍长足发展的有效推手。在知识加速更迭、科技飞速发展的新时代，"双师型"教师的培养机制要统筹考虑国家发展的需要、专业新质生产力的发展和教师职业生涯发展的需求。构建长效的"双师型"教师培养机制，对于满足"双师型"教师个人技能提升、高职院校高质量发展、行业产业的提质转型以及对国家经济长远发展具有重大意义。

1. 实践技能提升

专业实践技能提升是促进"双师型"教师实践实操水平提升的有效举措。在职业教育高质量发展过程中，高职院校加大力度实施"双师"素质提升计划，打造具有专业特色的"双师型"教师队伍，既依靠校企实践培训，也依靠各级职业教育师资培训基地。

校企合作本质上是职业院校和企业双方在人才培养方面共同制定管理规章、规则和条例，通过责任共担、利益分享和权利协调来实现合作治理，是一种典型的合作实践方式。[①] "双师型"教师下企业实践可有效提升

---

① 周春光，杨锟. 合作治理的秩序约束：高等职业教育中校企合作的法律架构［J］. 中国高教研究，2021（10）：95-101.

技术技能水平，是掌握专业操作技能的有效途径。如广东水利电力职业技术学院"以专业教研室为最小单位，根据课程与实践岗位所需，建立人员交替、时间轮替和内容更替的教师企业工作机制，以提升教师职业技能"。建立校企合作平台，一方面为高职院校"双师型"教师实践进修提供培训场所，使"双师型"教师可以掌握最新专业实践操作技术，提高岗位实践操作水平；另一方面，"双师型"教师通过兼职或挂职形式进行实践，在接触真实工作情况与最新生产技术后，可将亲身经历的真实案例应用于未来的教学工作中，使教学内容更加贴近企业和生产实际。

同时，高职院校师资培训基地也是职业教育培训体系的重要组成部分，是高职院校"双师型"教师队伍建设的重要阵地与能力素质提升的载体。常州机电职业技术学院的特色经验与做法之一就是"多方位、立体化，建成智能制造技术技能培训基地"。由此可见，深入推进"双师型"教师队伍建设，扩建国家级与省级师资培训基地已受到高职院校广泛关注与推广。

2. 培训进修

培训进修是在短期内补充大量职业教育相关知识，提升教师专业能力并增强其职业认同。培训进修鼓励或组织"双师型"教师参加各类职称资格、执业资格、考评员资格的培训或考试，取得相应专业资格证书。通过培训，可以明显提升"双师型"教师的理论素养和教学技能，从而对整体教学效果产生显著影响。

同时，获取各类职业资格证书对于激发"双师型"教师专业认可度有显著效果，并增强了教师的自我认同感，二者相辅相成，提升"双师型"教师队伍整体素质。教师的培训进修包含技能培训及资格取证两大类型。高职院校结合本校专业开设情况、师资力量、经费情况等合理安排"双师型"教师技能培训和考取相关职业资格证书。

技能培训是通过参加上级教育行政主管部门等相关部门组织的专项技能培训，可在短时间内集中对某项专业技能进行提升训练，快速提升"双师型"教师的专业技能。常州机电职业技术学院提出"组织开展教师技能培训，提高教师的实践能力"。在数字化转型升级和后疫情时代的"双高计划"下，"双师型"教师未来工作可能会在环境和技能两个方面发生变化：高职院校"双师型"教师不仅要注重综合素质的发展，更要注重核心技能的掌握。只有这样，才能在避免外部因素的干扰中源源不断地充实高职院校优质的"双师型"教师队伍。

资格取证是鼓励或组织"双师型"教师参加各类职称资格、执业资格、考评员资格的培训或考试，取得相应专业资格证书。岳阳职业技术学院"鼓励教师积极参加本专业国家组织的专业技术职务中级及以上或行业特许资格考评"。尤其在科技、经济加速发展的现代社会，多数高职院校教师无法胜任在 1+X 证书制度下开展教学。随着岗课赛证融通的模式，"双师型"教师必须坚持"授教"先"受教"原则，投入精力积极考取与高水平专业实践能力相匹配的职业资格证书。

二、高职院校"双师型"教师队伍建设机制的优化路径

高职院校"双师型"教师队伍建设是一个庞大的系统性工程，高职院校必须紧扣时代脉搏，从入职招聘、过程管理与人才培养三个方面进一步优化"双师型"教师队伍建设的路径，即规范"双师型"教师准入机制，健全"双师型"教师保障机制，完善"双师型"教师培养机制，从而实现以强师资之基补职业教育发展之短板的目标，从而助力高职院校高质量发展。

（一）内部统一：规范"双师"准入机制，优化教师队伍

质量，作为衡量事物优劣的核心标准，历来都是各个领域中不可或缺的关键因素。尤其在教育这一塑造未来的神圣殿堂中，质量标准更是显得尤为重要。没有标准，教育这片广袤的土地也将失去方向和尺度。近日，教育部针对职业教育领域，出台了"双师型"教师的基本标准，这一举措无疑为职业教育的健康发展注入了强大的动力。

从国家层面加强顶层设计，研制全国性的统一标准，不仅体现了教育部门对于职业教育的高度重视，更彰显了国家对于教育质量标准的坚定追求。这样的标准无疑具有最高的权威性，它如同一把精确的尺子，为"双师型"教师的培养与认定提供了明确的方向和依据。然而，教育毕竟是一

个多元化、复杂化的领域，不同地区、不同行业之间的差异不容忽视。因此，在制定这一标准时，教育部门充分考虑到了这些因素，并没有完全量化各项指标。相反，它更多地从定性的角度出发，兼顾了不同等级的"双师型"教师的认定需求。这样的设计不仅更加符合教育实际，也为各地的教育部门和学校提供了更多的灵活性和自主权。

对于"双师型"教师的认定，标准中可能包括了教师的教育教学能力、行业实践经验、职业素养等多个方面。而这些方面在不同行业、不同地区中，可能存在很大的差异。因此，标准并没有为这些方面设定具体的量化指标，而是更多地强调了教师的综合素质和综合能力。这样的设计，既能够确保"双师型"教师的基本素质，又能够充分考虑到不同地区的实际情况，使得认定过程更加公正、合理。教育部出台的这一职业教育"双师型"教师基本标准，无疑为职业教育的健康发展提供了有力的保障。它既有高度的权威性，又充分考虑到了地区和行业差异等因素，为"双师型"教师的认定提供了更加科学、合理的依据。

各高职院校在进行"双师型"教师认定时，存在"双师型"教师认定主体单一，认定主体职责及相关关系不明确；认定条件缺乏对"双师型"教师师德师风、心理状态等方面"软性条件"的规定，多侧重可操作性强的硬性指标；对教师在企业相关工作经历或下企业实践经验大多以时长作为要求，导致"双师型"教师能力不能与工作岗位和专业技能相匹配等问题的出现。其原因在于"双师型"教师认定标准不够明确，未能有效识别真正的"双师型"教师。因此，各高职院校应以教育部拟定的"双师型"教师基本标准为基点，充分结合院校专业特色和自身发展规划，制定与本校"双师型"教师适配的认定标准。

第一，由教育行政主管部门牵头，组织行业企业、各层级高职高专等多元主体参与"双师型"教师认定工作。随着教育改革的不断深入，高职院校教师队伍建设也面临着新的挑战和机遇，"双师型"教师的培养与认定成为高职院校教师队伍建设的重要一环。为了更好地推进"双师型"教师的认定工作，需要由教育行政主管部门牵头，组织行业企业、各层级高职高专等多元主体参与其中，以确保认定过程的公正性、公平性和有效性。

"双师型"教师指的是既具备教学技能,又拥有实践经验的教师。他们不仅能够在课堂上传授理论知识,还能够将实践经验融入教学中,帮助学生更好地掌握实践技能。因此,"双师型"教师的认定工作应该由多个主体共同参与,以充分发挥各自的专业优势和资源优势,共同推进高职院校教师队伍建设。在认定过程中,应该遵循"教师个人申请—高职院校自评—第三方组织他评—教育行政主管部门审核"的认定程序。首先,教师应该自愿申请"双师型"教师的认定,并提交相关的申报材料。其次,高职院校应该对申请教师进行自评,评估其教学和实践能力是否符合"双师型"教师的标准。然后,第三方组织应该对高职院校的自评结果进行他评,以确保评估结果的客观性和公正性。最后,教育行政主管部门应该对认定结果进行审核,确保认定工作的规范性和有效性。

在认定过程中,还需要明确各认定主体间的权责及相互关系。教育行政主管部门应该发挥牵头作用,制定认定标准和程序,并监督认定工作的实施。高职院校应该积极参与认定工作,自评教师的教学和实践能力,并为其提供更多的实践机会和资源支持。行业企业应该为高职院校提供实践基地和实践导师,共同培养学生的实践能力和职业素养。第三方组织应该独立于高职院校和教育行政主管部门,客观地评估高职院校的自评结果,并提出改进建议。

除了认定程序的规范和有效性,还需要加强"双师型"教师的培养和管理。高职院校应该制定完善的"双师型"教师培养计划,提供更多的实践机会和资源支持,帮助教师提高实践能力和职业素养。同时,还需要建立完善的"双师型"教师管理制度,对其教学和实践能力进行定期评估和考核,确保其能够持续发挥"双师型"教师的优势和作用。

第二,明确质化与量化相结合的认定条件。这是高职院校"双师型"教师认定工作中的一项重要任务。为了全面评价教师的专业素养和综合能力,我们不仅要通过量化考核来评估教师的专业技能水平,还要通过实质性评价来考察教师的师德师风、政治素养、职业态度、思想品德等方面。这样的评价模式旨在确保教师能够全面落实立德树人根本任务,培养出更多优秀的人才。

在量化考核方面,高职院校可以通过技能竞赛、教学成果、职业技能证书等方式来评估教师的专业技能水平。这些量化指标能够客观地反映教师在专业领域内的实际能力和水平，为教师的晋升和评聘提供有力的依据。同时，量化考核还能够激发教师的竞争意识和进取心，促使他们不断提升自己的专业技能水平。

然而，仅有量化考核是远远不够的。教师的专业素养不仅包括专业技能，还包括师德师风、政治素养、职业态度、思想品德等方面。这些方面的评价需要通过实质性评价来实现。例如，通过无记名投票或问卷调查等方式，可以了解教师在日常工作中的表现，以及学生对教师的评价。这些反馈信息能够客观地反映教师的师德师风、职业态度等方面的情况，为高职院校的认定工作提供重要的参考。

在"双师型"教师认定过程中，我们应注意对教师德育方面的考核。教师的德育素养不仅关系到学生的健康成长，也关系到整个社会的道德水平。因此，高职院校在认定"双师型"教师时，应将德育方面的考核作为重要的评价指标之一。通过加强对教师德育方面的评价，可以引导教师注重自身德育素养的提升，培养出更多具有良好道德品质的学生。

第三，优化企业实践成果考核，确保"双师型"教师的质量与能力。在高职教育中，培养具备理论知识和实践技能的"双师型"教师至关重要。这些教师不仅要在教室里传授知识，还要在实际工作中展现出高超的技能和丰富的经验。为了确保"双师型"教师的质量与能力，优化企业实践成果考核成为一项关键任务。

首先，我们应该明确"双师型"教师企业考核的标准。除了满足最低企业实践时间要求外，这些教师还需要具备企业实践合格等相关证明。这意味着他们不仅要在企业中积累足够的实践经验，还要通过严格的考核来证明自己的实践能力得到了提升。这样的标准可以确保教师具备必要的实践技能，从而更好地指导学生。

其次，高职院校在"双师型"教师认定过程中，可以设置一定的教学故障，以考察教师的实践实操能力。这种考核方式不仅能够检验教师在面对突发情况时的应变能力，还能够评估其解决实际问题的能力。通过这种方式，我们可以筛选出那些既具备理论知识又具备实践技能的优秀教师，从而确保他们能够达到高职院校的岗位要求。

此外，为了进一步提升"双师型"教师的实践能力，高职院校还可以与企业合作，共同开展教师培训项目。这些项目可以涵盖最新的行业技术、教学方法和职业素养等方面的内容，帮助教师不断更新自己的知识和技能。通过参与这些培训项目，教师可以更好地了解企业的实际需求，提升自己的实践能力，并为学生提供更加贴近实际的教学内容。

优化企业实践成果考核是确保"双师型"教师质量与能力的关键措施。通过明确教学标准、设置教学故障和开展合作培训等方式，我们可以选拔出那些既具备理论知识又具备实践技能的优秀教师，为高职教育的发展提供有力保障。同时，这也将有助于提升高职院校的教学质量和社会声誉，为学生的未来发展奠定坚实基础。

（二）外部保障：健全保障机制，畅通管理渠道

"双师型"教师队伍建设是高职院校师资队伍建设的重中之重，要将"双师型"教师高质量发展纳入学校发展规划并加以落实。总体来看，高职院校"双师型"教师队伍建设的保障机制有相对清晰的规定，但目前全国范围内的"双师型"教师比例仍较低，"双师型"教师质量仍有待提升，其根源在于"双师型"教师激励机制不具有强大的吸引力，考评体系落后，监督管理机制有待细化明确等。因此，高职院校应进行以下三个方面改革。

第一，强化"双师型"教师能力层级与待遇挂钩。在现代职业教育中，教师的角色与定位日益受到重视。特别是在高职院校中，培养具备"双师型"素质的教师队伍，已成为提升教育教学质量、促进学校发展的重要举措。下面将从"双师型"教师的定义出发，深入探讨如何通过强化能力层级与待遇挂钩的机制，激发教师的内在动力，提升整体教育水平。

为了实现这一目标，高职院校需要改革奖励标准与薪酬结构。传统的薪酬体系往往以教师的职称、学历等因素为主要依据，这在一定程度上限制了教师的专业发展。为此，高职院校应根据"双师型"教师的能力层级，制定合理的薪酬标准。具体来说，可以通过对教师在教育教学、企业实践、科研创新等方面的表现进行权重划分计算，来确定教师的薪酬水平。这样，既能体现教师的实际贡献，又能激发教师提升自身能力的积

极性。

在企业实践方面，高职院校应增加"双师型"教师在技术攻关、项目开发等工作中的权重。这不仅能提升教师的实践能力，还能促进学校与企业的深度合作，为学生提供更多实践机会。同时，高职院校还应鼓励教师参与行业培训、技能竞赛等活动，以提高教师的专业素养和技能水平。

为了保障不同层次和类型的"双师型"教师的工作环境、提升空间和薪资待遇，高职院校应建立完善的绩效评价体系。通过设立业绩奖励机制，对在教学、科研、企业实践等方面表现突出的教师进行表彰和奖励，激发他们进一步提升自身"双师素质"的内在动力。这样，既能留住优秀人才，又能吸引更多有志之士加入高职院校教师队伍。

强化"双师型"教师能力层级与待遇挂钩的机制，是推动高职院校教师队伍建设的重要举措。通过改革奖励标准与薪酬结构、增加企业实践权重、建立绩效评价体系等措施，可以激发教师的内在动力，提升整体教育水平。同时，高职院校还应不断优化教师队伍结构，完善培养机制，为培养更多高素质技术技能人才提供有力保障。

第二，采取分类考评方式，完善"双师型"教师队伍管理。在高职院校的教师队伍中，"双师型"教师扮演着举足轻重的角色。他们不仅具备了扎实的理论知识，还拥有丰富的实践经验，是连接学校与社会的桥梁。为了更好地管理和培养这支队伍，采取分类考评的方式显得尤为重要。

首先，高职院校应将"双师型"教师细分为不同的类型，根据前文所述可分为如成长期教师、成熟型教师、示范期教师、引领期教师以及兼职教师等。这样的分类有助于针对不同群体的特点制定更加科学合理的考评标准。例如，对于成长期教师，可以关注其教学基本功和成长潜力；对于成熟期教师，则应关注其在教学改革和学术研究方面的成果；对于示范期教师，应更注重其在学科领域的引领和创新能力；而对于兼职教师，则应重视其在行业内的实践经验和对学生职业发展的指导作用。

其次，在考评内容上，高职院校应建立起过程评价和结果评价相结合的"双师型"教师评价制度。过程评价关注教师在教学、科研、社会服务等方面的过程表现，以及他们在这些过程中展示出的职业素养和能力；而结果评价则更注重教师的工作成果，如教学成果奖、科研论文发表、专利授权等。通过将过程评价和结果评价相结合，可以更全面地评估"双师型"教师的教育教学水平和专业实践能力。

此外，高职院校还应注重"双师型"教师内部理论与实践、院校与企业间的互补协同评价。这意味着在考评过程中，要充分考虑教师在理论教学和实践操作中的表现，以及他们在学校与企业合作中所发挥的作用。通过引入企业评价、学生评价等多元化的评价主体，可以更客观地反映"双师型"教师教育教学水平和专业实践能力的实际情况。

在推行分类考评的同时，高职院校还应加强对"双师型"教师的培训和指导。针对不同类型的教师，提供个性化的培训和发展计划，帮助他们不断提升专业素养和实践能力。同时，通过建立激励机制，如设立"双师型"教师奖励基金、提供职业发展通道等，激发教师的工作热情和创造力。

通过采取分类考评的方式和完善"双师型"教师队伍管理制度，高职院校可以更好地促进教师的专业成长和职业发展，为培养高素质技术技能人才提供有力保障。同时，这也有助于提升高职院校的教育教学质量和社会声誉，实现学校与社会的共赢发展。

第三，进一步建立完善有效的"双师型"教师监管机制。高职院校在推进"双师型"教师队伍建设的过程中，必须注重建立完善的监管机制，以确保教师质量的有效提升和持续发展。这种监管机制不仅要有力，而且要全面、高效，能够不断适应教育发展的新要求。

为实现这一目标，高职院校应积极运用多元化的监督手段，将传统的抽查、巡查与现代化的投诉举报系统相结合，形成一个覆盖广泛、反应迅速的监督网络。通过加大信息公开力度，及时公开各类监督结果，拓宽监督的广度与深度，使监督过程更加透明化、民主化，有效防止权力滥用和违规行为的发生。

同时，高职院校还应建立一套定期通报制度，通过定期公布监督结果，接受社会各界的监督和建议，形成社会共治的良好局面。这种通报制度不仅可以让公众了解高职院校的教育质量和教师队伍建设情况，也可以促进高职院校内部的自我反思和持续改进。

此外，为确保"双师型"教师队伍的素质和能力持续提升，高职院校还应实行"双师型"教师动态认定制度。这一制度要求教师每隔一定周期（如5年）后进行动态认定，程序与首次认定相一致，旨在精准考察教师的师德素养、理论与实践能力等关键要素。通过打破"双师型"教师资格终身制，激发教师的职业危机感和进取心，有效降低职业倦怠情绪，使教师始终保持饱满的工作热情和旺盛的创造力。

高职院校在推进"双师型"教师队伍建设过程中，必须建立完善的监管机制，加强信息公开和社会监督，实行再认定制度，以全面提升教师队伍的整体素质和能力，为培养高素质技术技能人才提供有力保障。

（三）内外结合：完善培养机制，提升培养成效

高职院校"双师型"教师队伍建设是一项具有开放性、系统性的重大工程，不仅需要高职院校参与，也需要企业的协同参与。然而，在目前的"双师型"教师培养方面存在高职院校培养方式较为单一、企业培养培训效果不明显等问题。因此，高职院校应将自身主动加强制度建设的自觉性与吸纳外部组织参与的联动性相结合，双方合作，共同完善"双师型"教师培养机制。完善"双师型"教师培养机制，具体应做到以下三个方面。

第一，健全高职院校"双师型"教师技能分类培训制度。这一制度的建立是提升教师队伍整体素质、推动教育教学质量持续提升的重要举措，旨在通过系统性的培训，使"双师型"教师在其职业生命周期内不断提升理论、实践、科研等技能，从而更好地履行教育教学职责，为高职教育事业作出更大的贡献。

高职院校应建立"菜单式"技能培训机制，以满足不同教师的个性化需求。这种培训方式允许教师根据自身专业背景、兴趣爱好和发展方向，自主选择培训课程和内容，从而激发教师的学习热情和主动性。同时，高职院校还应邀请行业专家、企业技术骨干等参与培训，提供具有实践性和前瞻性的课程内容，帮助教师掌握最新的行业知识和技能。

其次，高职院校应推广"项目式"研修培训模式，促进团队协作与经验共享。通过组建跨学科、跨专业的教师团队，共同承担项目研发、课程建设和教学改革等任务，教师可以在实践中相互学习、取长补短，共同提升专业素养和实践能力。同时，这种培训模式还有助于培养教师的创新意

识和协作精神，提升团队的整体绩效。

此外，高职院校还应实施"结对子"制度，促进教师之间的专业交流和经验传承。通过安排资深教师与青年教师结对子，形成传帮带机制，使青年教师能够迅速融入教学团队，掌握教学方法和技巧，积累实践经验。同时，资深教师也可以通过与青年教师的交流，不断更新教育观念，激发教学创新灵感。

最后，高职院校应根据教师的知识结构和技能现状，实施分类指导，制定个性化培训方案。通过对教师进行全面的能力评估，了解其专业特长和发展需求，为每位教师量身定制培训计划和内容，使培训更具针对性和实效性。同时，高职院校还应建立培训效果评估机制，定期对培训成果进行检查和总结，不断优化培训内容和方法，提高培训质量和效果。

健全高职院校"双师型"教师技能分类培训制度，需要高职院校从多方面入手，构建完善的培训体系和机制。通过实施"菜单式"技能培训、"项目式"研修培训和"结对子"制度等措施，促进教师队伍整体素质的提升，为高职教育事业的可持续发展提供有力保障。同时，高职院校还应不断创新培训模式和内容，适应时代发展和行业需求的变化，培养更多具有创新精神和实践能力的优秀人才。

第二，建立专业团队，打造"双师型"教师教学团队。专业教学团队对于高职院校来说，是一项至关重要的任务。这不仅关系到教学质量和效果，更关乎学校的长远发展和竞争力。因此，高职院校应高度重视"双师型"教师团队的建设，将其作为提升教育质量和培养高素质人才的重要途径。

高职院校要明确"双师型"教师团队的内涵与要求。所谓"双师型"教师，是指既具备扎实的专业理论知识，又具备丰富的实践经验，能够将理论与实践相结合，为学生提供全面、系统、深入的教学服务的教师。这样的教师不仅要有深厚的学术造诣，还要有广泛的社会联系和丰富的实践经验，能够引导学生将所学知识应用于实际，解决实际问题。

为了实现这一目标，高职院校需要制定科学、合理的发展规划。首先，要以教学名师团队等平台为基础，构建一支高水平的教师团队，发挥他们的示范和引领作用。其次，要充分利用传统的"传帮带"和"师带徒"机制，通过老教师的传授和指导，帮助青年教师快速成长，提升他们的教育教学能力。

在培养青年教师方面，高职院校要特别注重对他们的实践能力和职业素养的培养。可以通过组织各种形式的实践活动，如企业实习、社会实践等，让青年教师深入企业、深入社会，了解实际需求，增强实践能力。同时，还可以通过开设专题讲座、研讨会等方式，提升他们的职业素养和教育教学能力。

为了保障"双师型"教师团队的可持续发展，高职院校还需要建立完善的资源库。这个资源库应包括各种教学资源、实践基地、社会联系等，为教师提供丰富的教学资源和实践机会。同时，资源库还应包括教师的个人信息、教学成果、实践经验等，为学校提供全面、准确的人才信息，为人才的选拔和任用提供依据。

建立专业教学团队，打造"双师型"教师团队是高职院校的重要任务。通过制定科学的发展规划、充分利用传统机制、注重培养青年教师、建立完善的资源库等措施，高职院校可以逐步建立起一支高水平、高素质的"双师型"教师队伍，为提升教育质量和培养高素质人才提供有力保障。同时，这也有助于提升学校的整体实力和竞争力，为学校的长远发展奠定坚实基础。

第三，推进校企深度合作，提升专业实践技能。加强校企之间的深度合作，是提升专业实践技能的关键。开放的组织运行模式强调与外部环境及内部元素建立紧密、互惠的关系，这种模式鼓励组织主动与外部伙伴合作，共同寻求创新和发展的机会。高职院校在这种模式下，应积极与企业建立合作关系，共同推进"双师型"教师的培养培训。

选择规模较大、处于成熟期的企业作为合作伙伴，有助于确保合作的稳定性和效果。高职院校应与企业共同制定具体的培养方案，根据"双师型"教师的现有水平和培训目标，为他们提供有针对性的实践机会。这不仅能让"双师型"教师在实践中学习，还能促进他们与企业内的专家和技术技能人才共同解决技术难题，进行技术研发。

此外，高职院校还应积极认定那些在教育教学方面投入时间和精力的企业人员为"双师型"教师。这不仅可以扩大"双师"教师队伍，还可以从企业方面补充教师来源，提高兼职教师从事职业教育的激励感和认同感。通过这种方式，企业人员可以将其丰富的实践经验和技能带入课堂，帮助学生更好地理解和应用所学知识。

推进校企深度合作是提升专业实践技能的有效途径。高职院校应充分利用开放组织运行模式的优势，与企业建立紧密、互惠的合作关系，共同培养高水平的"双师型"教师。这将有助于提高学生的实践能力和职业素养，为社会发展培养更多优秀的人才。同时，这种合作模式也将促进企业与高职院校之间的资源共享和优势互补，推动双方共同发展。

第五章　高职院校高质量发展"双师型"教学团队建设经验与启示

第一节　高职院校"双师型"教师队伍建设任务

一、统一及规范"双师型"教师的认定标准及认定主体

（一）职业教育地位日益凸显

随着社会的飞速进步和经济的蓬勃发展，职业教育在我国教育体系中的地位日益凸显，成为推动国家现代化建设的重要力量。在这一背景下，"双师型"教师作为职业教育领域的一支重要力量，其培养与发展对于提升职业教育质量具有至关重要的意义。

为了推动"双师型"教师队伍的建设，国家层面已经出台了相应的基本标准，并组织开展了认定工作。这一标准的出台，为"双师型"教师的培养与发展提供了明确的指导方向，有助于规范教师队伍，提高教师队伍的整体素质。同时，认定工作的开展也为"双师型"教师的选拔和晋升提供了有力的支持，有助于激发教师的积极性和创新精神。

同时，不同地区的经济、产业、教育发展状况各不相同，这就要求我们在遵循国家标准的基础上，进一步结合地方的实际情况，制定更为具

体、更有针对性的地方标准。例如，对于经济发达、产业多元化的地区，可以加大对"双师型"教师在技术创新和产业升级方面的培训力度；对于经济欠发达、教育资源相对匮乏的地区，则可以注重提升"双师型"教师的教育教学能力，帮助他们更好地适应和满足当地教育发展的需求。

还应注重加强"双师型"教师之间的交流与合作。通过搭建平台、组织活动等方式，促进不同地区、不同学校之间的"双师型"教师相互学习、共同进步。这不仅可以拓宽教师的视野，提升他们的专业素养，还有助于推动职业教育整体水平的提升。

推动"双师型"教师队伍的建设是提升职业教育质量的关键所在。我们需要在遵循国家标准的基础上，结合地方实际情况制定更为具体、更有针对性的地方标准，并加强教师之间的交流与合作，共同推动我国职业教育事业的蓬勃发展。同时，我们还应关注"双师型"教师的激励机制建设。优秀的"双师型"教师是推动职业教育发展的重要力量，他们不仅需要具备丰富的教育经验和专业知识，还需要拥有强烈的责任感和使命感。因此，我们需要建立健全的激励机制，让优秀的"双师型"教师得到应有的认可和回报。

随着科技的不断发展，我们也应积极探索新技术在"双师型"教师培养与发展中的应用。例如，利用人工智能、大数据等技术手段，对"双师型"教师的教学行为、学生反馈等数据进行收集和分析，为他们的专业成长提供科学依据和决策支持。

最后，还应加强社会对"双师型"教师的认知和尊重。通过媒体宣传、举办活动等方式，让更多的人了解"双师型"教师的工作内容和价值，提高他们的社会地位和影响力。这将有助于吸引更多优秀的人才加入"双师型"教师队伍中来，共同推动我国职业教育事业的繁荣发展。

（二）认定主体较为单一

目前，我国高职院校在"双师型"教师的认定工作上，主要依赖于省级教育主管部门或高职院校自身进行。然而，这样的认定主体显得相对单一，缺乏多元化的参与和反馈机制。实际上，"双师型"教师的认定是一个复杂而多元的过程，需要高职院校、行业、企业、教育行政部门、第三方专业组织、教师和学生等多元利益相关主体共同参与，形成一个协同合作的认定组织。

在这个认定组织中，各方主体的权利义务应得到明确。高职院校作为人才培养的主体，应承担起组织认定、制定标准、推动实践等核心职责。同时，行业和企业作为直接用人方，应发挥在人才需求预测、技术发展趋势分析等方面的优势，为"双师型"教师的认定提供宝贵的行业视角和实践经验。教育行政部门则应承担起监管和指导的职责，确保认定工作的公正、公平和有效。第三方专业组织可以通过提供专业的评价和咨询服务，为认定工作提供有力的技术支持，而教师和学生作为直接的参与者，他们的意见和建议也是认定工作不可或缺的重要参考。

在实践操作层面，建立多元参与的认定主体具有诸多优势。首先，它可以加强校企之间的双向沟通与交流。通过定期的座谈会、研讨会等形式，高职院校可以第一时间洞悉行业产业对人才的需求和技术发展前沿，从而更有针对性地调整教学计划和课程内容。同时，企业也可以了解高职院校的教学成果和人才培养情况，为未来的招聘和合作提供有力支持。其次，建立多元参与的认定主体可以让行业企业更加了解高职院校的建设成果。高职院校在人才培养、科研创新、社会服务等方面所取得的成果，可以通过认定工作的展示和交流，得到行业企业的认可和关注。这将有助于提升高职院校的社会声誉和影响力，吸引更多的优质生源和企业合作伙伴。最后，建立多元参与的认定主体还可以吸引行业企业的技能大师、劳动模范等高技能人才参与学校的人才培养、技术研发和技能传承。这些高技能人才具有丰富的实践经验和深厚的行业背景，他们的参与将为高职院校的教学和实践提供宝贵的资源和支持。通过与这些高技能人才的合作与交流，高职院校可以更好地培养出符合行业需求的高素质人才。

建立多元参与的认定主体对于高职院校"双师型"教师的认定工作具有重要意义。通过加强校企沟通、展示建设成果、吸引高技能人才参与等方式，可以推动高职院校"双师型"教师认定工作的深入发展，为提升人才培养质量和技术创新能力提供有力保障。

（三）认定标准复杂重要

制定地方"双师型"教师资格认定标准是一项复杂而重要的工作。它涉及教育、职业培训、资格认证等诸多核心领域，旨在构建起一支既具备深厚理论知识又拥有丰富实践经验的教师队伍，以适应现代教育体系对多元化、综合型人才的需求。

在复杂性方面，这项工作的特点表现得尤为突出。首先，"双师型"教师的培养与选拔，既要求教师具备扎实的学科理论基础，又需要他们具备在实践中解决问题的能力。这一双重标准使得认定标准的制定必须兼顾理论与实践的双重考量，从而增加了其复杂性。此外，不同行业、不同地域对于"双师型"教师的需求也存在差异，这就要求认定标准在制定过程中要充分考虑这些差异，以确保标准的普适性和针对性。省级（自治区、直辖市）层面在出台地方"双师型"教师资格认定标准时，也要充分考虑当地的经济发展状况。例如，在经济发展较快的地区，可能更需要具备与国际接轨的专业知识和技能的"双师型"教师；而在经济相对落后的地区，则可能需要更加注重实用技术和地方特色的教师。同时，产业结构优势也是制定地方标准的重要依据。不同的产业结构决定了对人才的需求和职业教育的方向。因此，在制定地方标准时，应结合当地的产业特点，明确"双师型"教师应具备的专业知识和技能。此外，高职教育的发展需求也是不容忽视的因素。随着高职教育的不断发展和创新，对"双师型"教师的要求也在不断提高。地方标准应紧密围绕高职教育的发展目标，确保"双师型"教师能够适应新的教育模式和教学方法。最后，地方标准的制定还应考虑当地的职教师资基础。在师资力量雄厚的地区，可以进一步提高"双师型"教师的认定标准，以推动教师队伍的整体优化；而在师资相对薄弱的地区，则可以通过降低标准、加强培训等方式，逐步提升教师队伍的整体素质。

在重要性方面，制定地方"双师型"教师资格认定标准更是具有不可替代的作用。首先，它是提升教育质量的关键所在。通过严格认定标准，可以筛选出那些真正具备"双师型"能力的优秀教师，为教育事业的发展注入新鲜血液。同时，这也是推动教育创新的重要动力。认定标准的制定与实施，有助于激励教师不断探索新的教育方法和手段，以适应时代发展的需求，推动教育事业的持续发展。

为了确保认定标准的科学性和合理性，需要采取一系列措施加以保障。首先，要建立多部门协同工作机制，加强沟通与协作，共同推进认定标准的制定工作。其次，要深入开展调研工作，全面了解地方和行业的需求，确保认定标准能够真正反映实际情况。同时，还应选择具有代表性的地区或学校进行试点工作，以检验标准的可行性和有效性。最后，加强宣传与推广力度也是必不可少的。通过各种渠道广泛宣传认定标准的重要性和意义，提高广大教师和学校对认定标准的认知度和认可度，从而推动"双师型"教师队伍的建设和发展。

我们应充分结合当地的实际情况，制定符合地方需求和发展方向的标准，为提升职业教育质量、培养更多高素质技术技能人才提供有力保障。同时，我们也要不断探索和创新，不断完善和优化"双师型"教师的培养和发展机制，为我国职业教育的长足发展贡献智慧和力量。

二、建立健全"双师型"教师培养体系

（一）建立以职业技术师范院校为主体、产教融合多元培养模式

随着社会的快速发展和技术的不断更新，职业教育在培养高素质技术技能人才方面扮演着越来越重要的角色。为了更好地适应这一发展趋势，我们需要建立以职业技术师范院校为主体、产教融合多元培养模式，以推动职业教育的改革与发展。

首先，以职业技术师范院校为主体，能够确保职业教育的教学质量和专业性。职业技术师范院校拥有丰富的教学资源和先进的教育理念，能够为学生提供系统的职业技术教育和培训。通过与职业师范院校的合作交流，我们可以加强教师队伍建设，提升教师在教育理论、教育心理学、课堂组织与管理等方面的专业知识。这将有助于教师更好地指导学生学习，提高教学质量，培养出更多优秀的职业技术人才。

其次，产教融合是职业教育发展的关键。产教融合是指学校与企业之间的深度合作，通过共同培养、实习实训等方式，使学生更好地适应市场需求，提升就业竞争力。为了实现这一目标，我们需要加大与企业的合作力度，增加校企合作实训基地。这样，学生可以在真实的职业环境中进行实践锻炼，增强实际操作能力和解决问题的能力。同时，企业也可以从中选拔优秀人才，实现人才与企业的共赢。

在实施这一模式的过程中，我们还可以借鉴国内外成功的职业教育经验，如德国的"双元制"职业教育模式。该模式注重学校与企业的紧密结合，强调实践教学的重要性，为学生提供了广阔的实习实训机会。通过引入这些先进的教育理念和方法，我们可以进一步完善我们的职业教育体系，培养出更多具备创新能力和实践精神的高素质技术技能人才。

建立以职业技术师范院校为主体、产教融合多元培养模式是职业教育改革与发展的必然趋势。通过加强与职业师范院校的合作交流、加大与企业的合作力度以及借鉴国内外成功经验，我们可以推动职业教育的持续发展，为社会培养更多优秀的职业技术人才，为国家的经济发展和社会进步贡献力量。同时，这种培养模式也将有助于提升学生的综合素质和就业竞争力，使他们更好地适应市场需求，实现个人价值和社会价值的统一。

（二）创新线上线下各类培训模式

随着时代的变迁和教育理念的更新，传统的培训模式已经难以满足现代教育需求。为了激发教师的潜能，提升教学质量，我们需要不断创新培训模式，为教师提供多元化的学习方式，并在实践中不断创新培训模式，例如，线上线下混合研修、顶岗研修以及国外访学等方式，进一步提升教师专业技能和教学效果。

线上线下混合研修作为一种创新的培训模式，充分利用了互联网技术的优势，将传统的线下培训与线上学习相结合。线下培训可以确保教师与专家面对面交流，获得直接的指导和反馈；而线上学习则突破了时间和空间的限制，教师可以在任何时间、任何地点进行自主学习，更好地平衡工作和学习的时间。通过线上线下混合研修，教师可以根据自己的需求和兴趣选择学习内容，实现个性化研修，从而提高研修效果。

顶岗研修是一种让教师在实际教学环境中锻炼和提升自己的培训方式。在这种模式下，教师将暂时替代某个学校的教师岗位，深入教学一线，亲身体验和感受实际教学过程中的挑战和乐趣。通过顶岗研修，教师可以更加深入地了解学生的学习需求，积累实际教学经验，提升自己的教学技能。同时，顶岗研修还有助于加强教师与同行的交流合作，分享教学心得和经验，形成互帮互助的良好氛围。

国外访学是一种拓宽教师视野、学习国际先进教育理念的培训方式。通过访问国外知名学校和教育机构，教师可以了解不同国家和地区的教育体系、教学方法和评价机制，学习国外优秀教师的教育教学经验。国外访学不仅可以提升教师的专业素养，还有助于培养他们的国际视野和跨文化交流能力，从而更好地适应全球化背景下的教育发展趋势。

创新培训模式对于提升教师专业技能和教学效果具有重要意义。通过线上线下混合研修、顶岗研修以及国外访学等多元化学习方式，教师可以根据自身情况进行研修和讨论，不断提升自己的教学水平和专业素养。未来，我们应继续探索和创新培训模式，以适应教育领域的快速发展和变革，为培养更多优秀人才作出更大贡献。同时，我们也应关注教师培训的质量和效果，确保各种培训模式能够真正发挥作用，促进教师的全面发展和教育的持续发展。

（三）统一教师培训标准及评价机制

统一教师培训标准及评价机制是提升教育质量和教师专业发展的重要举措。这一目标的实现需要从多个方面入手，以确保教师的培训内容和评价标准能够得到有效的统一和实施。

首先，要明确教师培训的内容。这不仅仅包括教师的教育教学能力，更应该涵盖教师的思想政治、师德师风等方面的培养。教师的思想政治素质是他们引导学生健康成长的重要保障，而师德师风则是他们赢得学生尊重和信任的基础。因此，在教师培训中，我们必须注重这些方面的培养，帮助教师树立正确的价值观和职业观，提高他们的专业素养和道德水平。

其次，需要制定以专业标准为依据的评价机制。这一机制应该包括对教师教学能力和教学效果的全面评估，以及时反馈教师培训后的进步与不足。通过这一机制，我们可以了解教师培训的实际效果，发现培训中存在的问题和不足，并及时进行调整和改进。同时，这一机制还能够激励教师积极参与培训，提高他们的专业素养和教学水平，为教育事业的发展作出更大的贡献。

为了更好地实现这一目标，还可以采取一些具体的措施。例如，可以建立教师培训档案，记录每位教师的培训情况和进步情况，以便更好地跟踪和评估他们的培训效果；邀请专家学者进行授课和指导，为教师提供更加专业、系统的培训内容和方法。此外，还可以开展多种形式的培训活动，如教学观摩、案例分析、教学反思等，以提高教师的实践能力和解决问题的能力。

统一教师培训标准及评价机制是提高教育质量和教师专业发展的重要保障。我们应该注重培训内容的全面性和有效性，制定科学、公正的评价机制，并采取具体措施加以实施。只有这样，我们才能培养出更多优秀的教师，为教育事业的发展注入新的活力和动力。

三、完善"双师型"评价激励措施

随着社会的快速发展和教育的持续深化，教师的角色和职责也在不断演变和拓展。特别是"双师型"教师，他们既具备扎实的教育教学理论，又拥有丰富的实践经验，对于培养高素质人才、推动教育改革发展具有重要意义。因此，制定一套合理、科学的"双师型"教师绩效工资分配标准及考核方案，对于激发教师的工作热情、提升教学质量、促进教育事业的可持续发展至关重要。

（一）制定合理的绩效工资分配标准及考核方案

科学合理的绩效分配方案是激发"双师型"教师工作积极性的重要手段。这一标准应根据教师的工作量、工作质量及教学效果等因素进行综合考量，确保教师的付出与回报相匹配。同时，考核方案应注重公平、公正、公开，避免主观臆断和人为干预，确保考核结果的客观性和准确性。通过制定合理的绩效工资分配标准及考核方案，可以激发教师的工作热情，提高教学质量，推动教育事业的可持续发展。

（二）建立多主体共同参与的绩效工资决策机制

有效合理的绩效工资决策机制是提升"双师型"教师职业满意度的重要途径。建立由教师自评、同行互评、学生评价等多方共同参与的绩效工资评价机制，可以让教师更加全面地了解自己的工作表现，及时发现问题并改进。这种评价机制还可以促进教师之间的交流与合作，形成良好的教育生态。通过多主体共同参与的绩效工资决策机制，可以提升"双师型"教师的职业满意度，增强他们的工作动力和归属感。

（三）与教师年度考核、职称评聘有效衔接

将"双师"认定结果与教师的职务晋升、职称评聘、考核评价、薪酬分配等环节有效衔接，是提高教师认定效果显著性的关键。这一举措可以确保认定结果的实际应用价值和影响力，使教师在教学、科研、社会服务等方面都能得到充分的认可和支持。同时，通过将认定结果与薪酬分配相挂钩，可以进一步激发教师的工作热情和创造力，推动他们在教学改革、企业实践、社会服务等方面取得更加优异的成绩。

（四）加大宣传力度提升"双师型"教师的社会认可度

做好"双师型"教师的宣传工作，是充分挖掘和激励这一群体先进事迹的有效手段。通过宣传他们的教学改革成果、企业实践经验、社会服务贡献等先进事迹，可以让更多的人了解"双师型"教师的价值和意义，增强社会对这一群体的认可和尊重。同时，这种宣传还可以激发其他教师的学习热情和进取精神，形成良好的教育氛围和教育文化。

制定合理的绩效工资分配标准及考核方案、建立多主体共同参与的绩效工资决策机制、将认定结果与职务晋升等环节有效衔接以及做好宣传工作等措施，都是促进"双师型"教师成长和发展的重要保障。通过这些措施的实施，可以激发教师的工作热情、提升教学质量、推动教育事业的可持续发展。同时，这些措施还可以提高"双师型"教师的职业满意度和归属感，增强他们的工作动力和创造力，为培养更多高素质人才、推动教育改革发展作出更大的贡献。

四、加大行业企业技术技能人才引进力度，优化"双师型"教师队伍结构

从企业直接招聘过来的技术技能人员，他们本身的优势是比较了解本

行业技术发展前沿，技能教学能力较强，具有丰富的专业实践教学能力。增强此类人员的专业知识和教育教学经验方面的职前职后培训，还要注重对其契约精神、责任意识等综合素质的培训。引入企业教师不但可以实现"双师型"教师队伍整体规模的扩大，而且可以提高"双师型"教师的"双师"结构。

随着科技的不断进步和产业的快速发展，企业对技术技能人员的需求日益增加。为了满足这一需求，许多企业开始直接从外部招聘具备丰富实践经验和专业技能的人才。这些技术技能人员不仅熟悉行业技术发展前沿，而且具备较强的技能教学能力和丰富的专业实践教学经验。他们的加入不仅有助于提升企业的整体竞争力，还能为培养更多高素质技术技能人才提供有力支持。

为了充分发挥这些技术技能人员的优势，加强其专业知识和教育教学经验方面的培训至关重要。职前培训可以帮助他们快速适应教学环境，熟悉教学方法和技巧，提升教学质量。职后培训则能让他们不断更新知识体系，跟上行业技术发展的步伐，保持与时俱进的教学水平。

除了专业知识和技能方面的培训，还需要注重提升这些技术技能人员的综合素质。契约精神和责任意识是其中不可忽视的两个方面。作为企业教师，他们应当具备高度的契约精神，严格遵守教学规范和纪律，确保教学质量。同时，他们还需要具备强烈的责任意识，对学生负责，对教学质量负责，为企业培养更多优秀人才贡献力量。

引入企业教师不仅可以扩大"双师型"教师队伍的整体规模，还能优化"双师型"教师教学团队结构。这些企业教师具备丰富的实践经验和专业技能，可以与学校教师相互学习、取长补短，共同提升教学水平和质量。同时，他们的加入还能为学校注入新的活力和创新思维，推动教育教学的改革和创新。

从企业直接招聘技术技能人员并将其培养为优秀的企业教师，对于提升企业的竞争力和培养更多高素质技术技能人才具有重要意义。通过加强专业知识和教育教学经验方面的培训，以及提升他们的综合素质，我们可以打造一支高水平、高素质的"双师型"教师队伍，为企业的发展和教育事业的进步作出积极贡献。

第二节　基于个人成长逻辑的"双师型"教师队伍建设

一、转变教学观念　强化个人教师素质

伴随社会的高速建设，我国职业教育发展得到一定程度的推动，就业市场的不断扩大使其对各专业职业教育人才的需求大幅度增长，但是伴随时代进步脚步的加快，部分职业院校"双师型"教师并未认识到当前职业发展趋势，没有积极创新优化自身教学模式，导致教学方法既无法适应教育需求，也不能满足学生学习需要。

在新时代的浪潮下，教育界的变革亦如火如荼。特别是"双师型"教师，作为新时代的领军人物，他们不仅要肩负起传承知识的使命，还要不断创新和优化自身的教学模式，以适应时代的快速发展。

"双师型"教师首先要积极接受新时代新理念的贯彻。这不仅仅是对新技术、新理论的学习，更是对教育观念、教学方法的全面更新。他们应摒弃传统的"填鸭式"教育，转而采用启发式、探究式的教学方法，引导学生主动思考，激发他们的创新精神和批判性思维。

同时，为了增强学生的实践能力，"双师型"教师还应积极学习与专业相关的新理论、新技术、新工艺。这些新知识、新技术、新工艺不仅能使教师的自身素质得到增强，更能为教学提供丰富的素材和案例。通过调整教学模式，将这些内容巧妙地融入教学中，不仅能提升学生的学习效果，还能强化他们的专业技术能力。

此外，"双师型"教师还应高度重视学生职业能力的培养。他们应深入了解学生的职业需求和发展方向，通过有效的渠道和方法，有针对性地培养学生的职业能力。这不仅包括专业技能的提升，还包括职业素养、职业态度、职业规划等多方面的培养。只有这样，才能为学生建立适应社会的渠道和方针，帮助他们在未来的职业生涯中更好地发展。

"双师型"教师在新时代的教育变革中扮演着举足轻重的角色。他们

应不断学习新知识、新技术、新工艺，更新教学模式，重视学生职业能力的培养，为新时代的教育事业贡献自己的力量。只有这样，才能培养出更多适应时代发展的高素质人才，为社会的繁荣和进步作出更大的贡献。

二、理论培训与实践锻炼相融合

随着社会对高素质技术技能人才的需求不断增长，高等职业教育在国民教育体系中的战略地位日渐显著。因此，不仅需要提高教师个人的职业教育水平，还要加强他们在信息化教学技能方面的能力。这不仅是对教师个人专业素质的提升，更是对整个高职教育质量的保证。

面对这一挑战，高职院校必须采取果断行动，制定出详尽且切实可行的计划，以提高教师队伍的整体水平。这包括但不限于：加强师资培训，通过定期的专业发展和教学方法研讨，不断更新教师的职业教育理念和教学技能；鼓励教师参与企业实践和科研项目，以此增强他们的实践教学能力；同时，也应该加大对信息化教学资源的投入，组织专门的培训，使每位教师都能熟练运用现代信息技术于教学中，提高教学效果和学生的学习兴趣。

（一）加强教师个人职业教育综合能力

教师这一职业，其重要性并不仅仅在于传授知识，更在于对学生未来职业道路的指引和启迪。在这个基础上，对于高职院校而言，更应当承担起责任，定期为教师们提供各类职业教育培训的机会，以此来帮助他们在教育理念和方法上能够跟上时代的步伐，提升他们的教育教学能力。此外，也应该鼓励教师们积极参与行业交流，通过这样的方式来拓宽他们的视野，增强他们的职业敏感性，让他们能够更好地了解行业动态，从而在教学中更好地指导学生。

（二）提高教师的信息化教学能力

信息技术的迅猛发展，不仅改变了人们的生活和工作方式，也对教育领域产生了深远的影响。在这个背景下，教育信息化逐渐成为高职教育改革的明显趋势和重要方向。对于高职院校而言，顺应这一趋势，不仅是一种发展需求，更是提升教育质量、实现教育现代化的关键步骤。

为了实现这一目标，高职院校应当加大对教师队伍信息化教学能力的培养和训练力度。这不仅包括提供定期的信息化教学技能培训，还应当鼓励教师主动学习和掌握现代教育技术，比如多媒体教学、网络资源和在线平台等。通过这些培训和学习，教师能够更加熟练和灵活地运用现代教育技术，进而创新教学方式和方法，为学生们提供更丰富、更高效的学习体验，从而提升教学效果和质量。

同时，高职院校还应当积极鼓励和支持教师参与信息化教学资源的开发与应用中来。这不仅有助于丰富教学资源，提供更广阔的学习视野，也能够促进教学内容与现实世界的紧密结合，提高学生的实践能力和创新精神。通过这样的方式，高职教育不仅能够更好地适应社会和经济发展的需要，也能够实现自身的数字化转型，为未来的教育发展打下坚实的基础。

（三）提升教师下企业实践能力

为了进一步提升教师的实践能力，高职院校应制定完善的教师到企业参加实践锻炼的认定及评价体系。通过与企业合作，共同建立教师校外培养培训基地，为教师提供实践锻炼的机会。每年选定专业教师利用假期时间到基地进行研修锻炼，使他们能够深入了解行业企业的实际需求和发展趋势，提升实践技能水平和实践教学能力。对于没有行业企业实践工作经历的新入职青年教师，高职院校应实行先实践再上岗制度。这一制度旨在让新教师在正式入职前，通过实践锻炼了解职业教育的实际情况，增强他们的职业素养和实践能力。同时，非专业课教师也应不定期到合作的行业企业进行文化和技术方面的学习，以拓宽知识面，提升综合素质。

通过以上措施的实施，高职院校可以全面提升教师的实践技能水平和实践教学能力，为培养高素质技术技能人才提供有力保障。同时，也有助于推动高职教育的创新发展，更好地服务于经济社会发展的大局。

三、岗前培训与在岗培训相融合

随着社会的快速发展和职业教育的日益普及，高职院校教师的角色和任务也在不断地发生变化。他们不仅要传授理论知识，更要具备实践教学能力，以培养出适应社会发展需求的高素质技术技能人才。因此，岗前培训对于新教师快速转变身份、树立职教理念、提升综合素质显得尤为重要。

高职院校教师的岗前培训与高等学校教师的岗前培训有所不同。高等学校的教师培训侧重于教育教学理论的学习和研究，而高职院校教师的岗前培训则更加注重教学实践和专业实践。这是因为高职院校教师的任务不仅仅是传授理论知识，更重要的是要培养学生的实践能力和职业素养。因此，高职院校的岗前培训应该关注"理论教学技能"与"实践教学技能"的协同发展，使新教师能够尽快适应高职院校的教学环境，掌握教学方法和技巧，提高教学效果。

为明确自身发展目标，尽快完成角色转变，成长为一名合格的高职教师，高职院校制定了分层分类的教师培养培训方案。这一方案按照"见习期教师—成长期教师—成熟期教师—示范期教师—引领期教师"的路径，为专兼职教师提供了不同层次的培训和发展机会。对于见习期教师，重点是加强基础理论和教学技能的培训，帮助他们快速适应教学工作；对于成长期、成熟期教师，则注重提高教学水平和专业能力，发挥他们在教学团队中的引领作用；对于示范期教师，则要求他们具备较高的学术水平和创新能力，能够引领学科发展；而对于引领期教师，则要求他们具备卓越的教学水平和影响力，能够成为行业的楷模和榜样。

高职院校的岗前培训还需要结合教学团队和质量工程项目，为教师的个人成长和团队发展提供有力保障。通过参与教学团队和质量工程项目，教师可以不断地进行教学实践和研究，积累教学经验和教学资源，提高自身的教学水平和综合素质。同时，这些项目也为教师提供了展示才华和实现自身价值的平台，有助于激发他们的教学热情和创造力。

综上所述，岗前培训是高职院校教师成长的必由之路。通过分层分类的培训方案和教学团队、质量工程项目的支持，高职院校可以培养出具备较高教学水平和综合素质的专兼职教师队伍，为构建专兼结合的高水平师资队伍提供有力保障。同时，这些措施也有助于提高高职院校的教学质量和社会声誉，为社会的发展和进步作出更大的贡献。

四、借助信息设备 提高理论知识

在新时代的浪潮下，我国互联网技术与信息化水平正以前所未有的速度迅猛发展，这一变革为各行各业带来了前所未有的机遇与挑战。其中，教育行业作为培养未来人才的重要基地，更是深受其影响。信息化发展不仅成为教育行业发展的必然趋势，更在推动着教育行业向着更高质量、更高效率的方向发展。

我国教育行业正在逐步融入信息化教学，充分利用信息技术与设备，创新教学方式方法，使教学过程更加生动、有趣、高效。这不仅为教育质量的提升提供了有力支撑，更为学生的全面发展创造了更多可能性。

首先，信息化教学为理论知识的传授带来了革命性的变革。在传统的教学模式中，教师往往依赖于板书和口头讲解来传授知识，这种方式的局限性显而易见，而信息化教学则可以通过多媒体、网络等现代信息技术手段，将抽象的理论知识以更加直观、生动的形式展现给学生，从而激发学生的学习兴趣，提高教学效果。

其次，信息化教学在专业课堂中的应用，使得课堂质量得到了质的飞跃。通过虚拟现实、仿真模拟等技术手段，学生可以更加深入地了解专业知识，提高实践操作能力。同时，信息设备还可以为学生提供丰富的学习资源，帮助他们拓宽视野，增强综合素质。

要实现信息化教学的广泛应用，教师是关键因素。因此，高职院校应针对"双师型"教师开展信息素质培训，提高他们运用信息技术的能力和水平。只有让教师充分认识到信息设备使用的重要性，并将其价值和作用充分发挥出来，才能真正实现信息化教学的目标。

此外，借助信息技术的力量，教师还可以提升自身的教学能力，满足学生的学习需求。例如，通过在线教育资源平台，教师可以获取更多的教学资源，丰富教学内容；通过在线教学管理系统，教师可以更加便捷地管理学生信息、布置作业、进行成绩统计等；通过在线教学交流平台，教师还可以与学生进行实时互动，及时了解学生的学习情况，调整教学策略。

综上所述，信息化发展已经成为教育行业发展的必然趋势。未来，我国教育行业将更加注重信息化教学的应用，借助信息技术与设备的力量，推动教育质量的提升，培养出更多适应时代需求的高素质人才。同时，教师也应积极接纳信息化思想，不断提升自身的信息素质和教学能力，为教育事业的繁荣发展贡献自己的力量。

第三节　基于团队成长逻辑的"双师型"教师队伍建设

随着高职院校教育的快速发展，教学团队的建设成为提高教学质量和推动专业发展的关键。其中，"双师型"教学团队作为一种新型的教学模式，在高职院校中逐渐受到广泛关注。这种教学模式不仅合理配置了专兼职师资力量，还有助于专业发展和课程教学质量的提升。高职院校"双师型"教学团队的建设，合理配置专兼职师资力量，有利于专业发展和课程教学质量提高。每名教师都在归属的教学团队中互帮互助、取长补短，而且教学团队可以更好地促进专业建设、课程教学研讨和教学内容改革。

一、组建"双师型"教师教学团队有利于提升专业教学质量

"双师型"教学团队的建设与发展对于高职院校的专业建设和教学质量提升具有重要意义。通过合理配置专兼职师资力量、促进专业建设和课程教学研讨、推动教学内容改革以及加强案例分析与实践教学等措施，我们可以更好地发挥"双师型"教学团队的优势和作用，为培养高素质、高技能的人才作出更大的贡献。

（一）合理配置专兼职师资力量

"双师型"教学团队的核心在于将专职教师和兼职教师有效地结合起来，形成一支优势互补、结构合理的教学队伍。专职教师通常具有丰富的教育教学经验和深厚的专业理论素养，能够为学生提供系统、全面

的知识传授，而兼职教师则可能来自企业、行业一线，具备丰富的实践经验和实际操作能力，能够为学生带来更加真实、生动的案例教学。这种专兼职结合的方式，使得教学团队在师资配置上更加合理，既能够满足学生对理论知识的学习需求，又能够帮助学生更好地将理论知识应用于实践中。

（二）促进专业建设和课程教学研讨

"双师型"教学团队不仅是一个教学单位，更是一个学术研究的团队。在这个团队中，教师们可以围绕专业建设和课程教学展开深入的研讨，共同探讨教学过程中的问题和解决方案。这种研讨不仅能够促进教师之间的交流与合作，还能够推动专业建设的不断完善和课程教学的创新。同时，这种团队研讨的氛围也有助于激发教师们的创新精神，推动教学方法和手段的不断更新。

（三）推动教学内容改革

随着社会的快速发展和技术的不断更新，高职院校的教学内容也需要与时俱进，而"双师型"教学团队则能够更好地适应这种变革的需求。在这个团队中，教师们可以共同探讨教学内容的更新与优化，将最新的行业动态和技术成果引入课堂，使学生能够接触到最前沿的知识和信息。同时，这种教学内容的改革也有助于提高学生的学习兴趣和积极性，进一步提升教学效果。

（四）案例分析与实践教学

"双师型"教学团队中的兼职教师通常具备丰富的实践经验，他们可以将自己在企业、行业一线的工作经验和案例带入课堂，为学生提供更加真实、生动的实践教学。这种案例分析与实践教学相结合的方式，不仅能够帮助学生更好地理解理论知识，还能够提高学生的实践能力和解决问题的能力。同时，这种教学方式也有助于增强学生的职业素养和综合能力，为他们未来的职业发展打下坚实的基础。

二、建立分类多元的高职"双师型"教师团队评价体系

为了更好地满足职业教育专业发展的多样化需求，高等职业技术学院应当根据自身的发展战略、专业群的构建需求，以及"双师型"教师队伍的专业成长需求，进行细致的分类规划。这包括但不限于创建创新性的教学团队，如教学方法改革驱动的教学创新团队；融合校企资源的校企混编教学团队；深入挖掘和培养课程思政教学团队的潜力；以及激发教学竞赛团队的教学热情和竞技水平。

在构建评价体系时，应当充分考虑高职"双师型"教师团队所承担的核心工作内容，制定出一套全面的评价指标体系。这个体系应当涵盖教师的职业道德、教育教学能力、科研创新水平、专业实践技能以及在各类竞赛中取得的成果等多个方面。

在评价的具体实施过程中，应充分考虑到教师职称级别和不同专业发展阶段的特殊性，为高职"双师型"教师团队设定分阶段的基本发展要求。同时，根据达到的要求，制定出相应的奖励与惩罚措施。对于那些达到或超出奖励条件标准的团队，应及时给予奖励，以激励教师团队的积极性；对于未能达到标准要求的团队，则应督促其进行自我诊断和改进。

为了不断提升高职"双师型"教师团队的整体素质和专业化水平，我们需要不断地完善评价标准体系，使之更加科学合理。通过这样的方式，可以有效地促进高职"双师型"教师团队的专业成长，进一步推动职业教育向着更加专业化和高水平的方向发展。

三、引进新鲜血液，改变教师结构配比

随着社会的快速发展和技术的不断更新，职业院校的教育任务日益繁重，对教师的素质要求也越来越高。为了满足这一需求，职业院校必须积极引进新鲜血液，优化"双师型"教师队伍结构，以提高教学质量和形成合作型团队。

首先，提高教师招聘标准至关重要。为了筛选出符合岗位要求的优秀

教师，院校应该对应聘者的职业道德、理论与实践结合能力、专业基础知识、实践经验、创新能力、管理能力、协调能力以及信息化素质进行全面考核。通过提高应聘门槛，可以确保引进的教师具备较高的专业素养和综合能力，从而能够胜任专业课程的教学任务，提升教学质量。

其次，针对引进的新教师，职业院校应积极开展各方面的培训。这些培训可以包括教育教学理念、教学方法与技巧、课程设计与实施、科研能力提升等方面的内容。通过培训，可以帮助新教师更快地适应教学岗位，提高教学水平和科研能力，从而更好地服务于学生和社会。

此外，提高教师选择灵活性也是必要的。职业院校应根据学科特点、教学需求以及教师个人特长，合理配置教师资源，实现教师资源的优化配置。同时，通过引进不同学科背景、不同专业领域的教师，可以丰富教学内容和方法，激发学生的兴趣和创造力。

在福利待遇方面，职业院校应进一步提高教师的薪酬水平和福利待遇，为教师提供良好的生活与工作环境。这不仅可以激发教师的工作热情和创造力，还可以吸引更多优秀人才加入职业院校的教师队伍，为学校的发展注入新的活力。

为了优化"双师型"教师队伍结构、提高教学质量和形成合作型教师组织文化，职业院校应积极引进新教师，提高招聘标准，加强教师培训，提高选聘灵活性，并改善教师福利待遇。这些措施将有助于打造一支高素质、高水平的教师队伍，为培养更多优秀人才提供有力保障。同时，职业院校还应不断完善教师评价机制，激发教师的工作积极性和创新精神，推动学校教育事业持续健康发展。